西门子
S7-1200/1500 PLC
SCL语言编程
从入门到精通

北岛李工　编

化学工业出版社

·北京·

内容简介

  本书帮助读者系统学习西门子 SCL 编程语言，书中案例的硬件基于西门子 S7-1200/1500 系列 PLC，软件基于博途开发环境。本书分三部分：入门篇、进阶篇和高级篇。入门篇介绍了 S7-1200/1500 的硬件环境、PLC 工作原理及 SCL 编程的基本概念；进阶篇介绍了 SCL 编程的复杂数据类型、扩展指令、工艺对象等，包含大量实用案例讲解；高级篇介绍如何使用 C# 语言编写 TCP 及 UDP 通信的控制台程序，并实现与 PLC 的通信。本书从基础到进阶再到高级，带领读者循序渐进地学习西门子 SCL 编程方法和技巧。

  书中附有视频讲解，读者扫描二维码即可观看学习。

  本书适合电气自动化的编程和调试工程师使用，也可作为大专院校相关专业的教材。

图书在版编目（CIP）数据

西门子S7-1200/1500 PLC SCL语言编程从入门到精通/
北岛李工编. 一北京：化学工业出版社，2022.1（2023.11重印）
ISBN 978-7-122-40041-3

Ⅰ.①西… Ⅱ.①北… Ⅲ.①PLC技术－程序设计
Ⅳ.①TM571.61

中国版本图书馆CIP 数据核字（2021）第213231号

责任编辑：宋　辉   文字编辑：毛亚囡
责任校对：王鹏飞   装帧设计：王晓宇

出版发行：化学工业出版社（北京市东城区青年湖南街13 号 邮政编码100011）
印 装：北京缤索印刷有限公司
787mm×1092mm 1/16 印张22½ 字数555千字 2023 年11月北京第 1 版第 5 次印刷
购书咨询：010-64518888   售后服务：010-64518899
网 址：http:// www.cip.com.cn

本书系统地介绍了西门子 S7-1200/1500 系列 PLC 在博途环境下的 SCL 语言编程，具有如下特点。

1. 视频配合文字：文字的优点在于方便查阅，便于记忆。视频的优点在于直观易懂，有些内容用文字描述可能要花费很多笔墨，并且无法看到实际演示的效果。本书将文字与视频相结合，随书带有 80 多个视频教程，有的视频介绍硬件实物，有的视频介绍电气图纸，还有的视频介绍程序及演示运行的结果，通过扫描书中的二维码就可以直接观看。视频教程配合书中文字内容，使读者快速理解相关的知识点。

2. 丰富的案例：电气自动化是一门实践性非常强的学科，本书中包含大量的案例，每个知识点都有举例说明，第 9 章、第 12 ~ 14 章都有非常多的实例演示。

3. 从硬件入手：PLC 编程与计算机编程的很大区别在于 PLC 编程是需要跟硬件打交道的。PLC 程序开发 / 调试需要首先明白 CPU、DI/DO、AI/AO、高速计数器等硬件，清楚电气接线，才能正确地编写程序。因此，本书的第 1 章首先介绍 S7-1200/1500 的硬件，使读者有个基本的概念。书中的案例也会花比较多的笔墨介绍电气接线，比如很多实例教程都会介绍 EPLAN 电气接线图，程序只有在明确电气接线后才有意义。

4. 理论与实践并行：理论与实践是相辅相成的关系。没有实践的理论是空洞的理论，没有理论的实践是盲目的实践。本书第 2 章介绍 PLC 的工作原理与存储方式，为实践打下理论基础。第 3 章介绍 TIA 博途软件开发环境。第 4 章展示 TIA 博途环境下创建示例程序、下载与在线监控、程序比较、归档与恢复等实践性操作。第 5 章介绍 S7-1200/1500 的软件架构与编程。第 8 章、第 9 章介绍基本指令的同时列举了大量的编程实例，将理论与实践结合起来。

5. 从入门到精通：全书总共 15 章，分成 3 大部分。第 1 ~ 9 章属于入门篇，介绍 S7-1200/1500 的硬件、CPU 的工作原理与存储方式、软件架构、SCL 编程的基本概念等内容。第 10 ~ 14 章为进阶篇，介绍 SCL 语言的复杂数据类型、扩展指令、扩展函数库、工艺对象（高速计数器、PWM、运动控制）、通信（串行通信、以太网通信、PROFINET 通信）等内容。第 15 章为高级篇，介绍使用 C# 语言编写 TCP 及 UDP 通信的控制台应用程序，并使用该程序实现计算机与 PLC 的通信。如果读者是刚开始学习 S7-1200/1500 SCL 编程，可以按照书中目录由浅入深地进行学习。如果读者已经入门，可以跳过入门篇，直接学习进阶篇和高级篇。

6. 在线反馈交流：读者可以登录网站"北岛夜话"留言与编者沟通。

本书在编写过程中得到了程丽元、程金凤、沙培芬的帮助和支持，在此表示衷心的感谢。
由于编者水平有限，书中可能存在不妥之处，望读者不吝批评指正。

李杰（北岛李工）

SIEMENS

第1篇
入门篇

第1章

S7-1200/1500硬件介绍

1.1 西门子SIMATIC S7-1200 PLC概述

SIMATIC S7-1200 是西门子公司推出的一款中小型 PLC（可编程逻辑控制器）产品，其市场定位介于 S7-200 SMART 和 S7-1500 系列 PLC 之间，适用于小型 / 中型自动化应用场合。图 1-1 是 S7-1200 产品示例。

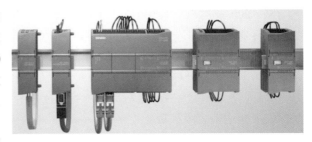

图1-1　S7-1200产品示例

SIMATIC S7-1200 系列 PLC 具有如下特点：

（1）模块种类多样

SIMATIC S7-1200 系列 PLC 的模块种类包括：CPU 模块、信号模块、通信模块、信号板、通信板、电池板。CPU 模块包括：标准型 CPU、故障安全型 CPU 及用于极端环境下的

SIPLUS extreme CPU。信号模块包括：数字量输入 / 输出模块、模拟量输入 / 输出模块、热电偶 / 热电阻模块。通信模块包括：串口通信模块、PROFIBUS 通信模块、以太网通信模块、FRID 模块及 AS-i 模块等。信号板包括：数字量输入 / 输出信号板、模拟量输入 / 输出信号板。通信板（CB 1241）可用于 RS485 通信。电池板可插入 CR1025 电池，专门用于保持系统时钟。

（2）设计紧凑

① CPU 模块采用紧凑式设计。除了 CPU 的功能外，模块还集成了以太网接口、输入 / 输出通道及信号板接口。以太网接口支持 TCP/IP 协议集及 PROFINET 协议；输入 / 输出通道包括数字量输入 / 输出、模拟量输入 / 输出（根据 CPU 类型的不同有的没有模拟量输出通道）；CPU 模块中央的预留区域可用于插接信号板、通信板或电池板。这种创新的设计可以在不改变原先布局的情况下，使系统增加数字量、模拟量、通信的功能，或用于保持系统时钟。

② 模块的尺寸更加紧凑。所有模块的高度均为 100mm，厚度均为 75mm，宽度随模块种类的不同而有所不同。所有通信模块的宽度均为 30mm。多数信号模块的宽度为 45mm（16 DI/16 DQ 为 70mm）。CPU 模块中，CPU 1211C 和 1212C 的宽度最小，为 90mm；CPU 1217C 的宽度最大，为 150mm。如此紧凑的模块尺寸能节省控制柜的宝贵空间，有利于系统的集成。

（3）模块组态灵活

CPU 模块与信号模块、通信模块之间可以通过总线连接器相互连接。通信模块位于 CPU 模块的左侧，最多可以组态 3 个；信号模块位于 CPU 模块的右侧，最多可以组态 8 个。可以根据项目实际需要选择合适的模块灵活进行组态。信号板、通信板、电池板可根据实际需要插接到 CPU 模块的中央区域，灵活扩展系统功能。

（4）支持多种工艺功能

S7-1200 系列 PLC 支持高速计数器、PID、PWM、运动功能等多种工艺功能（详见第 13 章）。

（5）支持多种通信功能

S7-1200 系列 PLC 可以通过板载以太网接口或增加通信模块的方式支持多种通信协议，包括：ASCII 协议、Modbus-RTU 协议、USS 协议、PtP 协议、IO-Link 协议、PROFIBUS 协议、PROFINET 协议、以太网开放式用户通信协议、Modbus-TCP 协议、智能设备、远程控制等（详见第 14 章）。

（6）强大的编程开发平台

S7-1200 系列 PLC 使用博途（TIA-Portal）开发平台，使用 SIMATIC STEP 7 基本版（Basic 版）或专业版对 PLC 进行组态和编程，支持的编程语言包括梯形图、方框图和结构化控制语言（SCL）。SIMATIC STEP 7 开发环境集成了丰富的指令集，可以简化程序编写。特别说明的是，SCL（Structured Control Language）语言是一种类似 PASCAL 的高级编程语言，非常适合数据处理、配方管理、数学 / 统计应用等场合，本书的后续例程都是使用 SCL 语言来编写的。

（7）集成轨迹跟踪功能

通过添加轨迹跟踪（Trace），可以记录变量值的变化，有利于程序错误排查或优化。轨迹跟踪的变量可以来自输入 / 输出映像区、位存储区或者数据块，跟踪的结果可以保存在 CPU 中。

（8）集成 Web 服务器功能

启用 Web 服务器功能后，可以通过网络访问 CPU 的数据，比如 CPU 的状态、诊断信息等，可以下载和上传配方数据，也可以查看 CPU 保存的 Trace 数据（详见 14.5 节）。

1.2　S7-1200的CPU模块

1.2.1　CPU模块概述

CPU模块负责信号的采集与输出、处理各种通信请求、执行用户程序等功能，是PLC最重要的模块。S7-1200系列PLC的CPU模块可分为：标准型CPU、故障安全型CPU及用于极端环境下的SIPLUS extreme CPU。

1.2.1.1　标准型CPU模块

标准型CPU模块包括：CPU 1211C、CPU 1212C、CPU 1214C、CPU 1215C和CPU 1217C。以CPU 1211C为例，名称中的"CPU"表示CPU模块，"12"表示S7-1200系列，后面的"11"是产品序列号，最后的字母"C"是英文"Compact"的缩写，表示紧凑型。

根据供电方式和数字量输出方式的不同，CPU模块又细分成三种：DC/DC/DC、DC/DC/Relay和AC/DC/Relay。该名称由三部分组成：第一部分表示模块的供电方式，有DC和AC两种，DC表示直流供电，AC表示交流供电；第二部分表示模块数字量输入的供电方式，只有DC一种；第三部分表示数字量输出的方式，有DC和Relay两种，DC表示晶体管输出，Relay表示继电器输出，如图1-2所示。

DC/DC/DC

模块供电方式　数字量输入供电方式　数字量输出方式

图1-2　命名规则

以CPU 1211C为例，它又细分成三个子类型：CPU 1211C DC/DC/DC、CPU 1211C DC/DC/Relay和CPU 1211C AC/DC/Relay。其他CPU都有类似的子类型。同一个CPU型号的三种子类型其内部存储器/集成IO点的数量都是相同的。

CPU 1211C内部集成了50KB的工作存储器、1MB的装载存储器和10KB的保持存储器；最多支持6个高速计数器（最高频率100kHz）；最多可组态4路高速脉冲输出；集成了6路数字量输入、4路数字量输出和2路模拟量输入；可扩展一个信号板（或通信板/电池板）和3个通信模块，不支持扩展信号模块；具有1个以太网/PROFINET接口。

CPU 1212C内部集成了75KB的工作存储器、2MB的装载存储器和10KB的保持存储器；装载存储器可用SIMATIC存储卡扩展；最多支持6个高速计数器（最高频率100kHz）；最多可组态4路高速脉冲输出；集成了8路数字量输入、6路数字量输出和2路模拟量输入；可扩展一个信号板（或通信板/电池板）、3个通信模块和2个信号模块；具有1个以太网/PROFINET接口。

CPU 1214C内部集成了100KB的工作存储器、4MB的装载存储器和10KB的保持存储器；装载存储器可用SIMATIC存储卡扩展；最多支持6个高速计数器（最高频率100kHz）；最多可组态4路高速脉冲输出；集成了14路数字量输入、10路数字量输出和2路模拟量输入；可扩展一个信号板（或通信板/电池板）、3个通信模块和8个信号模块；具有1个以太网/PROFINET接口。

CPU 1215C内部集成了125KB的工作存储器、4MB的装载存储器和10KB的保持存储器；装载存储器可用SIMATIC存储卡扩展；最多支持6个高速计数器（最高频率100kHz）；

最多可组态 4 路高速脉冲输出；集成了 14 路数字量输入、10 路数字量输出、2 路模拟量输入和 2 路模拟量输出；可扩展一个信号板（或通信板 / 电池板）、3 个通信模块和 8 个信号模块；具有 2 个以太网 /PROFINET 接口，接口内部集成交换机功能。

CPU 1217C 内部集成了 150KB 的工作存储器、4MB 的装载存储器和 10KB 的保持存储器；装载存储器可用 SIMATIC 存储卡扩展；最多支持 6 个高速计数器（最高频率 100kHz）；最多可组态 4 路高速脉冲输出；集成了 14 路数字量输入、10 路数字量输出、2 路模拟量输入和 2 路模拟量输出；可扩展一个信号板（或通信板 / 电池板）、3 个通信模块和 8 个信号模块；具有 2 个以太网 /PROFINET 接口，接口内部集成交换机功能。

0101-CPU
1214FC 介绍

1.2.1.2　故障安全型CPU模块

故障安全型 CPU 执行用户编写的故障安全程序，并通过故障安全协议（PROFIsafe）与故障安全模块进行通信。S7-1200 的故障安全型 CPU 模块包括 CPU 1212FC、CPU 1214FC 和 CPU 1215FC，名称中的"F"表示"Failsafe"，即"故障安全"。每一种 CPU 有两种子类型，即 DC/DC/DC 和 DC/DC/Relay，其命名规则与标准型 CPU 相同。

CPU 1212FC 内部集成了 100KB 的工作存储器、2MB 的装载存储器和 10KB 的保持存储器；装载存储器可用 SIMATIC 存储卡扩展；最多支持 6 个高速计数器（最高频率 100kHz）；最多可组态 4 路高速脉冲输出；集成了 8 路数字量输入、6 路数字量输出和 2 路模拟量输入；可扩展一个信号板（或通信板 / 电池板）、3 个通信模块和 2 个信号模块；具有 1 个以太网 /PROF INET 接口。

CPU 1214FC 内部集成了 125KB 的工作存储器、4MB 的装载存储器和 10KB 的保持存储器；装载存储器可用 SIMATIC 存储卡扩展；最多支持 6 个高速计数器（最高频率 100kHz）；最多可组态 4 路高速脉冲输出；集成了 14 路数字量输入、10 路数字量输出和 2 路模拟量输入；可扩展一个信号板（或通信板 / 电池板）、3 个通信模块和 8 个信号模块；具有 1 个以太网 /PROFINET 接口，接口内部集成交换机功能。

CPU 1215FC 内部集成了 150KB 的工作存储器、4MB 的装载存储器和 10KB 的保持存储器；装载存储器可用 SIMATIC 存储卡扩展；最多支持 6 个高速计数器（最高频率 100kHz）；最多可组态 4 路高速脉冲输出；集成了 14 路数字量输入、10 路数字量输出、2 路模拟量输入和 2 路模拟量输出；可扩展一个信号板（或通信板 / 电池板）、3 个通信模块和 8 个信号模块；具有 2 个以太网 /PROFINET 接口，接口内部集成交换机功能。

1.2.1.3　SIPLUS extreme CPU模块

SIPLUS extreme CPU 是把标准型 CPU 和故障安全型 CPU 进行升级，使其能够在一些极端环境下正常工作。例如：机械过载、化学腐蚀、生物侵害、低温（-40℃）、高温（+70℃）等。

1.2.2　CPU 1214C AC/DC/Relay

本节以 CPU 1214C AC/DC/Relay 为代表，详细认识 S7-1200 的 CPU 模块，其外观如图 1-3 所示。

注意　　　西门子手册中将继电器（Relay）型 CPU 的名称缩写为 RLY，本书为了读者便于理解，一律使用"Relay"。

　　CPU 模块的有上下两个端盖，打开上面的盖子可以看到两个接线端子，编号为 X10 和 X11。X10 最左边三个是模块的供电接线端子，其后的两个接线端子可向外部提供 24V 电源，接下来是数字量输入接线端子；X11 是模拟量输入接线端子。打开下面的端盖可以看到：最左边是以太网 /PROFINET 网络接口；右边是数字量输出的接线端子排，编号 X12。

　　CPU 模块的中央有一个矩形盖板，该区域是插接信号板 / 通信板 / 电池板的地方。CPU 模块还集成了数字量输入（DI）LED 指示灯、数字量输出（DQ）LED 指示灯、CPU 的运行状态 LED 指示灯、网络状态 LED 指示灯及 SIMATIC 卡插槽等，如图 1-4 所示。

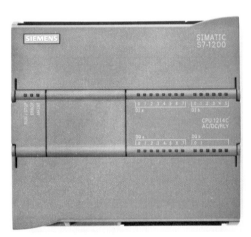

图1-3　CPU 1214C AC/DC/Relay

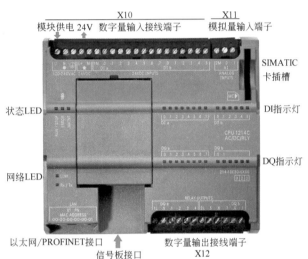

图1-4　CPU 1214C AC/DC/Relay模块结构外观

　　CPU 1214C 包括 CPU 1214C DC/DC/DC、CPU 1214C DC/DC/Relay 和 CPU 1214C AC/DC/Relay 三个子型号，它们的区别在于：

　　① AC/DC/Relay 的供电方式为交流电，支持 120V 或 230V 电压，电压范围为 85 ～ 264V，频率范围为 47 ～ 63Hz，CPU 模块的额定功率为 14W；

　　② DC/DC/DC 和 DC/DC/Relay 模块的供电方式为直流电，支持电压范围为 DC 20.4 ～ 28.8V，CPU 模块的额定功率为 12W。

　　除此之外，其他技术参数都是相同的，包括：

　　① 外形尺寸：110mm×100mm×75mm（宽度 × 高度 × 厚度）。

　　② 可输出最大 5V DC 电流：1600mA。

　　③ 可输出最大 24V DC 传感器电流：400mA。

　　④ 工作存储器 100KB；内置装载存储器 4MB；保持性存储器 10KB；装载存储器可以通过 SIMATIC 卡扩展。

⑤ 板载 14 路数字量输入 /10 路数字量输出 /2 路模拟量输入（0 ～ 10V）。

⑥ 可扩展 8 个信号模块、3 个通信模块、1 个信号板（或通信板 / 电池板）。

⑦ 具有 1 个以太网口，支持 10Mbps/100Mbps 传输速率；可连接 4 个 HMI 设备、1 个 PG 设备；支持 8 路以太网开放式用户通信连接、8 个 S7 通信连接和 6 路动态分配型连接（可用于开放式用户通信或 S7 通信）。

⑧ 输入 / 输出过程映像区的大小均为 1024 字节；位存储器的大小为 8192 字节。

⑨ 可组态 6 路高速计数器、4 路高速脉冲输出（PTO/PWM）。

⑩ 支持作为 PROFINET 控制器或 PROFINET IO 设备。作为 PROFINET 控制器最多可连接 16 个 IO 设备，支持 PROFIenergy 协议。

CPU 1214C AC/DC/Relay 模块的端子定义见表 1-1。

表1-1　CPU 1214C AC/DC/Relay 模块的端子定义

端子编号	X10	X11	X12
1	L1，120V/230V AC 火线	2M，公共端	1L，公共端
2	N，零线	AI 0	DQ a.0
3	GND，保护性接地	AI 1	DQ a.1
4	L+，外部 24V DC 正极	—	DQ a.2
5	M，外部 24V DC 负极	—	DQ a.3
6	1M，公共端	—	DQ a.4
7	DI a.0	—	2L，公共端
8	DI a.1	—	DQ a.5
9	DI a.2	—	DQ a.6
10	DI a.3	—	DQ a.7
11	DI a.4	—	DQ b.0
12	DI a.5	—	DQ b.1
13	DI a.6	—	
14	DI a.7	—	
15	DI b.0	—	
16	DI b.1	—	
17	DI b.2	—	
18	DI b.3	—	
19	DI b.4	—	
20	DI b.5	—	

CPU 1214C AC/DC/Relay 模块的 DI 通道既支持源型输入接线方式，也支持漏型输入接线方式。关于源型输入与漏型输入接线的不同，可参见 1.3.1 节。

CPU 1214C AC/DC/Relay 模块的接线图如图 1-5 所示。

图 1-5 中数字量输入通道采用的是漏型输入接线方式。

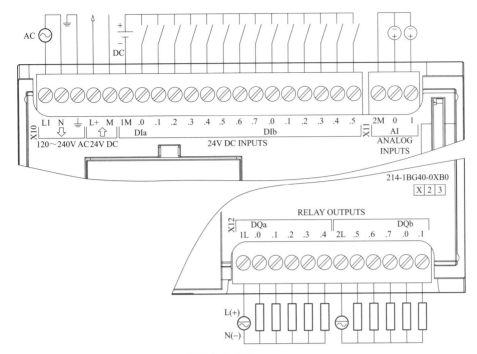

图1-5　CPU 1214C AC/DC/Relay模块的接线图

1.3　S7-1200的数字量模块

1.3.1　数字量输入模块

SIMATIC S7-1200 有两种数字量输入模块：SM 1221 DI8×24V DC 和 SM1 221 DI16×24V DC。以 SM 1221 DI8×24V DC 模块为例，名称中的"SM"是英文"Signal Module"的缩写，中文翻译为"信号模块"；"1221"中的"12"表示 S7-1200 系列 PLC，"21"表示数字量输入；"DI"是"Digital Input"的缩写，表示"数字量输入"；"8"表示具有 8 个通道；"24V DC"表示模块的供电电压为 DC 24V。类似地，SM 1221 DI16×24V DC 是具有 16 路通道的数字量输入信号模块。SM 1221 DI8×24V DC 模块的外观如图 1-6 所示。

SM 1221 DI8×24V DC 模块中间有一个插销，向左推动可以伸出总线连接器，用于连接到 CPU 模块上或者其他信号模块上。模块中部有诊断指示灯和通道状态指示灯；上下各有一个端盖，里面各有一个接线端子排，上面编号为 X10，下面编号为 X11。端子定义如表 1-2 所示。

图1-6　SM 1221 DI8×24V DC
模块外观

表1-2　SM 1221 DI8×24V DC模块的端子定义

端子编号	X10	X11
1	功能性接地	无连接
2	无连接	无连接
3	1M，公共端	2M，公共端
4	DI a.0	DI a.4
5	DI a.1	DI a.5
6	DI a.2	DI a.6
7	DI a.3	DI a.7

SM 1221 DI8×24V DC 模块的输入通道既支持源型输入接线方式，也支持漏型输入接线方式。所谓"源型输入"，是指将模块的公共端连接到电源的正极，电流从模块的公共端流入，从模块的通道流出，经过外部按钮或开关再回到电源负极的接线方式，如图 1-7 所示。

所谓"漏型输入"，是指将模块的公共端连接到电源的负极，按钮或开关的一端连接到电源正极，另一端连接到通道上。电流经过按钮或开关流入通道内部，再经公共端流回到电源的负极，如图 1-8 所示。

SM 1221 DI8×24V DC 模块漏型输入接线图如图 1-9 所示。

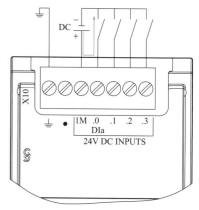

图1-7　源型输入接线方式

特别说明	本节介绍的源型 / 漏型输入接线方式是西门子 PLC 的定义方式，与三菱 PLC 的定义刚好相反。

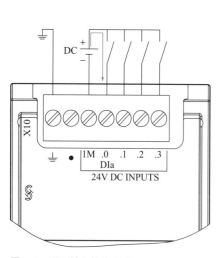

图1-8　漏型输入接线方式

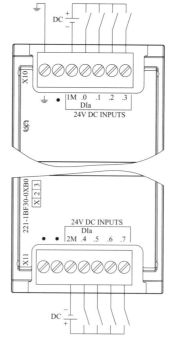

图1-9　SM 1221 DI8×24V DC模块漏型输入接线图

1.3.2 数字量输出模块

SIMATIC S7-1200 的数字量输出模块 SM 1222 包括 8 通道型和 16 通道型两类。其中，8 通道模块根据输出类型的不同，又分为晶体管源型输出型（SM 1222 DQ 8×24 DC）、继电器输出型（SM 1222 DQ 8×Relay）和继电器切换型（SM 1222 DQ 8×Relay Changeover）；16 通道模块根据输出类型的不同，又分为晶体管源型输出型（SM 1222 DQ 16×24 DC Sourcing）、晶体管漏型输出型（SM 1222 DQ 16×24 DC Sinking）和晶体管继电器输出型（SM 1222 DQ 16×Relay）。

以 SM 1222 DQ 8×24 DC 模块为例，名称中的"SM"表示信号模块，"1222"表示"1200 系列 PLC 的数字量输出模块"，"DQ"表示数字量输出，"8×24V DC"表示有 8 个输出通道，输出电压为 24V DC。其外观如图 1-10 所示。

与 SM 1221 类似，SM 1222 DQ 8×24V DC 模块的中央区域也有插销，向左推动可伸出总线连接器。模块上下各有一个接线端子排，上面编号为 X10，下面编号为 X11。端子定义如表 1-3 所示。

图1-10　SM 1222 DQ 8×24V DC模块外观

表1-3　SM 1222 DQ 8×24V DC模块的端子定义

端子编号	X10	X11
1	L+/24V DC 正极	无连接
2	M/24V DC 负极	无连接
3	功能性接地	无连接
4	DQ a.0	DQ a.4
5	DQ a.1	DQ a.5
6	DQ a.2	DQ a.6
7	DQ a.3	DQ a.7

SM 1222 DQ 8×24V DC 模块支持源型输出，其接线图如图 1-11 所示。

SM 1222 的 16 通道晶体管输出型模块有源型输出和漏型输出两种。源型输出的模块电流从通道流出，经过外部线圈回到电源的负极，如图 1-12（a）所示。漏型输出的模块电流从外部线圈流入通道，然后回到电源的负极，如图 1-12（b）所示。

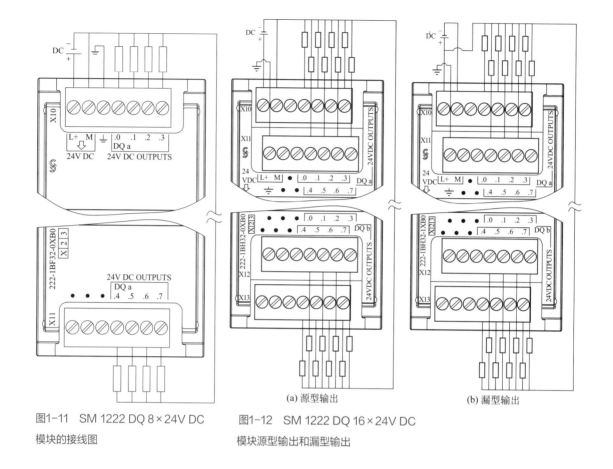

图1-11　SM 1222 DQ 8×24V DC
模块的接线图

图1-12　SM 1222 DQ 16×24V DC
模块源型输出和漏型输出

(a) 源型输出　　　(b) 漏型输出

1.4　S7-1200的模拟量模块

1.4.1　模拟量输入模块

模拟量输入模块的作用是进行模数转换，它把外部的模拟量电信号按照量程比例转换成某个数值，这样 CPU 才能处理。SIMATIC S7-1200 有三种模拟量输入模块：SM 1231 AI 4×13bit、SM 1231 AI 8×13bit、SM 1231 AI 4×16bit。名称中的 "AI" 表示 "模拟量输入"；"4×13 bit" 中的 "4" 表示有 4 个通道；"13bit" 表示分辨率为 13 位（12 位数值 +1 位符号）。同样地，最后一种的 "4×16bit" 表示该模块有 4 个通道，每个通道的分辨率为 16bit（15 位数值 +1 位符号）。

我们知道，外部的电压、电流等模拟量信号要想被 CPU 处理，首先要经过模数转换，即把电信号按比例转换成量程范围内的某个数值。转换的过程是把满量程分成 N 等份，这个 N 就是模块的分辨率。N 越大，分辨率就越高，转换后的数值就越接近实际模拟量值。

举例来说，SM 1231 AI 4×13bit，它的分辨率为 13 位，其中 12 位数值、1 位符号。12 位数值是表示把满量程信号分成 2^{12}（等于 4096）等份，假设满量程信号为温度 100℃，那么每一个等份代表的温度为：100℃ /4096=0.024414℃。这就表明，该模块能检测到的最小温度变化为 0.024414℃，小于这个值的温度变化是检测不到的。

同样的温度信号如果使用 SM 1231 AI 4×16bit 模块来检测，它的分辨率为 16 位（15

位数值 +1 位符号），表示把 100℃ 分成 2^{15}（等于 32768）等份，每一份代表的温度为：100℃/32768=0.003052℃。这就表明，该模块能检测到的最小温度变化为 0.003052℃。很明显，16 位分辨率的模块对温度变化的敏感程度比 13 位分辨率的模块要高很多。在实际项目中要根据具体情况并考虑成本因素，能满足项目要求就可以了，不必非要使用高分辨率的模块。

下面以 SM 1231AI 4×13bit 模块为例，介绍 SIMATIC S7-1200 的模拟量输入模块。

SM 1231 AI 4×13bit 模块有四路模拟量输入通道，支持电压和电流两种输入信号：电压信号支持 ±10V、±5V 和 ±2.5V，电流信号支持 0～20mA 和 4～20mA。模块的外观如图1-13 所示。

SM 1231 AI 4×13bit 模块上下各有一个接线端子排，上面编号为 X10，下面编号为 X11，端子定义如表 1-4 所示。

表1-4　SM 1231 AI 4×13bit模块的端子定义

端子编号	X10	X11
1	L+/24V DC 正极	无连接
2	M/24V DC 负极	无连接
3	功能性接地	无连接
4	AI 0+	AI 2+
5	AI 0−	AI 2−
6	AI 1+	AI 3+
7	AI 1−	AI 3−

当 SM 1231 AI 4×13bit 模块连接外部电压信号传感器时，只需要将传感器的正极连接到通道的正极，将传感器的负极连接到通道的负极，接线图如图 1-14 所示。

当模块连接外部电流信号传感器时，分两种情况：

① 连接两线制电流传感器。两线制电流传感器有正负两条线，将其正极线连接到电源的正极为传感器供电，将其负极线连接到模拟量输入通道的正极，然后将模拟量输入通道的负极连接到电源的负极，如图 1-15 所示。

图1-13　SM 1231 AI 4×13bit 模块外观

图1-14　SM 1231 AI 4×13bit 模块连接电压信号传感器

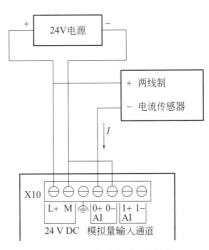

图1-15　两线制电流传感器的接线

② 连接四线制电流传感器。四线制电流传感器有四条线，其中两条为电源线（一正一负）、两条为信号线（一正一负）。其接线方法为：将正负电源线分别连接到电源的正负极，将正负信号线分别连接到通道的正负极，如图 1-16 所示。

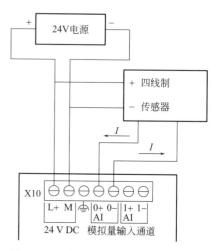

图 1-16　四线制电流传感器的接线

1.4.2　模拟量输出模块

模拟量输出模块的作用是进行数模转换，它把某个数值按照量程比例转换成电信号向外输出。SIMATIC S7-1200 有两种模拟量输出模块：SM 1232 AQ 2×14bit 和 SM 1232 AQ 4×14bit。以 SM 1232 AQ 2×14bit 模块为例，名称中的"AQ"表示模拟量输出，"2"表示有 2 个通道，"14bit"表示分辨率为 14 位。

模拟量输出的分辨率与模拟量输入类似，简单来说，模拟量输出的分辨率是二进制数值的位数，位数越多，模块转换的精度就越高。通常使用 16 位二进制数来表示转换输出的模拟量值，最高位为符号位，剩下的 15 位用来表示数值。当分辨率低于 15 时，则从最低位填 0 补位。

举个例子：SM 1232 AQ 2×14bit 模块的分辨率为 14 位，其中包括 1 位符号位，因此实际数值为 13 位。假设输出二进制数值 0b1_0100_0010_1001，则该数值会填到第 15 ~ 3 位（第 16 位为符号位），剩下的两位（第 1 位和第 2 位）为无效位，转换时会填 0 补位（见表 1-5）。也就是说，如果转换数值最后两位发生变化，是识别不到的。只有第 3 位的数值发生变化才能在模拟量中体现出来，即最小变化单位为 2^2（等于 4）。

表 1-5　模拟量输出模块的分辨率

项目	模拟量值														
位	16	15	14	13	12	11	10	9	8	7	6	5	4	3	2	1
二进制数值	S	1	0	1	0	0	0	0	1	0	1	0	0	1	0	0

注：S 表示符号位。

假设该模块输出通道输出 0 ~ 20mA 的电流信号，满量程电流信号（20mA）对应的转换数值为 27648，则能输出的最小可识别电流 =20mA×4 /27648 ≈ 0.002894mA=2.894μA。

下面以 SM 1232 AQ 2×14bit 模块为例，介绍 S7-1200 的模拟量输出模块。

SM 1232 AQ 2×14bit 模块有两路模拟量输出通道，可以输出电压或电流两种模拟量信号；输出电压信号的范围为 ±10V，分辨率为 14 位（1 位符号位 +13 位数值）；输出电流信号的范围为 0 ~ 20mA 或者 4 ~ 20mA，分辨率为 13 位（纯数值，没有符号位）。模块的外观如图 1-17 所示。

SM 1232 AQ 2×14bit 模块上下各有一个接线端子排，上面编号为 X10，下面编号为 X11，端子的定义如表 1-6 所示。

SM 1232 AQ 2×14bit 模块的接线图如图 1-18 所示。

表 1-6　SM 1232 AQ 2×14bit 模块的端子定义

端子编号	X10	X11
1	L+/24V DC 正极	无连接
2	M/24V DC 负极	无连接
3	功能性接地	无连接
4	无连接	AQ 0M，通道 0 负极
5	无连接	AQ 0，通道 0 正极
6	无连接	AQ 1 M，通道 1 负极
7	无连接	AQ 1，通道 1 正极

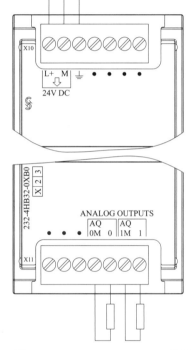

图1-17　SM 1232 AQ 2×14bit模块外观　　　　图1-18　SM 1232 AQ 2×14bit模块的接线图

1.5　西门子SIMATIC S7-1500 PLC概述

SIMATIC S7-1500 是西门子公司推出的面向中 / 大型自动化应用场合的 PLC 产品，是目前 SIMATIC 家族中性能最高、功能最强的旗舰产品，适用于大型、复杂控制任务的场合。SIMATIC S7-1500 具有如下一些特点。

① 性能极高：CPU 的位指令处理速度最快能达到 1ns ；采用高速背板总线，可达百兆级传输速率；标配 PROFINET 接口，支持最快 125μs 的数据刷新时间。

② 创新型设计：CPU 模块本身集成显示面板，可用于显示 PLC 的概览信息（比如 CPU 的运行状态、站点名称、模块名称等）、设置 CPU 的参数（比如 CPU 的日期时间、IP 地址、启动 / 停止等）、查看 CPU 诊断缓存区的报警信息、查看分布式模块的状态等。

③ 通信功能强大：CPU 模块集成多个以太网口，支持 PROFINET 通信（包括 PROFIsafe、PROFIenergy 和 PROFIdrive）、开放式以太网通信（TCP/IP 协议集）、S7 协议、OPC UA 协议、Modbus-TCP 协议、Web 服务器应用等。CPU 集成的以太网口最多支持三个不同的网段，可方便地连接到设备网、工厂网，甚至外网。通过 ET200MP 通信模块可支持 PROFIBUS、Modbus-RTU、ASCII、USS、IO-Link 等通信协议。

④ 工艺功能丰富：通过 ET 200MP 的工艺模块可实现高速脉冲计数器、高速脉冲输出（PTO/ PWM）、PID、编码器定位、处理神经网络数据等功能。

⑤ 支持高级运动控制：S7-1500 全系列 CPU 均支持运动控制功能，支持的工艺对象包括速度控制轴、定位轴、同步轴、外部编码器、输出凸轮、凸轮轨迹、测量输入等。S7-1500 还有专门用于工艺与运动控制的工艺型 CPU，可提供更强的运动控制功能，比如指定同步位置的同步、实际值耦合、改变随动轴的主值、凸轮系统，并可支持多达 4 个编码器或测量系统用于位置控制。

⑥ 集成故障安全：SIMATIC S7-1500 的故障安全型 CPU 具有高度的集成性，既可以处理标准程序，也可以处理故障安全程序；可以连接 ET 200S、ET 200SP、ET 200M、ET 200MP 等分布式系统。分布式系统的故障安全模块可以和普通模块集成在一起，大大简化了故障安全系统的设计。

⑦ 集成系统诊断：发生故障时，可以通过 LED 指示灯、CPU 显示面板快速进行故障定位，缩短停产时间。故障信息的显示具有统一的方式，SIMATIC S7-1500 集成的诊断功能可以保证故障信息以相同的文本显示在 HMI、Web 服务器或者 CPU 的显示面板上。

⑧ 集成信息安全：SIMATIC S7-1500 提供安全措施用于知识产权 / 信息的保护，包括源码保护、拷贝保护、访问保护、操作保护。源码保护可以防止程序代码被未经授权的人打开，保证算法不外泄。拷贝保护可以将 PLC 程序绑定到特定的 CPU 或者 SIMATIC 卡（依靠序列号进行绑定）。一旦设置程序绑定，将该程序拷贝到其他 CPU 或者存储卡上将无法运行。访问保护可防止未经授权的人对程序进行修改。另外 CP1543-1 可以通过集成的防火墙提高访问保护的等级。操作保护禁止未经授权的任何操作，保证数据不被修改或随意传输。

⑨ 高效组态编程：SIMATIC S7-1500 使用博途平台进行编程和调试。博途平台统一架构允许在同一个项目中集成 PLC、HMI、驱动器的代码，对于故障安全、诊断、调试等功能也可无缝集成。S7-1500 支持 IEC61131-3 推荐的五种编程语言（LAD/FBD/SCL/STL/Graph），通过使用开放开发包 ODK（Open Develop Kits），高性能 CPU（比如 CPU 1518 ODK）可以使用 C/C++ 高级语言进行编程。

⑩ 集成跟踪功能：通过添加轨迹跟踪（Trace），可以记录变量的值的变化，有利于程序错误排查或优化。轨迹跟踪的变量可以来自输出 / 输出映像区、位存储区或者数据块，跟踪的结果可以保存在 CPU 中。

⑪ 集成 Web 服务器功能：启用 Web 服务器功能后，可以通过网络访问 CPU 的数据，比如 CPU 的状态、诊断信息等，也可以查看 CPU 保存的 Trace 数据。

1.6 S7-1500的CPU模块

1.6.1 CPU模块概述

SIMATIC S7-1500 的 CPU 种类很多，包括：紧凑型 CPU、标准型 CPU、工艺型 CPU、故障安全型 CPU、高防护等级型 CPU、ET 200SP 分布式 CPU、ET 200SP 开放式控制器及软件控制器。

1.6.1.1 紧凑型CPU

紧凑型 CPU 包括：CPU 1511C-1PN 和 CPU 1512C-1PN。CPU 1511C-1PN 名称中的"C"是英文"Compact"的缩写，表示"紧凑型"；"1PN"表示它有 1 个 PROFINET 接口。CPU 模块集成了一个小的显示面板，可用于诊断、配置与信息查阅；还集成了一个模拟量模块（X10）和一个数字量模块（X11）。模拟量模块 X10 包括 5 路模拟量输入通道和 2 路模拟量输出通道，数字量模块 X11 包括 16 路数字量输入（DI）和 16 路数字量输出（DQ），支持高速脉冲（HSC）输入和输出 PTO/PWM 脉冲，如图 1-19 所示。

CPU 1512C-1PN 与 CPU 1511C-1PN 类似，不过它多了一个数字量模块 DI16/DQ16（X12），如图 1-20 所示。

图1-19　CPU 1511C-1PN外观

图1-20　CPU 1512C-1PN外观

1.6.1.2 标准型CPU

标准型 CPU 包括：CPU 1511-1PN、CPU 1513-1PN、CPU 1515-2PN、CPU 1516-3PN/DP、CPU 1517-3PN/DP 和 CPU 1518-4PN/DP。这些 CPU 本身都没有集成 IO 模块，CPU 的指令运算速度、存储区的大小、支持 IO 模块的数量、通信资源、工艺功能等随着名称中数字的增大而增多增强。比如：CPU 1511-1PN 的程序工作存储器大小为 150KB，数据工作存储器的大小为 1MB，集成的保持存储器的大小为 128KB；CPU 1516-3PN 的程序工作存储器大小为 1MB，数据工作存储器的大小为 5MB，集成保持存储器的大小为 512KB；而 CPU 1518-4PN/DP 的程序工作存储器大小为 4MB，数据工作存储器的大小为 20MB，集成的保持存储器的大小为 768KB。更多资源参数对比见表 1-7。

表 1-7　标准型 CPU 资源参数对比表

标准型 CPU 名称	CPU 1511	CPU 1513	CPU 1515	CPU 1516	CPU 1517	CPU 1518
PN/DP 接口数量	X1: 2×RJ45	X1: 2×RJ45	X1: 2×RJ45 X2: 1×RJ45	X1:2×RJ45 X2:1×RJ45 X3: 1×DB9	X1:2×RJ45 X2:1×RJ45 X3:1×DB9	X1:2×RJ45 X2:1×RJ45 X3:1×RJ45 X4:1×DB9
最大可扩展通信模块数	4	6	8	8	8	8
位指令运算速度	60ns	40ns	30ns	10ns	2ns	1ns
字运算速度	72ns	48ns	36ns	12ns	3ns	2ns
浮点运算速度	384ns	256ns	192ns	64ns	12ns	6ns
工作存储器（程序）	150KB	200KB	500KB	1MB	2MB	4MB
工作存储器（数据）	1MB	1.5MB	3MB	5MB	8MB	20MB
集成保持存储区	128KB	128KB	512KB	512KB	768KB	768KB
可扩展保持存储区	1MB	1.5MB	3MB	5MB	8MB	20MB
装载存储器最大支持	32GB	32GB	32GB	32GB	32GB	32GB
CPU 块总计	2000	2000	6000	6000	10000	10000
DB 最大容量	1MB	1.5MB	3MB	5MB	8MB	16MB
FB 最大容量	150KB	300KB	500KB	512KB	512KB	512KB
FC 最大容量	150KB	300KB	500KB	512KB	512KB	512KB
OB 最大容量	150KB	300KB	500KB	512KB	512KB	512KB
支持 IO 模块最大数量	1024	2048	8192	8192	16384	16384

关于标准型 CPU 我们将以 CPU 1515-2PN 模块为例详细介绍，具体内容请参见 1.6.2 节。

1.6.1.3　工艺型CPU

工艺型 CPU 包括：CPU 1511T、CPU 1515T、CPU 1516T 和 CPU 1517T。名称中的 T 是"Technology"的缩写，表示"工艺型"。工艺型 CPU 在标准 CPU 的基础上增强了工艺功能与运动控制的功能，比如增加了绝对位置同步、凸轮同步等高级运动控制的功能，适合于要求较高的场合。

1.6.1.4　故障安全型CPU

除了普通版本，标准型 CPU 和工艺型 CPU 都提供故障安全型版本，比如 CPU 1515-2PN 为普通版，其故障安全型为 CPU 1515 F-2PN。故障安全型在普通版的基础上增加了 PROFIsafe 功能，可用于具有安全等级要求的场合。

1.6.1.5　高防护等级CPU

高防护等级 CPU 包括两款，即 CPU 1516pro-2PN 和 CPU 1516pro F-2PN，其防护等级

为 IP65。防护等级的第一个数字表示防尘等级，第二个数字表示防水等级。以 IP65 为例，防尘等级为 6，表示可以防止任何灰尘进入；防水等级为 5，表示可以防止水的四周喷射（防雨）。高防护等级的 CPU 无须安装到控制柜中，可使用于恶劣的环境。这两款高防护等级 CPU 的固件基于 CPU 1516-3PN/DP，具有相同的功能特性。CPU 1516pro F-2PN 名称中的 F 为故障安全，表明这款 CPU 支持 PROFIsafe 协议，具有故障安全功能。

1.6.1.6　ET 200SP分布式CPU

ET 200SP 分布式 CPU 是 S7-1500 控制器家族的新成员，包括：CPU 1510SP-1PN 和 CPU 1512SP-1PN。它们是兼备 S7-1500 的突出性能与 ET 200SP I/O 简单易用、身形小巧的控制器。CPU 1510SP-1PN 与 CPU 1511-1PN 具有相同的功能特性，CPU 1512SP-1PN 与 CPU 1513-1PN 具有相同的功能特性。它们可以直接连接 ET 200SP 的 IO 模块，体积小、接线方便，支持热插拔，为机柜空间大小有要求的机器制造商或者分布式控制应用提供了完美解决方案。

1.6.1.7　ET 200SP开放式控制器

ET 200SP 开放式控制器 CPU 1515SP PC 将 PC 平台与 ET 200SP 控制器功能紧密结合，使用双核 1GHz 的 AMD G 系列 APU T40E 处理器；内存大小为 4GB；使用 30GB Cfast 卡作为硬盘；操作系统采用 Windows 7 嵌入版 32 位或 64 位；预装 S7-1500 软控制器 CPU 1505SP，可根据需要选择预装 WinCC 高级版运行时；配有 1 个千兆标准以太网接口、3 个 USB2.0、1 个 DVI-I 接口；通过总线适配器可以扩展 1 个 PROFINET 接口；完美支持 ET 200SP I/O 模块；通过 ET 200SP CM DP 模块可以支持 PROFIBUS-DP 通信；可通过开放式开发软件包 ODK 1500S 使用高级语言 C/C++ 进行二次开发。

1.6.1.8　软件控制器

SIMATIC S7-1500 软件控制器是一套计算机软件，它采用 Hypervisor 技术，当将其安装到工控机上时，可以将工控机的硬件资源虚拟成两套硬件：一套运行 Windows 系统，一套运行 S7-1500 的实时系统，两者之间以通信的方式互换数据。软件控制器也称为软 PLC，其代码与硬件 PLC 的代码完全兼容。软 PLC 系统与 Windows 系统并行运行，可以在软 PLC 程序运行时重启 Windows 系统。目前 SIMATIC S7-1500 软件控制器有两种型号可以选择：CPU 1505SP 和 CPU 1507S。二者都可以通过 OBK 1500S 使用高级语言 C/C++/C#/VB 进行编程开发。

1.6.2　CPU 1515-2PN模块

本节以 CPU 1515-2PN 模块为代表，详细介绍 SIMATIC S7-1500 标准型 CPU。CPU 1515-2PN 模块的外观，如图 1-21 所示。

CPU 1515-2PN 模块的前面有一个 2.4 寸的显示面板，具有概览、设置、诊断、模块、显示五个菜单，通过显示屏下面的导航按钮可以进入不同的菜单。

"概览"菜单下可以查看 CPU 的运行状态、站点的名称、模块的名称、型号等信息。

"设置"菜单下可以设置 CPU 的日期时间、IP 地址、启动或停止 CPU、设置保护等。

"诊断"菜单下可以查看 CPU 诊断缓存区的报警信息。

"模块"菜单下可以查看分布式模块的状态,包括本地模块和 PROFINET 网络 IO 模块。

"显示"菜单下可以设置显示面板的亮度、语言、节能时间、关闭时间等参数。

显示面板可以与 CPU 分离,支持热插拔,不影响 CPU 运行。

在 CPU 1515-2PN 模块最上端有三个 LED 指示灯,如图 1-22 所示。最左边的 LED 为运行 / 停机指示灯,绿色表示运行,黄色表示停机;中间的 LED 为错误指示灯,当有错误时会红色闪烁或常亮;最右边的 LED 为维护指示灯,当 CPU 需要维护时会黄色常亮。

图1-21　CPU 1515-2PN模块外观　　　　图1-22　CPU 1515-2PN模块的LED指示灯

SIMATIC S7-1500 的紧凑型 CPU、标准型 CPU、工艺型 CPU 都没有集成装载存储器,因此需要插 SIMATIC 存储卡才能运行。打开 CPU 的显示面板,可以看到存储卡的插槽,如图 1-23 所示。

CPU 1515-2PN 可支持最大 32GB 的存储卡作为装载存储器;其内部集成了工作存储器,包括 500KB 的程序工作存储器和 3MB 数据工作存储器;集成了 512KB 的掉电保持存储器。通过使用电源模块 PS 60W 24/48/60V DC HF 可以将整个工作存储器都扩展成保持存储器。

CPU 1515-2PN,名称中的"2PN"表示它有支持两个不同子网的 PN 接口,编号为 X1 和 X2。其中,X1 集成 2 个 RJ45 接口,自带交换机功能;作为 PROFINET 控制器,可以连接最多 256 个 IO 设备;支持作为 PROFINET IO 设备使用。

图1-23　安装SIMATIC存储卡

X2 有 1 个 RJ45 接口;作为 PROFINET 控制器,可以连接最多 32 个 IO 设备;支持 RT 和 PROFIenergy;支持作为 PROFINET 智能设备使用。

X1 和 X2 都支持 100Mbps 的传输速率,支持 S7 通信协议;支持开放式以太网通信;支持作为 Web 服务器;支持 Modbus TCP 协议;支持 OPC UA 协议;支持作为 PROFINET 共享设备。所谓共享设备,是指两个 CPU 可以共享同一个 IO 设备的数据。

CPU 1515-2PN 模块的位指令运行速度为 30ns；字指令运算速度为 36ns；浮点数运算速度为 192ns；最大支持 IO 模块的数量为 8192；输入缓存区最大地址范围为 32KB；输出缓存区最大地址范围为 32KB；可连接最多 8 个通信模块；支持最多 1000 个分布式 IO 站。

1.7 S7-1500/ET 200MP的数字量模块

S7-1500 和 ET 200MP 分布式系统使用相同的模块（包括数字量、模拟量、工艺模块和通信模块），后续的介绍会将两者放到一起。

1.7.1 数字量输入模块

S7-1500/ET 200MP 的数字量输入模块有 7 种类型：DI 32×24V DC BA、DI 32×24V DC HF、DI 16×24V DC BA、DI 16×24V DC HF、DI 16×24V DC SRC BA、DI 16×24...125V UC HF 和 DI 16×230V AC BA。名称中的"DI"表示"数字量输入"，其后的数字表示数字量输入的通道数，比如 32 表示有 32 个数字量输入通道；再后面是输入电压的等级和类型；最后是模块的类型，BA 表示基本型，HF 表示高性能型；名称中的"SRC"表示源型输入型。比如 DI 32×24V DC BA 是有 32 个输入通道、输入电压为 24V DC 的基本型模块，而 DI 16×24V DC HF 是有 16 个输入通道、输入电压为 24V DC 的高性能模块。各模块的特征详见表 1-8。

表1-8 S7-1500/ET 200MP数字量输入模块特征

名称	通道数	输入电压	输入方式	类型
DI 32×24V DC BA	32	24V DC	漏型	基本型
DI 32×24V DC HF	32	24V DC	漏型	高性能型
DI 16×24V DC BA	16	24V DC	漏型	基本型
DI 16×24V DC HF	16	24V DC	漏型	高性能型
DI 16×24V DC SRC BA	16	24V DC	源型	基本型
DI 16×24...125V UC HF	16	24V/48V/125V DC 或 AC	—	高性能型
DI 16×230V AC BA	16	230V AC	—	基本型

以 DI 16×24...125V UC HF 模块为例，名称中的"UC"表示 DC 或 AC，即该模块的输入电流可以为直流电也可以为交流电（频率范围 50 ～ 60Hz），其外观如图 1-24 所示。

其接线原理图如图 1-25 所示。

图 1-25 中，①为背板总线接口；CHx（$x=0 \sim 15$）为输入通道；a/b 均为输入字节地址。

1.7.2 数字量输出模块

S7-1500/ET 200MP 的数字量输出模块有 10 种，包括：DQ 32×24V DC/0.5A BA、DQ 32×24V DC/0.5A HF、DQ 16×24V DC/0.5A BA、DQ 16×24V DC/0.5A HF、DQ 16×24...48VUC/125V DC/0.5A ST、DQ 16×230V AC/1A ST Triac、DQ 16×230V AC/2A ST Relay、DQ 8×24V DC/2A HF、DQ 8×230V AC/2A ST Triac、DQ 8×230V AC/5A ST Relay。

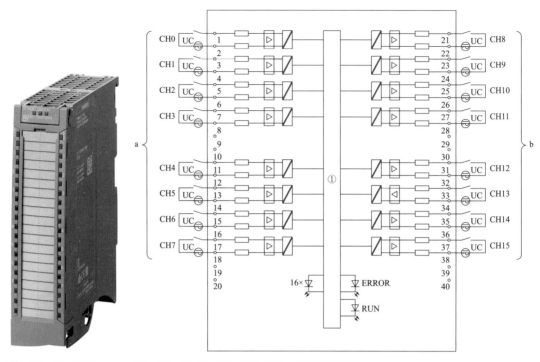

图1-24　DI 16×24...　　图1-25　DI 16×24...125V UC HF接线原理图

125V UC HF模块外观

　　名称中的"DQ"表示"数字量输出"，后面的数字表示输出通道数量及输出的额定电压和额定电流，比如"32×24V DC/0.5A"表示有 32 个输出通道，每个通道的额定输出电压为 24 V DC，额定输出电流为 0.5A；"BA"表示基本型；"ST"表示标准型；"HF"表示高性能型；"Triac"表示晶闸管；"Relay"表示继电器。各模块的特性见表 1-9。

表1-9　S7-1500/ET 200MP 数字量输出模块

名称	通道数	输出电压	额定电流 /A	输出方式	类型
DQ 32×24V DC/0.5A BA	32	24V DC	0.5	晶体管	基本型
DQ 32×24V DC/0.5A HF	32	24V DC	0.5	晶体管	高性能型
DQ 16×24V DC/0.5A BA	16	24V DC	0.5	晶体管	基本型
DQ 16×24V DC/0.5A HF	16	24V DC	0.5	晶体管	高性能型
DQ 16×24...48V UC/125V DC/0.5A ST	16	24V/48V/125V DC	0.5	晶体管	标准型
DQ 16×230V AC/1A ST Triac	16	120V/230V AC	1	晶闸管	标准型
DQ 16×230V AC/2A ST Relay	16	230V AC	2	继电器	标准型
DQ 8×24V DC/2A HF	8	24V DC	2	晶体管	高性能型
DQ 8×230V AC/2A ST Triac	8	230V AC	2	晶闸管	标准型
DQ 8×230V AC/5A ST Relay	8	230V AC	5	继电器	标准型

　　以 DQ 16×24V DC/0.5A BA 模块为例，其外观如图 1-26 所示。

该模块有 16 个晶体管型输出通道，每个通道额定输出电压为 24V DC，额定输出电流为 0.5A，其接线原理图如图 1-27 所示。

图 1-27 中，①为背板总线接口；CHx（x=0 ~ 15）为输出通道；a/b 均为输出字节地址。

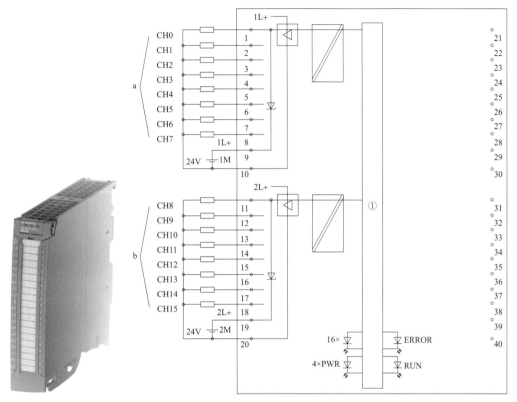

图1-26　DQ 16×24V　　图1-27　DQ 16×24V DC/0.5A BA接线原理图

DC/0.5A BA模块外观

1.7.3　数字量故障安全模块

S7-1500/ET 200MP 有一款数字量输入安全模块 F-DI 16×24V DC 和一款数字量输出安全模块 F-DQ 8×24V DC/2A PPM。

1.7.3.1　故障安全模块F-DI 16×24V DC

F-DI 16×24V DC 名称中的"F"表示"Failsafe"，即故障安全；"DI"表示"数字量输入"；"16×24V DC"表示"具有 16 个输入通道、额定输入电压为 24V DC"。模块的外观如图 1-28 所示。

该模块有 16 个输入通道，可以组态成 1oo1 评估或者 1oo2 评估，可以输出 4 组传感器电源信号。接线原理图如图 1-29 所示。

图 1-29 中，①为背板总线；②为模块的处理器 1；③为模块的处理器 2；④为反极性保护；U_s 为传感器输出电源，总共 4 组；CHx 为数字量输入通道；a/b 均为输入字节地址。

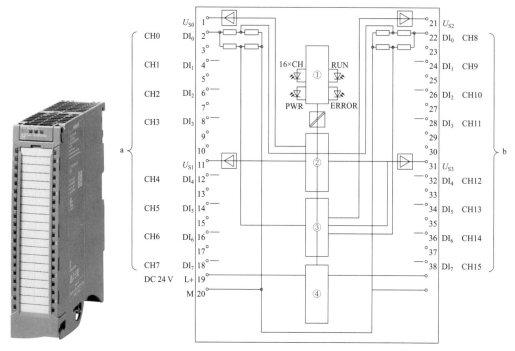

图1-28　F-DI 16×　　图1-29　F-DI 16×24V DC模块接线原理图

24V DC模块外观

1.7.3.2　故障安全模块F-DQ 8×24V DC/2A PPM

　　F-DQ 8×24V DC/2A PPM 是有 8 个晶体管输出通道的故障安全模块。名称中的"F"表示"Fail-safe"，即"故障安全"；"DQ"表示数字量输出；"8×24V DC/2A"表示有 8 个通道，每个通道输出的额定电压为 24V，每个通道的额定电流为 2A；"PPM"表示通道的输出可以组态为"PP"开关模式或者"PM"开关模式。所谓"PP"开关模式，是指把通道内部两个开关串联，并全部用于控制通道的正极；所谓"PM"开关模式，是指把通道内部两个开关并联，一个用于控制通道的正极，另一个用于控制通道的负极，如图 1-30 所示。

　　F-DQ 8×24V DC/2A PPM 的外观如图 1-31 所示。

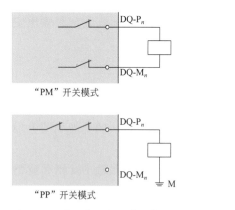

图1-30　"PM"开关和"PP"开关模式图　　　　　图1-31　F-DQ 8×24V DC/2A PPM模块外观

　　F-DQ 8×24V DC/2A PPM 模块的接线原理图如图 1-32 所示。

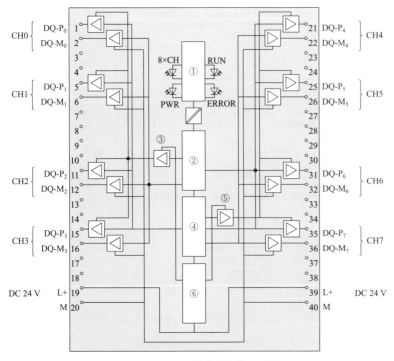

图1-32　F-DQ 8×24V DC/2A PPM模块的接线原理图

图 1-32 中，①为背板总线；②为模块的处理器 1；③为通道 0 ~ 3 的 P 开关；④为模块的处理器 2；⑤为通道 4 ~ 7 的 P 开关；⑥为反极性保护；CHx 为数字量输出通道；DQ-P_x 为通道 x 的 P 开关接线端；DQ-M_x 为通道 x 的 M 开关接线端。

1.8　S7-1500/ET 200MP的模拟量模块

1.8.1　模拟量输入模块

S7-1500/ET 200MP 的模拟量输入模块共有 6 种，包括：AI 8×U/I HF、AI 8×U/I HS、AI 8×U/I/R/RTD BA、AI 8×U/I/RTD/TC ST、AI 8×U/R/RTD/TC HF、AI 4×U/I/RTD/TC ST。名称中的"AI"是英文"Analog Input"的缩写，表示模拟量输入，后面是其通道的数量和支持的信号类型。比如"8×U/I"表示该模块有 8 个通道，支持电压和电流两种信号；再比如"8×U/I/R/RTD"表示模块有 8 个通道，支持电压、电流、电阻、热电阻等信号，可以在组态中设置。名称中的其他字母的含义如下：

①"TC"表示"热电偶"；

②"HF"表示"高性能型"；

③"HS"表示"高速型"；

④"BA"表示"基本型"；

⑤"ST"表示"标准型"。

各模块的特性见表 1-10。

表1-10 S7-1500/ET 200MP模拟量输入模块属性

名称	通道数	输入信号类型	分辨率	类型
AI 8×U/I HF	8	电压（±10V/±5V/±2.5V/1～5V） 电流（0～20mA/4～20mA/±20mA）	16位	高性能型
AI 8×U/I HS	8	电压（±10V/±5V/1～5V） 电流（0～20mA/4～20mA/±20mA）	16位	高速型
AI 8×U/I/R/RTD BA	8	电压（±50mV/±500mV ±1V/1～5V/±5V/±10V） 电流（0～20mA/4～20mA/±20mA） 电阻（150Ω/300Ω/600Ω/6000Ω） RTD（PT100/PT1000 Ni100/Ni1000/LG-Ni1000）	16位	基本型
AI 8×U/I/RTD/TC ST	8	电压（±50mV/±80mV/±250mV/±500mV/±1V/±2.5V 1～5V/±5V/±10V） 电流（0～20mA/4～20mA/±20mA） 电阻（150Ω/300Ω/600Ω/6000Ω） RTD（PT100/PT1000 Ni100/Ni1000/LG-Ni1000） 热电偶（B型/E型/J型/K型/N型/R型/S型/T型）	16位	标准型
AI 8×U/R/RTD/TC HF	8	电压（±25mV/±50mV/±80mV/±250mV/±500mV/±1V） 电阻（150Ω/300Ω/600Ω/6000Ω） RTD（PT10/PT50/PT100/PT200/ PT500/PT1000 Ni10/Ni100/Ni120/Ni200/Ni500/Ni1000/LG- Ni1000/Gu10/Gu50/Gu100） 热电偶（B型/E型/J型/K型/N型/R型/S型/T型/TCK型）	16位	高性能型
AI 4×U/I/RTD/TC ST	4	电压（±50mV/±80mV/±250mV/±500mV/±1V/±2.5V 1～5V/±5V/±10V） 电流（0～20mA/4～20mA/±20mA） 电阻（150Ω/300Ω/600Ω/6000Ω） RTD（PT100/PT1000 Ni100/Ni1000/LG-Ni1000） 热电偶（B型/E型/J型/K型/N型/R型/S型/T型）		标准型

以 AI 8×U/I HF 模块为例，其外观如图 1-33 所示。

AI 8×U/I HF 模块有 8 路模拟量输入通道（带电气隔离），输入信号的类型可以根据需要设置成电压信号或电流信号。电压信号支持 ±10V、±5V、±2.5V 和 1～5V 四种类型。电流信号支持两线制传感器或四线制传感器，两线制传感器支持 4～20mA 一种电流信号；四线制传感器支持 0～20mA、4～20mA 和 ±20mA 三种电流信号。

模块的分辨率为 16 位（1 位符号位 +15 位数值），对于单极性信号（比如 0～20mA 电流信号），其额定转换量程范围为 0～27648；对于双极性信号（比如 ±10V 电压信号），其额定转换量程范围为 −27648～+27648。

模块支持诊断中断，当发生以下情况时将触发诊断中断：

① 电源电压 L+ 缺失。

② 断路。

③ 上溢或下溢。

模块支持硬件中断，当检测到信号超过了正常值的上限或下限，会触发硬件中断。以 ±10V 为例，上限为 10V，下限为 −10V，如果输入的电压信号超出了这个范围，将触发硬件中断。另外，可以在模块的硬件组态中对测量范围的上下限进行调整。

模块前端的连接器可以取下，方便接线与更换模块（更多详细内容请参见 1.9.3 节）。

模拟量输入模块需要单独的电源供电，需要在前连接器的下方插入一个电源接线端子（更多详细内容请参见 1.9.4 节），如图 1-34 所示。

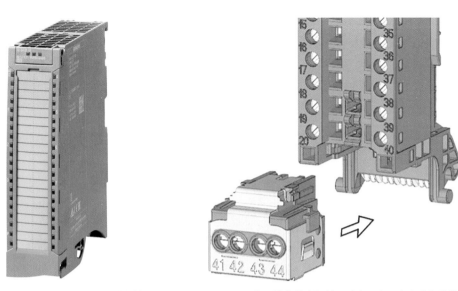

图1-33 AI 8×U/I HF模块外观　　　　图1-34 信号模块的电源端子（左下方，右上方为前连接器）

AI 8×U/I HF 模块连接电压型传感器的接线原理图如图 1-35 所示。

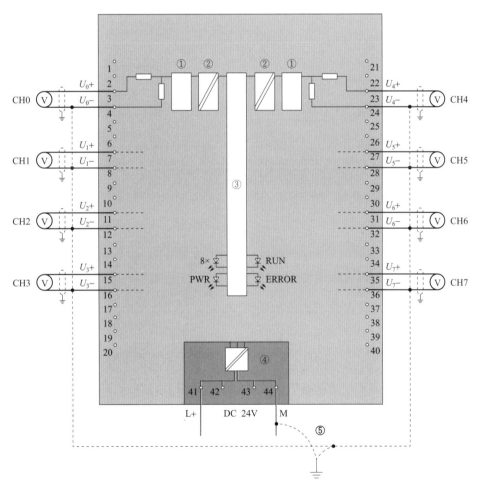

图1-35 AI 8×U/I HF模块连接电压型传感器的接线原理图

图 1-35 中，①为模数转换器；②为电气隔离；③为背板总线接口；④为模块供电；⑤为等电位连接；CH0 ～ CH7 为电压信号输入，每个输入通道包括正负两条线，分别连接到通道的正负极。

AI 8×U/I HF 模块连接四线制电流传感器的接线原理图如图 1-36 所示。

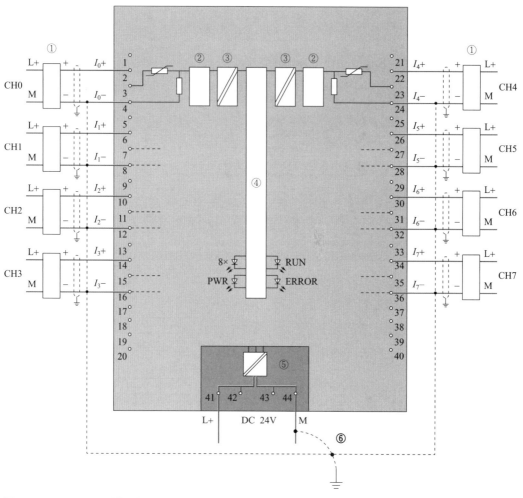

图1-36　AI 8×U/I HF模块连接四线制电流传感器的接线原理图

图 1-36 中，①为四线制电流传感器，它有四条线，L+ 和 M 是传感器的电源正负线，另外两条线是传感器的输出信号线，分别连接到模拟量输入通道的正负极；②为模数转换器；③为电气隔离；④为背板总线接口；⑤为模块供电；⑥为等电位连接。

AI 8×U/I HF 模块连接两线制电流传感器的接线原理图如图 1-37 所示。

图 1-37 中，①为两线制电流传感器，它有两条线，L+ 连接电源正极，另外一条线是信号线，连接到模拟量输入通道的正极，模拟量输入通道的负极要连接到电源的负极；②为模数转换器；③为电气隔离；④为背板总线接口；⑤为模块供电；⑥为等电位连接。

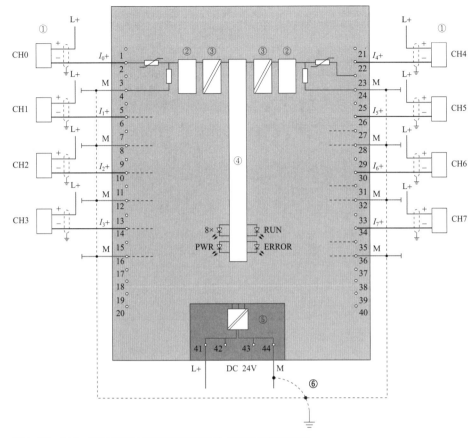

图1-37 AI 8×U/I HF模块连接两线制电流传感器的接线原理图

1.8.2 模拟量输出模块

S7-1500/ET 200MP 的模拟量输出模块共有 4 种，包括：AQ 8×U/I HS、AQ 4×U/I HF、AQ 4×U/I ST、AQ 2×U/I ST。名称中的"AQ"是"Analog Output"的缩写，即"模拟量输出"；后面的数字表示通道的数量；"U/I"表示可以输出电压信号和电流信号；"HS"表示"高速型"；"HF"表示"高性能"；"ST"表示"标准型"。

以 AQ 4×U/I ST 为例，它有如下一些特点：

① 有 4 路模拟量输出通道。

② 每路通道既可以输出电压信号，也可以输出电流信号。

③ 输出电压信号的类型：±10V、0～10V 和 1～5V。

④ 输出电流信号的类型：±20mA、0～20mA 和 4～20mA。

⑤ 分辨率 16 位（1 位符号 +15 位数值）。

⑥ 每个通道都支持诊断功能，包括：断路、无电源电压、上溢及下溢。

AQ 4×U/I ST 模块的外观如图 1-38 所示。

与模拟量输入模块类似，模拟量输出模块的前连接器也可以取出（更多详细内容请参见 1.9.3 节），也需要专用的电源端子为模块供电（更多详细内容请参见 1.9.4 节）。

图 1-39 是 AQ 4×U/I ST 模块输出电压信号的接线原理图。

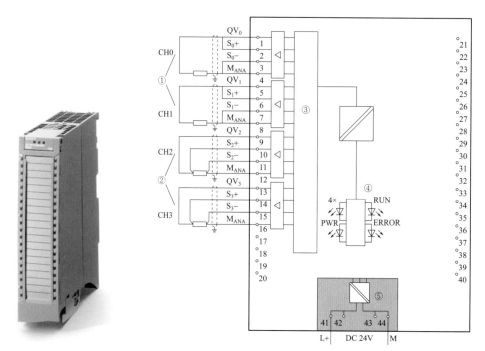

图1-38　AQ 4×U/I ST模块外观　　图1-39　AQ 4×U/I ST模块输出电压信号的接线原理图

图 1-39 中，①为两线制输出电压连接负载，在前连接器上进行短接；②为四线制输出电压连接负载；③为数模转换器；④为背板总线接口；⑤为模块供电。

AQ 4×U/I ST 模块输出电流信号的接线原理图如图 1-40 所示。

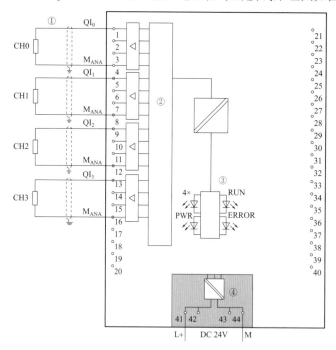

图1-40　AQ 4×U/I ST模块输出电流信号的接线原理图

图 1-40 中，①为输出电流连接负载；②为数模转换器；③为背板总线接口；④为模块供电。

1.9 S7-1500/ET 200MP的组件

1.9.1 导轨

S7-1500 系列 PLC 的 CPU 及信号模块需要专用导轨安装，可选择的导轨长度包括：160mm、245mm、482mm、530mm、830mm 及 2000mm。导轨需要单独订货，其外观如图 1-41 所示。

除了专用导轨，西门子还提供标准导轨适配器。使用适配器可以将 S7-1500 的 CPU 及信号模块安装到标准 35mm DIN 导轨上。

1.9.2 U形连接器

S7-1500 系列 CPU 主机架可以扩展最多 31 个模块，模块与 CPU 之间、模块与模块之间通过 U 形连接器相连。U 形连接器的外观如图 1-42 所示。

图1-41　S7-1500/ET 200MP安装导轨外观　　　图1-42　S7-1500/ET 200MP的U形连接器外观

1.9.3 前连接器

S7-1500/ET 200MP 的信号模块 / 工艺模块 / 通信模块都通过前连接器与外界相连，前连接器可以与模块分离，这样在更换模块时不需要重新接线。前连接器有三种型号，如图 1-43 所示。

图 1-43 中，①为带螺钉型端子的 35mm 前连接器；②为带推入式端子的 25mm 前连接器；③为带推入式端子的 35mm 前连接器。

前连接器安装时首先将模块的前盖掀开到最大角度，使其锁定；然后将前连接器插入模块中，直到固定牢靠，如图 1-44 和图 1-45 所示。

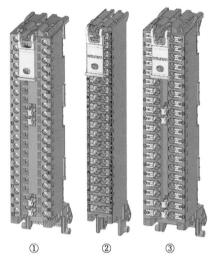

图1-43　S7-1500/ET 200MP模块的前连接器

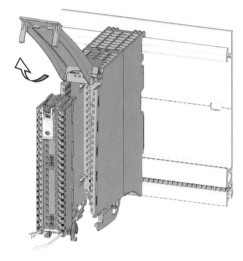

图1-44　掀开模块前盖使其固定

1.9.4　电源端子

S7-1500/ET 200MP中的一些模块（比如模拟量模块、工艺模块）需要单独供电，因此要在前连接器的下方安装一个电源端子，如图1-46所示。

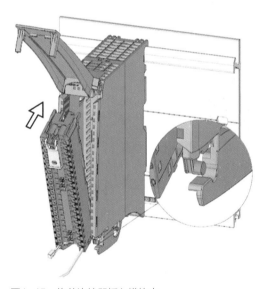

图1-45　将前连接器插入模块中

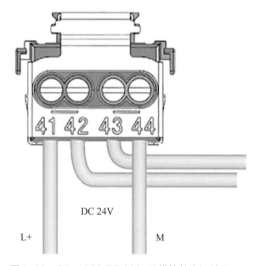

图1-46　S7-1500/ET 200MP模块的电源端子

该电源端子有四个接线柱，从左到右编号依次为41 ～ 44，其中：41/42 内部相连，43/44 内部相连。使用时可以将 41 连接 24V 电源正极，44 连接电源负极；42/43 引出用于给其他模块供电。电源端子的安装请参考 1.8.1 节的图1-34。

第2章

PLC的工作原理与存储方式

2.1 PLC的工作原理

2.1.1 PLC的程序结构

在介绍 PLC 的工作原理之前，我们先来认识下 PLC 的程序结构。PLC 的 CPU 中运行两类程序：操作系统和用户程序。操作系统是由厂家设计的、在出厂前固化到 CPU 硬件中的程序（也称为固件）。用户程序是由用户（比如现场的调试工程师）编写的、完成某些特定控制任务的程序。

操作系统是 CPU 的管家，它管理着 CPU 的所有资源并负责执行各类任务，具体包括：

① 执行启动任务；　　　　　　　　⑤ 检测和处理错误；

② 更新输入 / 输出过程映像区；　　⑥ 管理存储区；

③ 调用用户程序；　　　　　　　　⑦ 处理各种通信请求。

④ 检测中断和调用中断组织块；

用户程序只有被操作系统调用后才能被执行。一般来说，操作系统会预留两类接口来调用用户程序：一类是主程序入口；另一类是中断程序入口。在西门子 PLC 中，主程序入口被称为程序循环组织块。早期的程序循环组织块被称为 OB1，用户程序被 OB1 直接或间接调用才能执行（中断调用的除外）。在 S7-1200/1500 最新的程序架构中，允许添加多个程序循环组织块，除了 OB1，其他程序循环组织块的编号必须大于等于 123，操作系统按照其编号顺序调用。比如：假设某项目中有 OB1、OB1000 和 OB2000 三个程序循环组织块，则操作系统先调用 OB1，再调用 OB1000，然后调用 OB2000。更多关于程序组织块及软件架构的内容请参见第 5 章。

2.1.2 CPU的工作模式

PLC 的 CPU 有三种工作模式：启动、运行和停机。如果 CPU 处于断电状态，要先上电。上电后会执行一系列诊断和初始化操作。初始化操作包括：删除所有非保持性位存储器的数据，将非保持性数据块的内容复位为装载存储器的初始值，保留保持性存储器和数据块的数值，然后执行启动设置的操作。

根据组态的不同，上电后有三种方式可以选择：

① 未重启（仍处于 STOP 模式）；

② 暖启动 -RUN；

③ 暖启动 - 断开电源之前的操作模式。

图 2-1 是博途环境下 CPU 启动模式的选择。

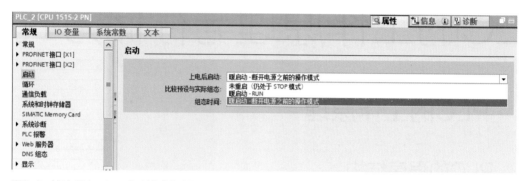

图2-1　博途环境下CPU启动模式的选择

如果选择第 1 种方式，则上电后 CPU 直接进入停机模式。

如果选择第 2 种方式，则 CPU 执行暖启动然后进入运行模式。

如果选择第 3 种方式，则 CPU 执行暖启动然后进入停机之前的模式：如果停止之前是运行模式，则运行；如果之前是停机模式，则停机。

暖启动时，CPU 会初始化所有非保持性系统数据和用户数据，并保留所有保持性数据。不断电的情况下，使用博途开发环境下的 CPU 启动按钮使 CPU 从停机模式切换到运行模式，CPU 也会执行暖启动。与暖启动相对应，断电重启也称为冷启动。冷启动和暖启动的过程，都属于启动过程。这个过程被单独作为 CPU 的一种工作模式——启动模式。

在启动模式下，CPU 会执行如下一些任务：

① 将外部物理输入信号的状态拷贝到过程输入映像区；

② 根据组态的配置，将过程输出映像区初始化为 0、最后值或替换值；

③ 初始化非保持位存储器和数据块，启用组态的循环中断事件和时钟事件，调用启动组织块；

④ 将发生的中断事件存储到队列中，以便下一步进入运行模式后处理。

CPU 的启动过程如图 2-2 所示。

要说明的是：中断可能随时发生，因此步骤④会记录整个启动过程的中断事件。

一般情况下，启动过程完成后，CPU 会进入运行模式。

在运行模式下，CPU 执行如下任务：

① 将过程输出映像区的值输出到实际物理模块；　④ 执行自身诊断与检查；

② 将外部输入信号的值拷贝到过程输入映像区；　⑤ 处理中断和通信请求；

③ 调用主程序块（OB1）；　⑥ 返回步骤①再次执行。

运行模式下的这种任务执行的过程被称为"循环扫描"。要特别说明的是，在循环扫描的过程中，CPU 会处理中断和通信请求，这个并不局限于某个步骤，而是在整个过程都会执行。CPU 的循环扫描如图 2-3 所示。

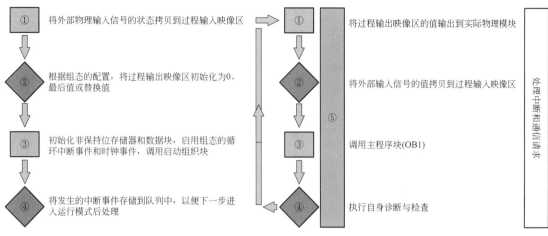

图2-2　CPU的启动过程　　　　　　　　图2-3　CPU的循环扫描

2.2　CPU的存储器

　　CPU 的存储器可分为：装载存储器、工作存储器、保持存储器和系统存储器。后三者都是集成在 CPU 内部的存储器，而装载存储器有的集成在 CPU 内部，有的使用外部的 SIMATIC 存储卡。

2.2.1　装载存储器

　　装载存储器用来存放 CPU 的所有在线数据，包括硬件配置、用户程序、项目信息、强制作业、跟踪作业、符号和注释、数据日志、配方数据等。一些非 SIMATIC 文件也可以存放到装载存储器中。

　　装载存储器是非易失性存储器，相当于计算机的硬盘，在断电重启后数据不会丢失。S7-1200 系列 PLC 的 CPU 内置了装载存储器，比如，CPU 1212C 内置装载存储器的大小为 2MB，CPU 1217C 内置装载存储器的大小为 4MB。在博途环境下向 PLC 下载程序 / 数据时，这些程序 / 数据是被下载到 CPU 的装载存储器中。如果程序 / 数据的容量大于内置装载存储器的容量，可以通过插入 SIMATIC 存储卡来扩展 S7-1200 系列 CPU 的装载存储器。S7-1500 系列 PLC 的 CPU 没有内置装载存储器，必须插入 SIMATIC 存储卡作为装载存储器才能工作。

　　SIMATIC存储卡最大支持32GB的容量，关于SIMATIC存储卡的更多内容，请参见2.3节。

2.2.2　工作存储器

　　我们知道，个人计算机在工作的时候，需要把程序 / 数据从硬盘加载到内存中。这是因为内存的读写速度要比硬盘快得多，这种方式可以加快程序的执行速度。西门子 PLC 采用类似的设计，工作存储器相当于计算机的内存。CPU 首先把用户程序中可执行代码和所需要的数据从装载存储器拷贝到工作存储器中，然后才开始执行。

工作存储器分为程序工作存储区和数据工作存储区：程序工作存储区存放与运行时相关的程序代码；数据工作存储区保存数据块和工艺对象中与运行相关的部分。

不同类型的 CPU 集成的工作存储器的大小有所不同。比如，CPU 1214C 工作存储器的大小为 100KB（程序 + 数据），而 CPU 1217C 工作存储器的大小为 150KB（程序 + 数据），而 CPU 1515- 2PN 的工作存储器包括 300KB 的程序存储器和 3MB 的数据存储器。

工作存储器具有如下特点：

① 集成在 CPU 内部，不能扩展；

② 为易失性存储器，断电后其内部数据将会丢失。

2.2.3　保持存储器

为了使程序运行过程中的一些关键数据不因掉电而丢失，可以将一定地址范围内的位存储器、定时器、计数器或 DB 块的变量设置为"可保持性"属性。当系统电压降低到某个阈值时，CPU 会将具有掉电保持属性的变量拷贝到保持存储器中。正如它的名字一样，保持存储器中的数据在掉电后仍可保持，是一种非易失性存储器。当系统再次上电时，CPU 会从保持存储器将数据拷贝到相应的变量中。S7-1200 系列 PLC 的 CPU 均内置了 10KB 的保持存储器，不可扩展；S7-1500 系列 PLC 的保持存储器根据 CPU 类型的不同而不同，比如 CPU 1515-2PN 内置 512KB 的保持存储器，并且可以通过电源模块 PS 60W 24/48/60V DC HF 扩展至 3MB。

2.2.4　系统存储器

保持存储器和工作存储器都集成在 CPU 内部，装载存储器有的集成在 CPU 内部（比如 S7-1200 系列），有的是外部的 SIMATIC 存储卡（比如 S7-1500 系列）。在 CPU 内部，还有一种存储器是用来存放系统数据的，称为系统存储器。

系统存储器是易失性存储区，掉电后数据丢失，容量不能扩展。根据存放数据类别的不同，分为：过程输入映像区、过程输出映像区、位存储区、定时器存储区、计数器存储区、临时（局部）变量存储区。

2.2.4.1　过程输入映像区（I）

过程输入映像区用来存放外部的输入信号，CPU 在循环扫描的过程中会读取外部的输入信号状态并存放到过程输入映像区中。不同类型的 CPU 集成的输入映像区大小不同，比如：S7-1200 系列 CPU 的过程输入映像区大小为 1024B，而 S7-1500 系列 CPU 的过程输入映像区大小为 32KB。

过程输入映像区可以位、字节、字或者双字的方式进行访问，比如 I0.0 中的"I"表示访问输入映像区，第一个 0 表示字节 0，第二个 0 表示第 0 位，因此 I0.0 表示过程输入映像区字节 0 的第 0 位；如果要以字节的形式进行访问，则写作 IB0，名称中的 B 表示字节（Byte）。S7-1200/1500 与 S7-300 系列 PLC 略有不同，在以绝对地址访问输入映像区时要在地址前加上"%"符号，比如访问 I0.0，编写时应写作"%I0.0"。其他系统存储区的访问也有类似语法。

2.2.4.2　过程输出映像区（Q）

过程输出映像区是 CPU 内部输出信号的缓存区，在每一个扫描周期都将刷新到对应的外部输出通道。S7-1200 系列 CPU 的过程输出映像区大小为 1024B，而 S7-1500 系列 CPU 的过程输出映像区大小为 32KB。与过程输入映像区类似，过程输出映像区可以位、字节、字或者双字的方式进行访问，比如 Q0.0 或者 QB0。编程时绝对地址访问写作 "%Q0.0" 或 "%QB0"。

2.2.4.3 位存储区（M）

位存储区可以作为程序运行的标志位使用，也可以存放程序运行的中间结果。S7-1200 系列 PLC 的位存储区大小为 8192B。位存储区可以位、字节、字或者双字的方式进行访问，比如 M1.0 表示位存储区字节 1 的第 0 位；MB1 表示位存储区的字节 1；MW2 表示位存储区的一个字（从字节 2 开始），它的低字节是 MB2，高字节是 MB3；MD2 表示位存储区的一个双字（从字 2 开始），它的低字为 MW2，高字为 MW4。

2.2.4.4 定时器存储区（T）

定时器存储区用来存放 S7 定时器。S7-1500 系列 PLC 支持两种定时器：S7 定时器和 IEC 定时器。S7 定时器最多支持 2048 个，有专门的定时器存储区；IEC 定时器没有数量限制，占用工作存储器，受工作存储器大小的影响。S7-1200 系列 PLC 仅支持 IEC 定时器，因此它没有专门的定时器存储区。

2.2.4.5 计数器存储区（C）

计数器存储区用来存放 S7 计数器。与定时器类似，S7-1500 系列 PLC 也支持 S7 计数器和 IEC 计数器两种。S7 计数器最多支持 2048 个，存放在计数器存储区；IEC 计数器没有数量的限制，占用工作存储器，受工作存储器大小的影响。S7-1200 系列 PLC 仅支持 IEC 计数器，因此它也没有专门的计数器存储区。

2.2.4.6 临时（局部）变量存储区（L）

临时（局部）变量存储区用来存放程序运行过程中的局部变量或临时变量。在 S7-1200 系列 PLC 中，临时（局部）变量存储区的大小为 22KB。其中 16KB 用于启动和程序循环，另外 6KB 用于不同等级的中断优先级。S7-1500 系列 PLC 临时变量存储区最大为 64KB。

2.3 SIMATIC存储卡

0201-
SIMATIC 存
储卡介绍

2.3.1 SIMATIC存储卡简介

SIMATIC 存储卡（SIMATIC Memory Card）是用于西门子 S7-1200/1500 系列 PLC 或人机界面的存储卡，简称为 SMC 卡。早期的 S7-300 PLC 的存储卡称为 MMC 卡，S7-400 PLC 的存储卡包括 MC RAM 卡和 MC FLASH 卡。本书主要介绍 SMC 卡。

SMC 卡是在普通 SD 卡的基础上嵌入了西门子的特殊信息，它可以用市面上通用的 SD 卡读卡器进行读取，但不能在 Windows/Linux 等操作系统下直接格式化，否则就变成了一张普通的 SD 卡。如果要格式化 SMC 卡，需要在博途环境中左侧设备树的 "读卡器 /USB 存储器"

中进行。

SMC 卡根据用途不同，又分为如下两种：

① 用于 PLC，作为 CPU 装载存储器（程序卡）或者作为传送卡（程序传输）或固件更新的 SMC 卡，如图 2-4 所示。

② 用于人机界面（HMI）上具有存储功能的 SIMATIC HMI 存储卡，如图 2-5 所示。

图2-4　用于CPU的SIMATIC存储卡　　　　图2-5　用于人机界面的SIMATIC HMI存储卡

本书主要介绍用于 PLC 的 SMC 卡。西门子提供不同容量的 SMC 卡，其订货号如表 2-1 所示。

表2-1　SMC卡的容量及订货号

容量	订货号
SIMATIC MC 4MB	6ES7 954-8LC03-0AA0
SIMATIC MC 12MB	6ES7 954-8LE03-0AA0
SIMATIC MC 24MB	6ES7 954-8LF03-0AA0
SIMATIC MC 256MB	6ES7 954-8LL03-0AA0
SIMATIC MC 2GB	6ES7 954-8LP02-0AA0
SIMATIC MC 32GB	6ES7 954-8LT03-0AA0

对于 S7-1200 系列 PLC 而言，其 CPU 内置装载存储器，因此 SIMATIC 存储卡并不是必须的，不插也能正常运行；对于 S7-1500 系列 PLC 而言，其 CPU 没有内置装载存储器，因此必须插入 SIMATIC 存储卡作为装载存储器才能正常运行。

2.3.2　SIMATIC存储卡的安装

打开 S7-1200 CPU 的上面端盖，在其右侧可以看到 SMC 卡的插槽。将存储卡的斜面侧朝上插入 CPU 中，如图 2-6 所示。

对于 S7-1500 系列 PLC，在其 CPU 屏幕 / 按键的下方（图 2-7）或者后面（图 2-8）可以找到 SMC 卡的插槽。

图2-6　将存储卡插入S7-1200 CPU中

图2-7　将SMC卡插入CPU 1512C中　　　　　图2-8　将SMC卡插入CPU 1515F中

2.3.3　SIMATIC存储卡的工作模式

SIMATIC 储存卡有两种工作模式,即程序卡和传送卡。

程序卡是指将存储卡作为 CPU 的装载存储器使用,可以存放 CPU 运行时需要的程序和数据。当激活程序卡功能后,下载到 CPU 的项目文件(包括用户程序、硬件组态和强制值)都将下载到存储卡中,而不是 CPU 内部集成的装载存储器。程序卡在 CPU 运行过程中不能拔出。

传送卡用来从 CPU 传送项目文件。当有两个或多个相同功能的设备时,可以将 SMC 存储卡设置为传送卡模式,然后将项目文件拷贝到传送卡中,再插入其他设备的 CPU 就可以实现项目文件的传送。当传送完成后,必须拔出传送卡。S7-1200 CPU 可以离开传送卡而运行。

2.3.4　使用SIMATIC存储卡更新CPU固件

随着时间的推移,西门子会发布 CPU 或其他模块的新版本固件,我们可以使用 SIMATIC 存储卡对现有硬件的固件进行更新升级,执行该功能的 SIMATIC 存储卡的容量必须大于等于 12MB。

固件更新的步骤如下:

① 到西门子的官网搜索下载指定型号产品的固件版本。以 S7-1200 为例,不同 CPU 的固件版本存放的路径不同,比如,CPU 1214 DC/DC/DC 的路径为:https://support.industry.siemens.com/cs/ww/en/view/107539750。固件为受限软件,需注册才能下载。

② 下载固件并解压缩后,会看到一个名称为"S7_JOB.SYS"的文件和名称为"FWUPDATE.S7S"的文件夹。

③ 清空 SIMATIC 存储卡(不要格式化),将"S7_JOB.SYS"文件和"FWUPDATE.S7S"文件夹拷贝到存储卡中。

④ 将存储卡插入 CPU 的插槽中，此时 CPU 会停止运行，"MAINT"指示灯闪烁。

⑤ 将 CPU 断电，稍等几秒重新上电。此时 CPU 的"RUN/STOP"指示灯黄绿交替闪烁表示正在更新固件。当"RUN/STOP"指示灯亮（黄）并且"MAINT"指示灯闪烁说明固件更新已经结束。

⑥ 拔出存储卡，再次将 CPU 断电并重新上电，在博途环境的"在线和诊断"→"诊断"→"常规"中查看 CPU 目前的固件版本。

说明：

a. 固件更新前 CPU 内部存储的项目文件（程序块、硬件组态等）不受影响，不会被清除；

b. 如果存储卡中的固件文件订货号与实际 CPU 的订货号不一致，即使执行了固件更新步骤，CPU 的原固件版本也不会改变。

2.4 在线查看存储器的使用情况

在博途环境左侧的项目树中双击"在线和诊断"选项卡，在右侧的显示窗口设置在线访问的参数，比如 PG/PC 接口等，单击"转到在线"按钮使博途在线连接到 S7-1200/1500 CPU，双击"存储器"标签可以查看当前 CPU 存储器的实际使用情况，如图 2-9 所示。

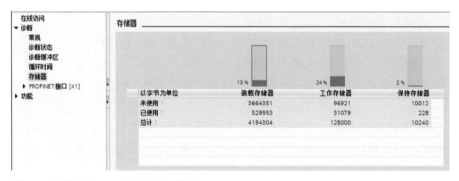

图2-9 在线查看CPU存储器的使用情况

第3章

TIA博途软件开发环境

3.1　TIA博途平台简介

　　TIA博途是西门子公司推出的全集成自动化软件平台，名称中的TIA是英文"Totally Integrated Automation"的缩写，即"全集成自动化"的意思。所谓"全集成自动化"，是指把所有的自动化产品都集成到一个统一的平台，从而方便操作与管理。

　　自动化产品根据其用途、性质的不同，可以分为现场层产品、控制层产品、运营层产品和管理层产品。

　　① 现场层产品包括：电源及配电系统、分布式I/O系统、传动系统、工业识别系统等。

　　② 控制层产品包括：各种控制器、人机界面（HMI）、工业PC、通信处理器、数控系统、运动控制系统等。

　　③ 运营层产品包括：SCADA系统和能源管理系统等。

　　④ 管理层产品是制造执行系统，也就是常说的MES。

　　自动化产品的分类详见图3-1。

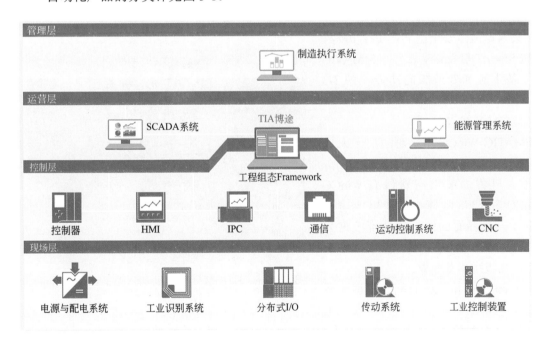

图3-1　自动化产品分类

西门子的全集成自动化软件平台——TIA 博途，可以在同一个软件平台中实现现场层、控制层和运营层自动化产品的集中管理。TIA 博途提供一个软件集成的平台，在这个平台之上，通过添加不同领域的软件来管理不同领域的自动化产品。

TIA 博途软件平台包含如下一些软件系统：

① SIMATIC STEP 7：用于控制器（PLC）与分布式设备的组态和编程。

② SIMATIC Safety：用于安全控制器（Safety PLC）及安全模块的组态和编程。

③ SIMATIC WinCC：用于人机界面（HMI）的组态与编程。

④ SINAMICS Startdrive：用于驱动设备的组态与配置。

⑤ SIMOTION SCOUT：用于运动控制的配置、编程与调试。

TIA 博途平台软件集成如图 3-2 所示。

图3-2　TIA博途平台软件集成

下面来具体介绍下博途平台中的各种软件。

（1）SIMATIC STEP 7

SIMATIC STEP 7 可用于西门子 S7-1200/1500/300/400 系列 PLC 的组态和编程。STEP 7 包括两个版本：基本版（Basic）和专业版（Professional）。基本版只能对 S7-1200 系列 PLC 进行编程组态，而专业版可以对 S7-1200/1500/300/400 及 WinAC（软 PLC）进行组态和编程。如果要对故障安全型 PLC 进行编程，要安装 SIMATIC Safety 软件。SIMATIC STEP 7 基本版和专业版的功能如图 3-3 所示。

（2）SIMATIC WinCC

SIMATIC WinCC 用来对西门子人机界面进行组态。在 TIA 博途面世之前，西门子人机界面的组态软件有 WinCC 和 WinCC Flexible 两种。在推出博途平台之后，人机界面的组态软件都统称为 WinCC。WinCC 有四个版本：基本版、精致版、高级版和专业版。

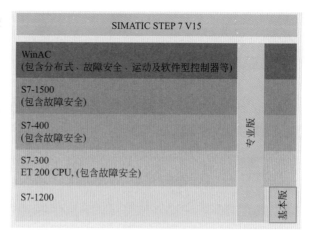

图3-3　SIMATIC STEP 7基本版和专业版的功能示意图

① WinCC 基本版：只能组态精简系列的面板（HMI）。

② WinCC 精致版：可以组态所有系列的面板（精简系列、精致系列、移动面板），但不能组态 PC 站。

③ WinCC 高级版：可以组态所有面板及 PC 站。

④ WinCC 专业版：可以组态所有面板、PC 站及 SCADA 系统。

SIMATIC WinCC 各版本的组态功能如图 3-4 所示。

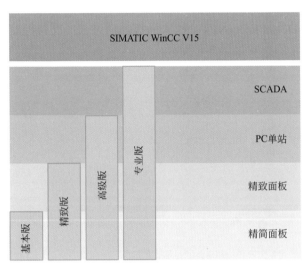

图3-4　SIMATIC WinCC各版本的组态功能

（3）SINAMICS Startdrive

早期对西门子变频器的调试使用的软件是 Starter，可以调试 MM440、G120 和 S120 等变频器。基于博途平台西门子推出了 Startdrive 软件，可以对驱动器进行组态、参数设置、调试和诊断。老版本的 Startdrive 仅支持 G120 系列变频器，从博途 V14 开始，也支持 S120 系列变频器。Startdrive 软件的外观如图 3-5 所示。

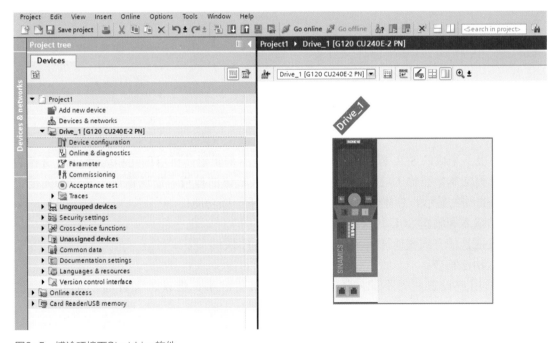

图3-5　博途环境下Startdrive软件

（4）SIMOTION SCOUT TIA

SCOUT 是用于运动控制系统的组态、参数设置、编程调试和诊断的软件，在博途平台上称为 SCOUT TIA，目前最新的版本是 SCOUT TIA V5.2 SP1。SCOUT 功能很强大，可以对伺服驱动器进行组态、参数设置；可以对轴进行参数设置；可以编写控制程序，支持 ST、LAD、FBD 等编程语言；支持 PROFIBUS-DP、PROFINET、以太网等通信方式；支持控制系统的调试和诊断。SIMOTION SCOUT TIA 的外观如图 3-6 所示。

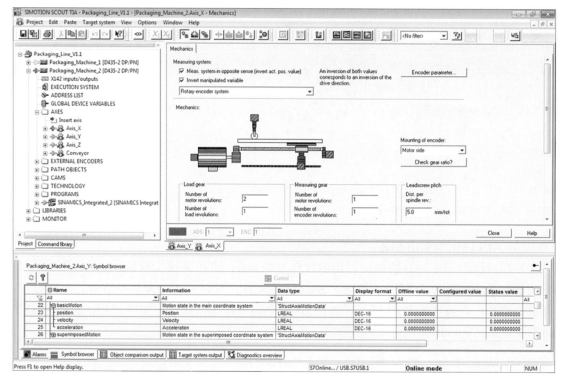

图3-6　SIMOTION SCOUT TIA的外观

3.2　程序编辑器介绍

博途环境下集成的 SCL 程序编辑器是一个纯文本编辑器，可以创建和编辑 SCL 语言的代码、注释等文本。在输入的过程中会自动进行 SCL 语法检查，语法错误、警告、关键字等可以不同的颜色显示。总体来说，编辑器具有如下一些功能：

① 手动输入和编辑 SCL 代码；

② 通过拖拽的方式快速插入 SCL 指令或调用程序块；

③ SCL 语法检查；

④ 根据用户设置，为不同的语言元素（比如关键字、错误、警告等）显示不同的颜色；

⑤ 显示编译时出现的错误和警告；

⑥ 定位出错的位置，显示错误描述与说明。

3.3　SCL编辑器的常规设置

3.3.1　高亮显示关键字

在博途开发环境中，单击菜单"选项"→"设置"，可以打开"设置"对话框。在左侧导航栏的"PLC编程"选项卡中可以找到关于编程的设置。单击"SCL（结构化控制语言）"选项，在右侧可以看到对于高亮显示关键字的设置，如图3-7所示。

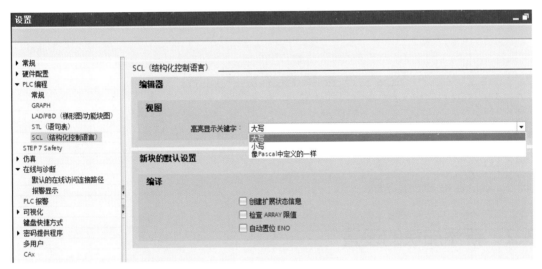

图3-7　SCL的高亮显示关键字设置

"高亮显示关键字"有三个选项：大写、小写、像Pascal中定义的一样。

当选择"大写"时，代码中的关键字将自动高亮显示并变成大写，如图3-8所示的"IF/AND/THEN"等关键字。

```
11  //上升沿信号检测
12 □IF #start AND NOT #statStartHelpFlag THEN
13      //将第0位置位(set)
14      #statResult := DECO_BYTE(IN := #statStartTimes);
15      #statStartTimes += 1;//启动次数+1
16  END_IF;
17  //如果启动次数>8，则清零
18 □IF #statStartTimes >= 8 THEN
19      #statStartTimes := 0;
20  END_IF;
```

图3-8　大写的方式高亮显示关键字

当选择"小写"时，代码中的关键字将自动高亮显示并变成小写，如图3-9所示。

```
11    //上升沿信号检测
12 ⊟if #start and not #statStartHelpFlag then
13    |     //将第0位置位(set)
14    |     #statResult := DECO_BYTE(IN := #statStartTimes);
15    |     #statStartTimes += 1;//启动次数+1
16    end_if;
17    //如果启动次数>8, 则清零
18 ⊟if #statStartTimes >= 8 then
19    |     #statStartTimes := 0;
20    end_if;
```

图3-9　小写的方式高亮显示关键字

当选择"像 Pascal 中定义的一样", 代码中的关键字将采用 Pascal 语言中关键字的显示方式, 即单词的第 1 个字母大写, 其后的字母小写, 如图 3-10 所示。

```
11    //上升沿信号检测
12 ⊟If #start And Not #statStartHelpFlag Then
13    |     //将第0位置位(set)
14    |     #statResult := DECO_BYTE(IN := #statStartTimes);
15    |     #statStartTimes += 1;//启动次数+1
16    End_If;
17    //如果启动次数>8, 则清零
18 ⊟If #statStartTimes >= 8 Then
19    |     #statStartTimes := 0;
20    End_If;
```

图3-10　Pascal语言中关键字的显示方式

3.3.2　新添加块的设置

在"高亮显示关键字"的下方, 有关于新添加块的设置, 包括三个: 创建扩展状态信息; 检查 ARRAY 限值; 自动置位 ENO。

如果勾选"创建扩展状态信息", 系统会创建一些扩展的信息用于监视程序块中的变量, 这些信息可以帮助调试, 但是会增加存储所需的空间及程序运行的时间。

如果勾选"检查 ARRAY 限值"(ARRAY 即数组), 系统会在运行期间检查数组的下标是否在其声明的范围之内。如果数组的下标超出了所允许的范围, 系统会将块的本地变量 ENO 设置为 FALSE。

如果勾选"自动置位 ENO", 系统会在每个 SCL 程序块的代码执行之前将 ENO 设置为 TRUE。ENO(Enable Output, 使能输出)是 SCL 程序块中隐式声明的一个布尔型变量, 用户不需要声明就可以直接使用它。如果程序在执行过程中出现诸如"下标越界"等指令执行错误时, 系统会将 ENO 设置为 FALSE。用户可以在程序中通过判断 ENO 的值来检查是否有错误, 并可以进行相应的处理, 如图 3-11 所示的代码。

```
⊟IF NOT ENO THEN
    (*
    这里写处理的错误代码,
    比如设置某个变量
    *)
    #Q := 16#FF;
  END_IF;
```

图3-11　检查ENO的状态并进行处理

3.4　创建SCL函数块或函数

在项目的"程序块"中双击"添加新块",在弹出的对话框中选择"函数块"(FB)或"函数"(FC),选择语言为"SCL",单击"确定"按钮,就可以创建基于 SCL 语言的 FB 或 FC,如图 3-12 所示。

图3-12　创建基于SCL语言的FB或FC

3.5　SCL代码编辑器

双击新创建的函数块或函数,可以打开 SCL 代码编辑器,如图 3-13 所示。编辑器的上方是变量声明区,用于声明函数块的接口(输入、输出、输入及输出)及其内部使用的静态变量和临时变量。

变量声明区的下方是指令收藏夹,可以把经常使用的指令存放到指令收藏夹,这样在写代码时单击收藏夹中的指令,编辑区会自动将该指令添加到光标的位置。

指令收藏夹的下方是代码编辑区,这里可以输入和编辑 SCL 代码。代码编辑区是类似记事本的纯文本显示界面,可以直接从键盘输入 SCL 代码,也可以从右侧的指令列表拖拽相应的指令到这里。已经输入的 SCL 代码可以进行诸如复制、粘贴、删除等操作。

指令列表在代码编辑区右侧,包括收藏夹、基本指令、扩展指令、工艺、通信等,如图 3-14 所示。

在指令列表中，通过拖拽可以将指令拖放到收藏夹，从而实现常用指令的收藏。

本书第 8 章介绍基本指令及其应用、第 11 章介绍扩展指令、第 12 章介绍通用函数库、第 13 章介绍工艺功能及其应用、第 14 章介绍通信功能及其应用，大家可以去相应章节查看指令介绍。

图3-13 SCL代码编辑器

图3-14 指令列表

3.6 SCL编辑器使用技巧

3.6.1 使用区间指令将代码分区

如果 SCL 函数或函数块中的代码比较长，可以使用区间指令"REGION"将代码分区。区间内的代码可以折叠或展开，便于阅读与管理。在代码左侧的区间管理窗口可快速查看所有的区间，并能快速定位。默认情况下，REGION 已经存放到收藏夹中，它的语法如图 3-15 所示。

```
1  //region 语法介绍
2  //
3 ⊟REGION _name_
4      // Statement section REGION
5
6  END_REGION
7
```

图3-15 REGION语法介绍

严格来说，REGION 并不是可执行指令，它的主要作用是便于代码的阅读与管理。

在"REGION"和"END_REGION"之间是区间代码，每个区间都要定义一个名称，放在"REGION"的后面，如图3-16定义了一个"_signalPrepare"的区间。

在代码编辑区的左侧有区间总览图，可以总览当前函数的所有区间，并可以折叠/展开区间或快速定位到指定的区间。图3-17定义了"_signalPrepare""_timerPrepare"和"_monoFlipFlop"三个区间，其中，第1个和第3个处于折叠状态，第2个处于展开状态，左侧的总览图也列出了3个区间的名称。

图3-16　REGION示例

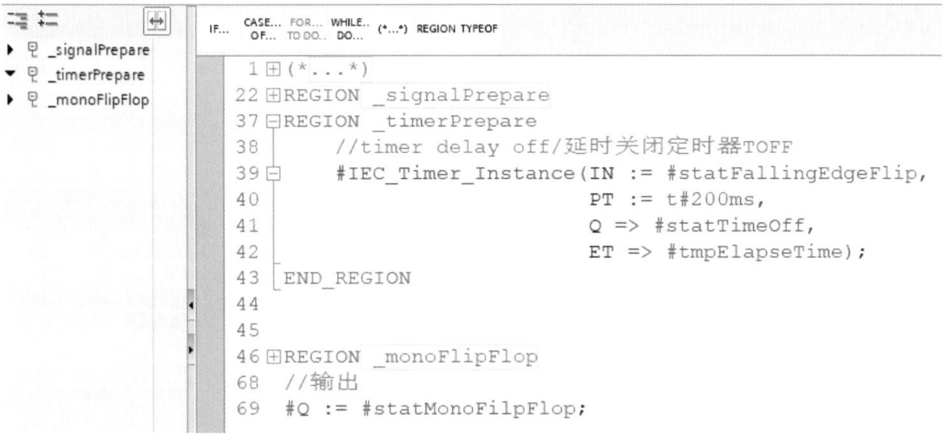

图3-17　区间总览/折叠/展开示例

3.6.2　使用书签快速定位代码

当函数代码比较长时，还可以通过插入书签的方式快速定位代码。图3-18标记了工具栏中关于书签的三个按钮，从左到右分别是：设置/删除书签、转到下一书签和转到上一书签。

图3-18 工具栏中的书签按钮

　　将光标定位到 SCL 代码的任意位置，单击"设置 / 删除书签"按钮，就可以插入一个书签，如图 3-19 所示。

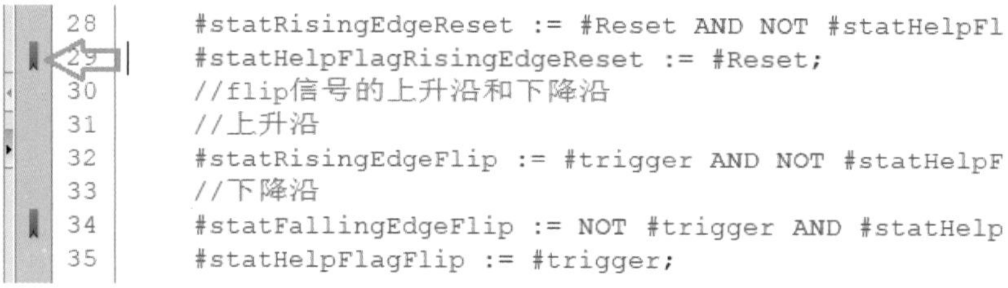

```
28        #statRisingEdgeReset := #Reset AND NOT #statHelpFl
29        #statHelpFlagRisingEdgeReset := #Reset;
30        //flip信号的上升沿和下降沿
31        //上升沿
32        #statRisingEdgeFlip := #trigger AND NOT #statHelpF
33        //下降沿
34        #statFallingEdgeFlip := NOT #trigger AND #statHelp
35        #statHelpFlagFlip := #trigger;
```

图3-19 代码中插入书签

　　已经插入书签的位置再次单击"设置 / 删除书签"按钮，就可以删除书签。

　　代码中插入多个书签时，通过单击"转到下一书签"按钮可以跳转到下一个书签位置，通过单击"转到上一书签"按钮可以跳转到上一个书签的位置。

第4章

TIA博途软件应用实例

4.1 创建示例程序

本节以按钮控制接触器吸合与断开为例，介绍如何在博途环境下创建新的项目并编写程序。本例程实现如下功能：

① 按下启动按钮（I1.0）后接触器吸合，松开该按钮后接触器仍然保持吸合状态；

② 按下停止按钮（I1.1）后接触器断开，并在松开按钮后仍保持松开状态。

首先，打开博途软件，单击菜单"项目"→"新建"，给项目命名，比如 demo，选择要存放的路径，单击"创建"按钮创建一个新项目，如图 4-1 所示。

在新创建项目的左侧"项目树"列表中双击"添加新设备"，如图 4-2 所示。

0401- 创建示
例程序

图4-1 创建新项目

图4-2 新创建项目示例

在弹出的对话框中，单击"控制器"，找到项目实际使用的 CPU 类型（本例程使用 CPU 1214FC DC/DC/DC），并单击"确定"按钮，如图 4-3 所示。

在新添加的设备中找到"程序块"，如图 4-4 所示。可以看到系统已经添加了一些默认的组织块和函数块。本例程使用的是故障安全型 CPU，因此除了 OB1，还默认添加了安全程序循环组织块 OB123、主安全函数块 FB1 和其背景数据块 DB1。如果使用的不是故障安全型 CPU，则默认只会添加程序循环组织块 Main（OB1）。

双击"添加新块"，在弹出的对话框中，单击"函数块"，将其名称修改为"FB10_MotorControl"，语言选择"SCL"，选择"手动"编号，并将其修改为"10"，单击"确定"按钮，如图 4-5 所示。

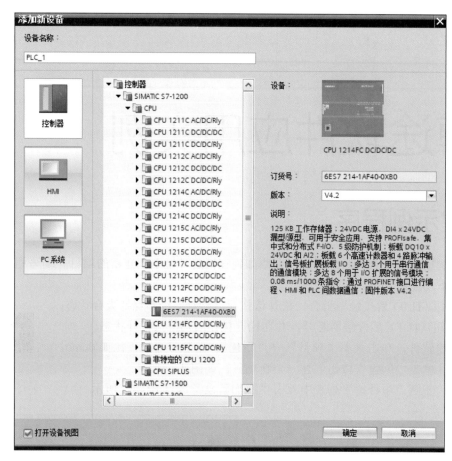

图4-3 添加新设备

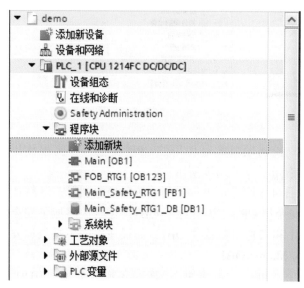

图4-4 新添加设备的程序块

双击新创建的函数块 FB10_MotorControl,在其变量声明区声明变量,如表 4-1 所示。

图4-5　创建函数块FB10_MotorControl

表4-1　FB10_MotorControl的变量声明

变量名称	类型	数据类型	描述
start	输入	BOOL	启动按钮
stop	输入	BOOL	停止按钮
coil	输出	BOOL	接触器线圈
statStartHelpFlag	静态变量	BOOL	启动按钮上升沿辅助变量
statStartRisingEdge	静态变量	BOOL	启动按钮上升沿
statStopHelpFlag	静态变量	BOOL	停止按钮上升沿辅助变量
statStopRisingEdge	静态变量	BOOL	停止按钮上升沿
statOutput	静态变量	BOOL	辅助输出变量

FB10_MotorControl 函数块中变量声明区如图 4-6 所示。

图4-6　FB10_MotorControl函数块的变量声明区

在代码区输入图 4-7 所示的代码。

```
1  (*
2  Copyrights @Founderchip
3  ====================================================
4  功能描述: 接触器线圈控制(上升沿有效)
5  输入:
6      start:    启动按钮;
7      stop:     停止按钮;
8  输出:
9      coil:     线圈;
10
11 作者: 北岛李工
12     2020-11-23
13 ----------------------------------------------------
14 修改日志:
15 2020-11-23 v1.0 版本(首发)          北岛李工
16 ====================================================
17 *)
18 //启动按钮上升沿信号检测
19 #statStartRisingEdge := #start AND NOT #statStartHelpFlag;
20 #statStartHelpFlag := #start;
21 //停止按钮上升沿信号检测
22 #statStopRisingEdge := #stop AND NOT #statStopHelpFlag;
23 #statStopHelpFlag := #stop;
24 //判断信号
25 IF #statStartRisingEdge AND NOT #statStopRisingEdge THEN
26     #statOutput := TRUE;
27 END_IF;
28 IF #statStopRisingEdge THEN
29     #statOutput := FALSE;
30 END_IF;
31 //输出控制
32 #coil := #statOutput;
```

图4-7 FB10_MotorControl代码区

该代码对输入信号 start 和 stop 进行上升沿检测，start 的上升沿使输出信号 coil 为真（TRUE），stop 的上升沿使输出信号 coil 为假（FALSE）。本节是博途软件应用实例的介绍，因此请先不要过于纠结代码是怎么写的，后续的章节会有很多介绍。

创建好 FB10_MotorControl 后，还需要在程序循环组织块 Main（OB1）中调用它。双击打开 OB1，将 FB10_MotorControl 拖拽进来，系统会提示创建其背景数据块，这里设置背景数据块为 DB10，如图 4-8 所示。

接下来给参数赋值，start 为 I1.0，stop 为 I1.1，coil 为 Q0.0，如图 4-9 所示。

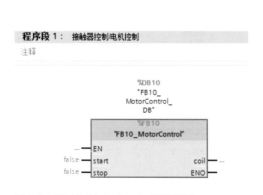

图4-8 FB10_MotorControl初始调用

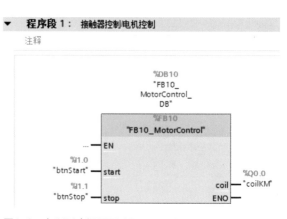

图4-9 在OB1中调用FB10_MotorControl

4.2 项目的编译、下载与在线监控

示例程序创建好之后，需要将其下载到 PLC 中。在下载之前，首先对其进行编译。选中当前设备的"程序块"，在工具栏中单击"编译"按钮（图 4-10），系统会对程序块进行编译，编译过程中会有相应的提示对话框（图 4-11）。

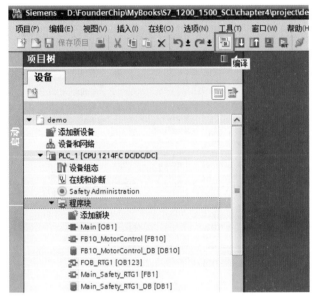

图 4-10　程序块与"编译"按钮

图 4-11　"编译"对话框

0402- 项目程序的下载与在线监控

这种情况下，系统会自动判断是要将软件全部重建还是仅编译修改的部分。如果要自己定义编译的方式，可以选中"程序块"并单击右键，在弹出的对话框中选择"编译"，这里会列出三种选项（图 4-12）：软件（仅更改）；软件（全部重建）；软件（复位存储器预留区域）。

到目前为止我们编译的是程序块，如果是新创建的项目或对硬件进行了更改，还需要编译硬件组态。方法是选择设备并单击右键，在弹出的对话框中选择"编译"，可以看到列出了六个子菜单（图 4-13）：①硬件和软件（仅更改）；②硬件（仅更改）；③硬件（完全重建）；④软件（仅更改）；⑤软件（全部重建）；⑥软件（复位存储器预留区域）。

根据需要选择相应的子菜单对项目进行编译。

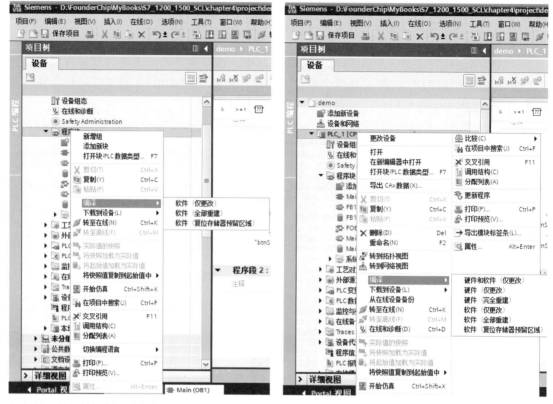

图4-12 程序块编译的三种方式　　　　　　图4-13 设备硬件与软件的编译选项

编译完成后，会在右下角"信息"窗口中显示编译的结果，如图 4-14 所示。

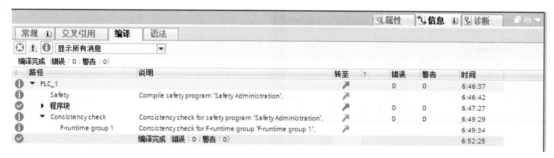

图4-14 编译结果

如果编译没有错误，则可以单击工具栏的"下载到设备"按钮，将程序下载到CPU 中。

4.3　程序的比较

在项目树中找到 PLC 设备，单击右键，在弹出的菜单中找到"比较"菜单，可以进行"离线 / 在线"比较或者"离线 / 离线"比较，如图 4-15 所示。

图4-15　程序的比较

0403- 程序在
线与离线比较

4.4　项目的归档与恢复

在个人计算机中保存一份与在线设备相同的
项目文件（包括程序、数据）非常重要，对于多
人协作的团队尤其如此。相同的离线文件可以让
工程师远程查看程序可能存在的问题，对于处理
问题及后期维护升级都十分重要。

当项目进行到某个阶段或做了某些修改，强
烈建议对项目文件进行归档。归档是对项目进行
备份，可以在必要的时候进行恢复。方法如下。

单击菜单栏"项目"→"归档"，如图 4-16
所示。

在弹出的对话框中，设置归档文件的名称和
路径。建议勾选"在文件名称中添加日期和时间"
选项，这样有利于日后维护，如图 4-17 所示。

单击"归档"按钮完成归档。

归档文件是一个压缩文件，在使用时要将其
恢复。单击菜单栏"项目"→"恢复"（图 4-18），
打开"恢复归档的项目"对话框，如图 4-19 所示。

图4-16　单击菜单栏"项目"→"归档"菜单

图4-17 "归档项目"对话框

图4-18 单击菜单栏"项目"→"恢复"菜单

0404- 项目的
归档与恢复

图4-19 "恢复归档的项目"对话框

在"恢复归档的项目"对话框中选择要恢复的文档，单击"打开"按钮，会弹出一个对话框，用来设置恢复文档的存放路径。根据实际情况选择路径，单击"确定"按钮即可完成恢复。

> **说明** 博途 V15.1 版本以下菜单栏"项目"菜单中有"归档"和"恢复"两个子菜单；博途 v16 菜单栏"项目"菜单中只有"归档"子菜单，没有"恢复"子菜单，在该版本下可以使用"项目"-"打开"直接打开归档的文件。

4.5 使用项目参考功能

0405- 使用项目参考功能

在实际项目开发中，经常需要参考其他项目的程序或数据。博途提供一个非常实用的功能——项目参考。被参考的项目以只读的形式打开，不能被修改，也不能被下载，但可以被复制。这样既方便了代码 / 数据的参考，又避免了误操作。

第5章

S7-1200/1500的软件架构与编程

5.1 操作系统与用户程序

西门子 S7-1200/1500 CPU 内部有两类软件：操作系统和用户程序。操作系统是由厂家设计的、在出厂前固化到 CPU 内部的软件系统。操作系统是 CPU 的大管家，它向下管理硬件，向上调度用户程序。操作系统的职责包括：存储区的管理、中断的响应、输入/输出映像的刷新、通信处理、错误处理、执行用户程序等。用户程序是由 PLC 的使用者根据实际项目编写的、用于完成特定任务的程序。

操作系统为用户程序预留两类接口：一类是主程序接口，另一类是中断程序接口。这些接口称为组织块，主程序接口被称为程序循环组织块，中断程序接口被称为中断组织块（有很多类别），详细介绍请参见 5.2 节。

主程序接口（程序循环组织块）是正常情况下用户程序运行入口，类似于 C 语言中的 Main 函数。实际上，在 S7-1200/1500 中，主程序接口 OB1 也被默认称为 "Main"；操作系统周期性地调用 Main（OB1）组织块，其内部的程序代码按照自上而下的顺序执行。不过，主程序的顺序执行可能会被中断。

中断是一些预先定义的、硬件的或软件的事件。当中断发生后，操作系统会停止当前正在执行的任务，保存当前任务的现场，然后去处理中断事件。中断事件处理完毕后，再恢复之前任务保存的现场，继续执行之前的任务。

操作系统以中断组织块的形式提供中断接口。当中断发生时，操作系统会调用相应的中断组织块，并执行其内部代码。常见的中断组织块有：时间错误中断组织块（OB2x）、循环中断组织块（OB3x）、硬件中断组织块（OB4x）、启动组织块（OB100）等，详见 5.2 节的介绍。

用户程序的基本单位被称为程序组织单元，包括函数（FC）、函数块（FB）和数据块（DB），将在 5.3 节详细介绍。图 5-1 是硬件、操作系统、用户程序之间关系的示意图。

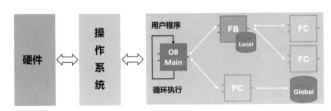

图5-1　硬件、操作系统、用户程序关系示意图

5.2 操作系统的接口——组织块

5.2.1 组织块的分类

5.1 节我们说过,组织块是操作系统预留给用户程序的接口,操作系统通过调用组织块来执行用户程序。组织块有很多类型,不同类型的组织块具有不同的优先级。优先级高的组织块可以中断优先级低的组织块而抢先运行。

在博途项目树"程序块"中双击"添加新块",在弹出的对话框中单击"组织块"可以看到系统支持的所有组织块的类型。S7-1200 CPU 和 S7-1500 CPU 支持的组织块略有差别,但大体相同。图 5-2 是 CPU 1215C 支持的组织块的类型。

图5-2 组织块的类型

① 程序循环组织块(Program cycle);

② 启动组织块(Startup);

③ 延时中断组织块(Time delay interrupt);

④ 循环中断组织块(Cyclic interrupt);

⑤ 硬件中断组织块(Hardware interrupt);

⑥ 时间错误中断组织块(Time error interrupt);

⑦ 诊断错误中断组织块(Diagnostic error interrupt);

⑧ 插拔中断组织块(Pull or plug of modules);

⑨ 机架或子站故障组织块(Rack or station failure);

⑩ 日期时间中断组织块(Time of day);

⑪ 状态中断组织块（Status）；
⑫ 更新中断组织块（Update）；
⑬ 配置中断组织块（Profile）；
⑭ 运动控制插补器组织块（MC-Interpolator）；
⑮ 运动控制伺服组织块（MC-Servo）；
⑯ 运动控制伺服前调组织块（MC-PreServo）；
⑰ 运动控制伺服后调组织块（MC-PostServo）。

0501- 组织块
(Organization
Block) 介绍

5.2.2　程序循环组织块

程序循环组织块用来周期性地调用用户程序，一个项目中至少要有一个程序循环组织块。在新创建项目时系统会默认添加一个程序循环组织块，也就是 Main（OB1）。S7-1200/1500 允许添加多个程序循环组织块，新添加的程序循环组织块编号必须大于等于123。多个程序循环组织块按照编号的顺序依次被调用。比如，某项目中有 OB1、OB1000和 OB2000 三个程序循环组织块，则操作系统会先调用 OB1，再调用 OB1000，最后调用OB2000。

无论是默认添加的 Main（OB1）还是后期添加的其他程序循环组织块，用户编写的程序代码必须直接或间接地被该类组织块调用，否则得不到执行。

程序循环组织块的优先级为 1，在所有组织块中是最低的。这意味着其他任何事件都可以中断该组织块中代码的执行。

5.2.3　启动组织块

启动组织块（Startup OB）仅在 CPU 启动过程中（上电或从 STOP 模式转换为 RUN 模式后）被调用一次。在调用启动组织块时，CPU 尚未进入程序的周期性循环执行，循环时间监控没有激活。启动组织块可以对全局性变量进行初始化配置。

5.2.4　延时中断组织块

延时中断组织块是一种激活后会被操作系统延时调用的组织块。用户程序通过"SRT_DINT"指令设置延时的时间（单位：毫秒）并指定延时中断组织块的编号，当时间到达之后，操作系统会调用该延时中断组织块并执行其内部的代码。用户程序可以使用"CAN_DINT"取消延时中断，可以使用"QRY_DINT"指令查询延时中断状态。关于延时中断指令的详细使用请参见 11.3.4 节。

5.2.5　循环中断组织块

操作系统会以相同的时间间隔调用用户程序中添加的循环中断组织块，时间间隔的取值范围为 500 ~ 60000000，单位为微秒（μs）。可以使用指令 SET_CINT 设置循环中断组织块的时间，具体请参见 11.3.2 节。

用户程序中可以添加多个循环中断组织块，为了防止具有公倍数的两个或多个循环中断组织块同时启动，可以设置其启动偏移时间。在组织块的属性窗口中可以设置其偏移（相移）时间，这样组织块会在时间间隔＋偏移时间后启动。图5-3设置了OB30的偏移时间为500μs。

图5-3 循环中断组织块偏移时间设置示例

 在S7-1200系列CPU中，循环中断组织块的时间设置范围为1～60000，单位为毫秒（ms）；在S7-1500系列CPU中，循环中断组织块的时间设置范围为500～60000000，单位为微秒（μs）。

5.2.6 硬件中断组织块

具有硬件中断能力的模块或子模块触发硬件中断后，操作系统会确定事件的类型并调用硬件中断组织块。模块的中断通常需要在硬件组态中设置。硬件中断的绑定与解绑指令的详细内容，请参见11.3.1节。

5.2.7 时间错误中断组织块

当发生下列事件时操作系统会调用时间错误中断组织块：
① CPU的循环时间第一次超过了循环周期设置的时间（如果该事件发生第二次，则CPU会停机）；
② 循环中断组织块在时间结束后仍未执行完内部代码；
③ 由于时间调快超过20s而导致时间中断超时；
④ CPU重新进入RUN模式导致时间中断超时；
⑤ 组织块的优先级缓存区上溢；
⑥ 等时同步模式的时间错误；
⑦ 因中断负载过高而导致中断丢失；
⑧ 工艺同步的时间错误。

5.2.8 诊断错误中断组织块

具有诊断功能的模块检测到其诊断状态发生变化时，会向CPU发送诊断中断请求。接到该请求后CPU的操作系统会调用诊断错误中断组织块。

5.2.9 插拔中断组织块

插拔已经组态的子模块或分布式I/O模块会引发插拔中断，操作系统会调用插拔中断组织块。

5.2.10　机架或子站故障组织块

CPU 检测到 PROFIBUS-DP 主站 / 从站或 PROFINET IO 设备 / 智能设备发生故障时，会调用机架或子站故障组织块。

5.2.11　日期时间中断组织块

通过设置日期时间，可以让 CPU 从指定的时间开始执行一次或定期调用日期时间中断组织块。执行的方式包括：一次、每分钟、每小时、每天、每周、每月、月底、每年。

可以在日期时间中断组织块的属性窗口中设置激活日期时间中断，也可以使用指令 "SET_TINT" 设置时间中断，然后在用户程序中调用 "ACT_TINT" 指令激活中断。具体请参见 11.3.3 节。

5.2.12　状态中断组织块

CPU 接到状态中断时，操作系统会调用状态中断组织块。从站模块状态的切换（比如从 RUN 模式切换到 STOP 模式）会触发状态中断。其他状态中断源要根据具体情况查看设备制造商手册。

5.2.13　更新中断组织块

CPU 接到更新中断时，操作系统会调用更新中断组织块。用户更改了从站模块的参数时会触发更新中断。其他更新中断源要根据具体情况查看设备制造商手册。

5.2.14　配置中断组织块

CPU 接收到制造商或配置文件特定的中断时，操作系统会调用配置中断组织块。有关触发此类中断的事件的更多详细信息，请参见从站或设备制造商文档。

5.2.15　运动控制插补器组织块

创建 S7-1200/1500 运动控制工艺对象时，博途将自动创建用于处理工艺对象的运动控制插补器组织块。运动控制指令的评估、工艺对象的监控及生成设定值均在运动控制插补器组织块中执行。该组织块受写保护，内容无法更改。

5.2.16　运动控制伺服组织块

创建 S7-1200/1500 运动控制工艺对象时，博途将自动创建用于处理工艺对象的运动控制伺服组织块。运动控制组态的所有工艺对象的位置控制算法在运动控制伺服组织块中进行计算。该组织块受写保护，内容无法更改。

5.2.17　运动控制伺服前调组织块

操作系统在调用运动控制伺服组织块之前会先调用运动控制伺服前调组织块（MC-

PreServo OB），在该组织块内可以进行数据的预处理。

5.2.18　运动控制伺服后调组织块

操作系统在调用运动控制伺服组织块之后会调用运动控制伺服后调组织块，在该组织块内可以进行数据的其他运算。

5.3　用户程序的基本单位——程序组织单元

程序组织单元是用户程序的基本单位。国际 PLC 编程标准 IEC 61131-3 规定了 3 种程序组织单元：函数、函数块和程序。这里的程序与 S7-1200/1500 的组织块（5.2 节）类似，函数和函数块将在 5.3.1 和 5.3.2 节介绍。另外，S7-1200/1500 系列 PLC 还提供专门的数据块，一般也将其视为程序组织单元的一种，将在 5.3.3 节对其进行介绍。

5.3.1　函数

函数也称为"功能"，英文名称为 Function，简写为 FC。函数是没有专用存储区的代码块。函数是代码的集合，它本身不存储任何数据。函数可以有若干个形参和一个返回值。在调用函数时，必须给所有的形参分配实参。另外，由于没有专用存储区，函数中不能使用静态变量。

博途开发环境中，双击项目树的"程序块"→"添加新块"，可以弹出"添加新块"对话框，单击"函数"，在名称栏中给函数命名（命名规则请参见 5.4.2 节），右侧选择函数使用的编程语言，如图 5-4 所示。

图5-4　添加新块（函数、函数块、数据块、组织块）

新添加的函数由两部分组成，即变量声明区和代码区，如图 5-5 所示。

图5-5　函数结构组成

变量声明区可以声明函数的形参、临时变量和常量，还可以设置返回值的类型。

函数的形参包括输入、输出、输入/输出三种。其中：

① 输入（Input）：外部输入给函数的参数，只读。

② 输出（Output）：函数输出给外部的参数，只写。

③ 输入/输出（InOut）：函数既可以读该参数，也可以写该参数。

临时变量保存在临时存储区，只在函数当前执行过程中有效，函数执行完毕后临时变量被释放。常量是保持不变的量，在函数执行过程中是只读的。

代码区用来编写代码。

虽然函数本身没有存储区，但它可以读写系统的全局存储器，比如：全局数据块、位存储区、输入/输出映像区、定时器、计数器等。

5.3.2　函数块

0503- 函数块
(FB) 及其背景
数据块的介绍

函数块也称为"功能块"，英文名称 Function Block，简写为 FB。与函数（FC）不同，函数块（FB）有专用的数据存储区。这个数据存储区被称为"背景数据块"。在调用函数块时，必须指明其背景数据块。

博途环境下可以通过添加新块的方法添加函数块（图 5-4）。与函数类似，函数块也可以声明形参。函数块的形参（输入、输出、输入/输出）保存在背景数据块中，每一个形参都有其默认值。在调用函数块时，如果该形参没有赋实参，则操作系统会使用其默认值作为实参，这与函数（FC）是不同的。调用函数（FC）时必须为所有的形参赋实参。

函数块（FB）中也可以声明临时变量、常量等，另外还可以声明静态变量。静态变量的数据存放在函数块（FB）的背景数据块中，函数块执行完毕后其数据依然保留，不会释放。

5.3.3 数据块

0504- 全局数据块 (Global DB) 介绍

数据块是专门存放数据的。根据其所属对象的不同，可以分为全局数据块和背景数据块。

5.3.3.1 全局数据块

全局数据块中存放的变量在全局范围内有效，任何函数或者函数块都可以访问，并且在 CPU 的整个循环周期内有效，不会因为函数或函数块执行结束而被释放。与添加函数和函数块类似，在博途环境下，双击项目树"程序块"→"添加新块"可以添加数据块，如图 5-6 所示。

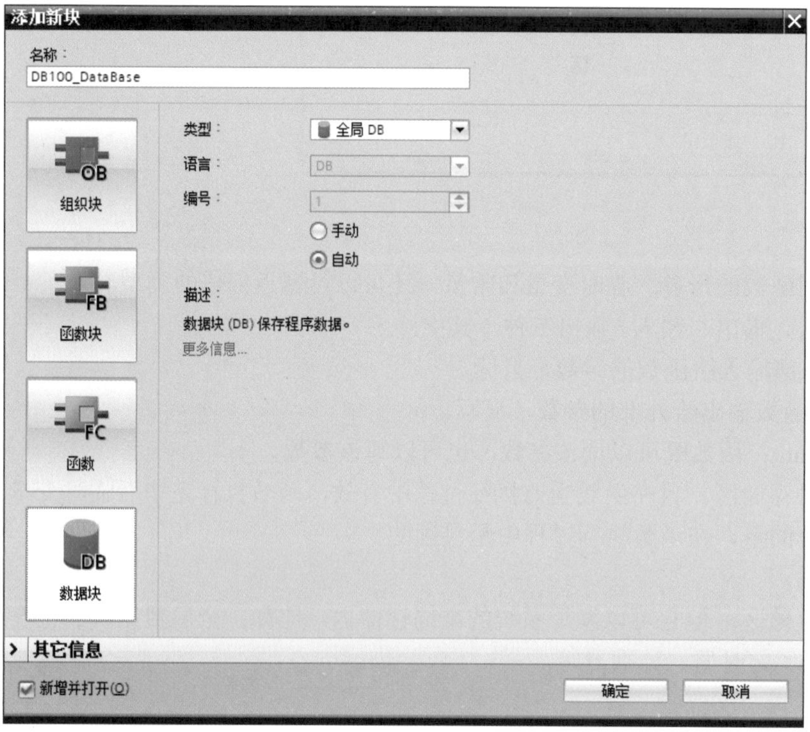

图5-6 添加数据块

新添加的全局数据块如图 5-7 所示。

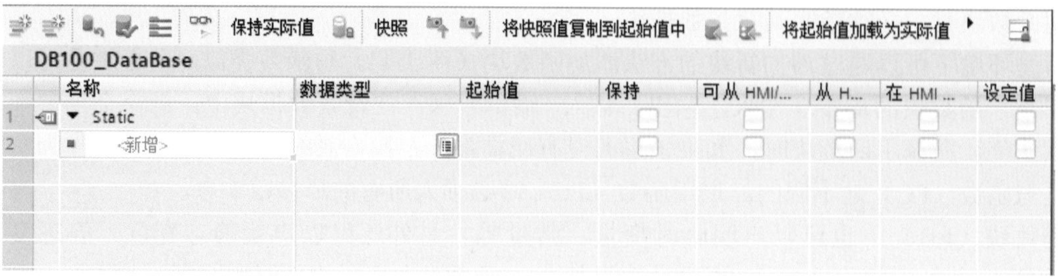

图5-7 新添加的全局数据块

可以在全局数据块中添加变量，如图 5-8 所示。

		名称	数据类型	起始值	保持	可从 HMI/...	从 H...	在 HMI ...	设定值	监控	注释
		DB100_DataBase									
1	◄□ ▼	Static			☐						
2	◄□ ▪	start	Bool	false	☐	☑	☑	☑	☐		启动信号
3	◄□ ▪	stop	Bool	false	☐	☑	☑	☑	☐		停止信号
4	◄□ ▪	emergencyStop	Bool	false	☐	☑	☑	☑	☐		急停信号
5	◄□ ▪	lineSignal	Bool	false	☐	☑	☑	☑	☐		线路信号
6	◄□ ▪	heartBeatCounter	Int	0	☐	☑	☑	☑	☐		心跳计数器
7	▪	<新增>									

图5-8　在全局数据块中添加变量

　　默认情况下，新添加的全局数据块是经过优化处理的。这种优化的数据块提高了访问效率与存储区利用率，但只能通过符号寻址，不支持地址偏移的方式进行绝对寻址（关于优化的数据块将在 5.3.3.4 节详细介绍）。有时候在实际项目中，需要用到绝对地址寻址，比如一台设备通过 S7 通信访问另一台设备的数据。这种情况下，需要取消数据块的优化。方法如下。

　　在项目树中找到该数据块，右键单击找到"属性"，在弹出的"属性"对话框中，取消勾选"优化的块访问"，如图 5-9 和图 5-10 所示。

图5-9　取消勾选"优化的块访问"

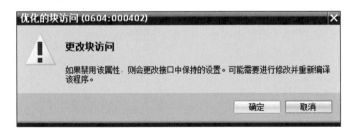

图5-10　数据块接口更改，提示需要重新编译

　　数据块的优化取消后会在原来的基础上增加"偏移量"一栏，如图 5-11 所示。

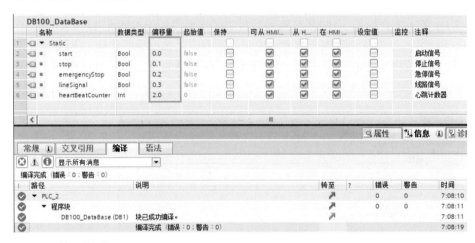

图5-11 取消优化访问的数据块增加了"偏移量"一栏

偏移量用来指示数据块中的变量在数据块中的存储位置。有了偏移量，就可以通过直接寻址来访问该变量。如图 5-11 所示，"偏移量"一栏全是"…"，没有具体的数值。这是因为从优化的块转变过来，还需要进行编译。选中数据块并单击工具栏中的"编译"按钮🔳，编译完成后，数据块会显示具体的偏移量，如图 5-12 所示。

图5-12 编译数据块

5.3.3.2 背景数据块

背景数据块是专属于某个函数块的数据块。背景数据块中存放函数块的形参（输入、输出、输入/输出）及静态变量。函数块中形参或者静态变量发生改变，经编译后，背景数据块中的数据就会发生改变。图 5-13 是函数块 FB100_ValveControl 的背景数据块 DB100_InstaceValveControl，该函数块有两个输入参数 open/close，一个输出参数 valve，并且有一个静态变量 statA，这些全部存放在背景数据块 DB100_InstaceValveControl 中。

图5-13 背景数据块（DB100_InstaceValveControl）示例

S7-1200/1500 编程中使用的背景数据块是经过优化的数据块，不能更改。

5.3.3.3 多重背景数据块

一般情况下，每个函数块都有一个专属背景数据块。但是如果项目中使用的函数块比较多，那么就需要同等数量的背景数据块。这样会使项目变得看起来比较庞大，过多的背景数据块也不便于管理。这种情况下，可以使用多重背景数据块。

当一个函数块内部调用多个子函数块时，可以将子函数块的专属数据存放到该函数块的背景数据块中，这个存放了多个函数块的背景数据的数据块就称为多重背景数据块。

举例如下：

函数块 FB1 的背景数据块是 DB1，在其内部调用函数块 FB100 和函数块 FB200。如果将 FB100 和 FB200 的背景数据也存放到 DB1 中，那么 DB1 就是多重背景数据块，如图 5-14 所示。

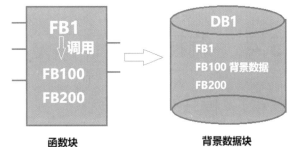

函数块   背景数据块

图5-14   多重背景数据块

5.3.3.4 优化的数据块

在 5.3.3.1 节曾介绍过全局数据块可以定义为优化的数据块或者标准数据块。标准数据块使用绝对地址存储变量，以字节为基本单位。假设声明 DB100.DBX0.0、DB100.DBX1.0 两个变量，那它们分别占据字节 0 和字节 1 的第 0 位，而同一字节的其他位是空闲的。这会形成存储空间碎片，造成浪费。图 5-15 是标准型数据块存储区占用情况的示例：绿色部分表示已经声明的变量，橙色条纹表示未使用的存储区，可以看到变量与变量之间有比较多的空闲区（碎片）。

如果能把声明的布尔型变量集中到一个字节中，字节 / 双字就能按照顺序存储，这就可以减少存储区碎片，节省大量的存储空间。优化的数据块就是以这种思路进行数据存储的。

优化的数据块不使用绝对地址，而是根据变量的数据类型进行存储。比如有多个布尔型变量时，就会先将其存放到一个字节中，如果一个字节不够用，再存放到下一个字节。其他字 / 双字变量就可以顺序存储。图 5-16 是优化的数据块存储示意图。

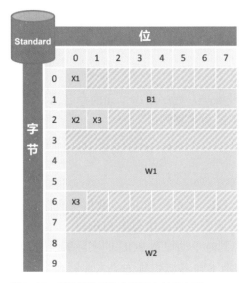

图5-15   标准型数据块的数据存储示意图

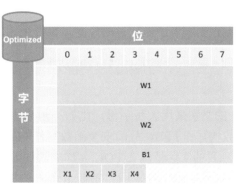

图5-16   优化的数据块存储示意图

在 S7-1200/1500 的编程中推荐使用优化的数据块，这种方式除了节省空间，还有如下一些好处：

① 数据的访问与变量的声明顺序无关，能够加快 CPU 的读写速度；

② 优化的数据块采用符号寻址，能避免绝对寻址可能造成的错误；

③ 优化的数据块中变量的增加或删除不会影响程序代码；

④ 优化的数据块中的变量可以根据符号名存储为保持型变量；

⑤ 下载优化的数据块可以不重新初始化，而保留 CPU 中的变量实际值。

5.4   编程指导

5.4.1   模块化程序设计

S7-1200/1500 这种由组织块、函数、函数块、数据块组成的软件架构，其本质源于模块化程序设计的思想。所谓模块化程序设计，是指将一个复杂的自动化控制程序，根据其内部的逻辑关系，分成若干个子程序（子程序还可以根据需要继续分成更小的子程序）。每个子程序实现一个特定功能，这些子程序就被视为"模块"。开发人员使用函数 / 函数块编程实现子程序，函数 / 函数块之间通过接口（形参）调用或者被调用，最终都被程序循环组织块或中断组织块调用。这种把复杂程序划分成不同类别的"子程序"的编程方法，称为"模块化程序设计"。

模块化程序设计的思路是将复杂的任务模块化，降低了程序设计的难度，使程序结构更加清晰，并且有利于多人分工合作。子程序模块一旦完成，就可以一劳永逸地被反复调用，提高了编程的效率。

举例如下：

假设某项目有多台电机需要控制，如果为每一台电机都编写一套代码，那么最后的项目代码就会变得臃肿庞大且不方便维护与升级。这种情况下，如果采用模块化程序设计的方法，可以先设计一个电机控制的子程序，每一台具体的电机都可以调用该子程序对其进行控制。这样不但提高了编程的效率，精简了程序的代码量，而且日后的维护和升级都将变得更加方便。

5.4.2   程序组织单元的命名规则

为了构建清晰明确的程序架构，便于日后的阅读及维护，程序组织单元的命名需要遵循一定的规则。根据编者所做项目的经验，推荐采用如下的命名规则：

```
POU 的类别 + 编号 + 下划线 ("_") +POU 功能描述
```

说明：

① POU 的类别采用大写字母，比如：函数块写作 FB，函数写作 FC，数据块写作 DB；故障安全函数块写作 FFB，故障安全函数写作 FFC，故障安全数据块写作 FDB。

② 根据项目的实际情况在 POU 名称中添加编号，同时手动设置 POU 的实际编号值。

③ POU 功能描述推荐采用"帕斯卡命名法"。帕斯卡命名法也称为"大驼峰命名法"，为了介绍这个命名法，先来介绍"驼峰命名法"。驼峰命名法是计算机程序设计中推荐的一

种命名规则，也可以把它用于 PLC 程序设计。它是指当函数 / 函数块 / 变量的名称由一个或多个英文单词组成的时候，将第 1 个单词全部小写，从第 2 个单词开始的所有其他单词，将其首字母大写，其余字母小写的命名方式。比如，一个函数的要实现电机控制的功能，按照驼峰命名法，其函数名称应为"motorControl"。驼峰命名法提高了程序的可读性，有利于不同编程人员去阅读和维护同一套程序。本书的 7.2.2 节还会介绍该命名法，推荐变量的命名采用这种方法。

本节关于 POU 的描述推荐采用的"帕斯卡命名法"是对驼峰命名法做了较小的更改，即将第一个单词的首字母也大写，其他单词与驼峰命名法类似。比如，编号为 98 的用于电机控制的函数块，推荐的名称为 FB98_MotorControl；编号为 99 的用于阀控制的函数块，推荐的名称为 FB99_ValveControl；如果是全局数据块，比如编号 100 的用于通信的数据块，可以写作 DB100_Communication；如果是背景数据块，建议将其描述中加上"Inst"，以区别于全局数据块，其编号建议与函数块相同，比如 FB98_MotorControl 的背景数据块，建议命名为 DB98_InstMotorControl。

无论是驼峰命名法还是帕斯卡命名法，都是一种推荐而非强制的规则，其目的是增加程序的可读性。

5.4.3 代码注释的推荐格式

注释是为了便于人员阅读理解而在代码中添加的说明性文字。注释不影响程序代码，编译器在编译代码时会忽略注释部分。在程序中添加注释是一个非常好的习惯，一个有良好注释的程序代码非常便于阅读，对于日后的维护升级起着重要的作用。

建议在每个函数或函数块的开头使用注释写明如下内容：

① 公司名称；

② 版权；

③ 库文件（代码中所使用的库文件）；

④ 代码的功能描述；

⑤ 硬件平台（支持的 CPU 类型）；

⑥ 软件平台（代码开发环境）；

⑦ 版本记录（写明版本号、日期、作者，版本更新后在其后面补加）。

图 5-17 所示是阀控制函数块的首部注释。

```
1  //===============================================
2  //www.founderchip.com
3  //版权所有@CopyRight
4  //-----------------------------------------------
5  //库文件:     无
6  //功能描述:   具有反馈监视功能的阀控制函数块
7  //硬件平台:   S7-1200/1500
8  //软件平台:   TIA博途V14 SP1
9  //-----------------------------------------------
10 //版本记录
11 //版本              日期              作者
12 //V1.0(首发)        2020-12-1         北岛李工
13 //===============================================
```

图5-17　首部注释示例

除了写首部注释，对函数块 / 函数的形参、变量也要进行注释，在代码中一些可能引起阅读困难的地方也建议进行注释。关于代码如何注释，请参见 7.6 节。

第6章

SCL语言

6.1　SCL语言与PLC国际编程标准

6.1.1　SCL语言简介

SCL 是西门子公司推出的一种 PLC 编程语言，其英文全称为"Structured Control Language"，中文翻译为"结构化控制语言"。SCL 是一种文本式高级语言，它是在计算机编程语言 PASCAL 的基础上，增加了 PLC 编程的一些特点，比如：对输入/输出映像区、位存储区、定时器等存储区的读写，对模拟量、工艺对象的处理等。

SCL 语言符合 PLC 国际编程标准 IEC 61131-3 推荐的五种编程语言中的"结构化文本"语言的标准（见 6.1.2 节），其语法简洁、功能强大，适合处理复杂的算法，对于有计算机高级语言编程功底的人很容易上手。随着工业自动化数据处理日益复杂、通信任务日益增多，SCL 语言的优势逐渐显现出来。西门子在其新一代产品 S7-1200 系列 PLC 中，取消了 STL 语言而提供 SCL 语言的支持，可见 SCL 语言的重要性。图 6-1 是 SCL 语言编写的代码片段，可以先初步了解一下该语言。

```
46 ⊟REGION _monoFlipFlop
47      // Statement section REGION
48 ⊟    IF NOT #statTimeOff AND (
49          NOT #statReleaseMonoflop AND
50          (#statRisingEdgeFlip AND NOT #statMonoFilpFlop)
51          OR #statRisingEdgeSet) THEN
52          #statMonoFilpFlop := TRUE;
53      END_IF;
54 ⊟    IF NOT #statTimeOff AND (
55          #statReleaseMonoflop AND
56          (#statRisingEdgeFlip AND  #statMonoFilpFlop)
57          OR #statRisingEdgeReset) THEN
58          #statMonoFilpFlop := FALSE;
59      END_IF;
60      //release
61 ⊟    IF #statRisingEdgeFlip AND #statMonoFilpFlop THEN
62          #statReleaseMonoflop := TRUE;
63      END_IF;
64 ⊟    IF #statRisingEdgeFli ... THEN ... END_IF;
67 ⊢END_REGION
68   //输出
```

图6-1　SCL语言代码片段

6.1.2 PLC国际编程标准——IEC 61131-3简介

我们先来介绍国际标准 IEC 61131。1993 年，国际电工委员会（International Electrotechnical Commission，IEC）发布了用于工业控制领域——可编程逻辑控制器（PLC）的国际标准，命名为 IEC 61131。

IEC 61131 是一个标准集，涵盖了 PLC 的硬件、软件、通信、安全的方方面面，并随着时间的推移添加了一些新的子集。目前（2021 年）最新的 IEC 61131 标准包括 10 个子集，其中与 PLC 编程相关的是第 3 个子集——IEC 61131-3。

IEC 61131-3 明确了 PLC 的编程语言、语法、程序结构、数据类型、指令、函数等关于编程的方方面面，为 PLC 编程提出了明确的、可操作的指导，目前其最新版本是 2013 年发布的第 3 版。

IEC 61131-3 推荐了 5 种 PLC 编程语言，包括：

① 梯形图（Ladder Diagram，LD）；

② 功能块图（Function Block Diagram，FBD）；

③ 顺序功能图（Sequential Function Chart，SFC）；

④ 指令表（Instruction List，IL）；

⑤ 结构化文本（Structured Text，ST）。

IEC 61131 是推荐标准，不是强制标准。PLCOpen 国际组织是推动 IEC 61131-3 标准在工业领域应用的主要机构，该组织在中国设有分支机构。

6.2 SCL语言的特点和优势

西门子 SCL 语言具有如下一些特点：

① 语法类似计算机高级语言 PASCAL；

② 符合 IEC 61131-3 的国际编程标准；

③ 通过了 PLCOpen 基础认证；

④ 支持布尔型、整数、浮点数等基本数据类型；

⑤ 支持日期时间、字符串、数组、指针、用户自定义类型等复杂数据类型；

⑥ 提供了丰富的运算符，可以构建逻辑表达式、数学表达式、关系表达式等各种表达式；

⑦ 支持判断、选择、循环等语句，这是高级语言的显著特点；

⑧ 具有丰富的指令集，包括基本指令、扩展指令、工艺指令及通信指令等；

⑨ 支持对 CPU 的各种存储区（输入／输出映像区、定时器、计数器、位存储器）的读写；

⑩ 博途平台对 SCL 的代码编译进行了优化，代码的执行效率也很高；

⑪ 可用于西门子 S7-300/400/1200/1500 等 PLC 的编程（不支持 S7-200 SMART）。

SCL 语言的优势：由于其高级语言的特性，SCL 语言尤其适合数据处理、过程优化、配方管理、数学 / 统计运算、通信处理等方面的应用。比如，假设某控制任务要求对模拟量数据进行周期性采样，然后对采集到的样本进行滤波处理，去掉其中的最大值和最小值，计算剩余其他数据的平均值。

类似这种控制任务，如果使用梯形图或者 FBD 等其他语言写起来就比较费力，使用 SCL 编写就相对简单很多。本书第 8 章之后有很多 SCL 编程实例，有一些就是实现数据处理的。当然，使用 SCL 也同样可以进行基本逻辑控制，下面我们就先介绍一个最简单的按钮控制指示灯的实例。

6.3　先睹为快：SCL编程实现按钮控制指示灯

本节我们使用 SCL 语言编程实现按钮控制指示灯的点亮和熄灭。本例程有两个按钮，即绿色和红色，均为非自锁按钮。所谓"非自锁"，是指按钮不能锁定，即当按钮按下时电路接通，松开后电路断开。本例程中当按下绿色按钮时，LED 灯点亮；当按下红色按钮时，LED 灯熄灭。

电气自动化编程和计算机编程的一个明显区别是：电气自动化编程需要首先明白程序运行的硬件环境和电路连接，要配合电气图纸才能实现控制任务。所以，我们首先介绍例程的硬件 / 软件环境和电气图纸。

6.3.1　硬件/软件环境及电气图纸

（1）硬件环境
① CPU 1214FC DC/DC/DC（S7-1200 CPU）；
② 非自锁按钮两个（绿色 / 红色）；
③ LED 指示灯一个（24V 工作电压）。
（2）软件环境
西门子 TIA 博途 V14 SP1。
（3）电气图纸
简述：绿色按钮连接到 I0.0，红色按钮连接到 I0.2，LED 指示灯连接到 Q0.0。图 6-2 是 EPLAN 绘制的电气图纸，其中，I+ 是 24V 电源正极，M- 是 24V 电源负极。

　　由于篇幅的关系只能截取部分图纸，可以扫描二维码（编号 0601）观看 EPLAN 图纸的视频说明。

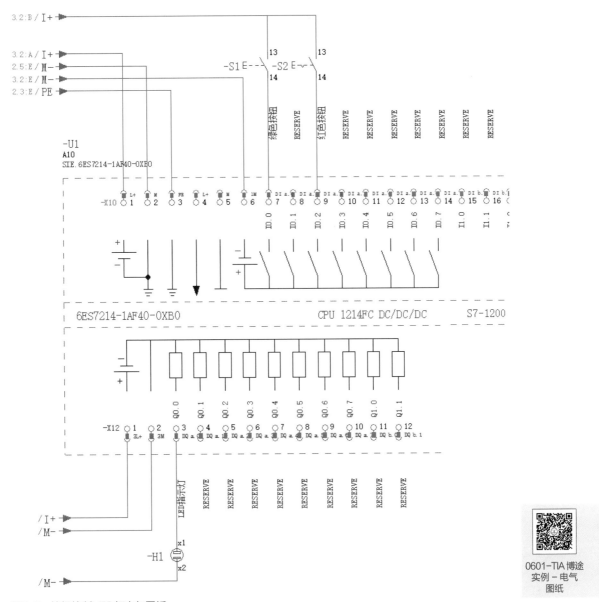

图6-2　按钮控制LED灯电气图纸

6.3.2　程序代码示例

在设备项目树中双击"添加新块"，在弹出的对话框中选择"函数块"，命名为"FB10_LedControl"，如图 6-3 所示。

图6-3　创建LED灯控制函数块

在 FB10_LedControl 函数块的变量声明部分，声明输入参数 ledOn/ledOff，输出参数 led，静态变量 statLed，如图 6-4 所示。

	名称	数据类型	默认值	保持	可从 HMI/...	从 H...	在 HMI ...	设定值	注释
▼	Input				☐	☐	☐	☐	
■	ledOn	Bool	false	非保持	☑	☑	☑	☐	点亮LED灯
■	ledOff	Bool	false	非保持	☑	☑	☑	☐	关闭LED灯
■	<新增>				☐	☐	☐	☐	
▼	Output				☐	☐	☐	☐	
■	led	Bool	false	非保持	☑	☑	☑	☐	LED灯
■	<新增>				☐	☐	☐	☐	
▼	InOut				☐	☐	☐	☐	
■	<新增>				☐	☐	☐	☐	
▼	Static				☐	☐	☐	☐	
■	statLed	Bool	false	非保持 ▼	☑	☑	☑	☐	静态变量LED灯

图6-4　FB10_LedControl函数块的变量声明

在函数块代码区声明块注释，并编写代码，如图 6-5 所示。

然后在主程序块 Main（OB1）中调用函数块 FB10_LedControl，系统会提示为其创建背景数据块。将数据块的名称修改为 DB10_LedControl，编号为 10。为函数块 FB10_LedControl 赋实参，即 I0.0（变量名：btnLedOn）、I0.2（变量名：btnLedOff）和 Q0.0（变量名：LED），如图 6-6 所示。

```
 1  ┌(*
 2  │ ======================================================
 3  │ www.founderchip.com
 4  │ 版权所有@CopyRight Reserved
 5  │ ------------------------------------------------------
 6  │ 库文件:            无
 7  │ 功能描述:          LED灯控制
 8  │ 输入参数:          ledOn,ledOff;
 9  │ 输出参数:          led;
10  │ 硬件平台:          S7-1200/1500
11  │ 软件平台:          TIA博途V14 SP1
12  │ ------------------------------------------------------
13  │ 版本记录:
14  │ 版本               日期                作者
15  │ V1.0(首发)         2020-12-8           北岛李工
16  │ ======================================================
17  │ *)
18    //点亮LED灯
19  ┌IF #ledOn AND NOT #ledOff THEN
20  │     #statLed := TRUE;
21  └END_IF;
22    //关闭LED灯
23  ┌IF #ledOff THEN
24  │     #statLed := FALSE;
25  └END_IF;
26    //输出
27    #led := #statLed;
```

图6-5 FB10_LedControl函数块代码

▼ 块标题: "Main Program Sweep (Cycle)"
注释

▼ 程序段 1: LED灯控制
   注释

图6-6   在OB1中调用函数块FB10_LedControl

 提示

编者录制了两个视频来介绍本章的示例。

0602–TIA 博途实例 – 程序讲解

0603–LED 灯实际效果演示

第7章

SCL编程的基本概念

7.1 基本数据类型

数据类型是数据的组织形式，它明确了数据的长度及操作方式（支持哪些指令）。变量或常量的数据类型确定后，编译器会为其分配相应大小的存储空间并明确其操作方式。在SCL编程中，每一个变量或常量都要在声明时指定其数据类型。SCL语言的数据类型包括基本数据类型和复杂数据类型。本节介绍基本数据类型，复杂数据类型将在第10章介绍。

7.1.1 布尔型

布尔型是只有1或0（TRUE或FALSE）两种取值的数据类型，布尔型数据的长度为一个位（bit），占用存储区字节的一位。举个例子，数字量输入通道"I0.0"就是一个布尔型变量，它表示输入缓存区的第0个字节的第0位。

7.1.2 整数类型

整数类型用来表示整数。根据数据长度及是否带符号，整数类型包括：短整数（SInt）、整数（Int）、双整数（DInt）、长整数（LInt）、无符号短整数（USInt）、无符号整数（UInt）、无符号双整数（UDInt）和无符号长整数（ULInt）。

7.1.2.1 短整数（SInt）

短整数（SInt）的长度为8位，占用存储区的一个字节。其最高位是符号位：0表示正数，1表示负数。短整数的取值范围为：-128～+127。图7-1是短整数-55在存储区的存放方式，其中：第0～6位用来表示数值；第7位是符号位，值为1表示负数。

图7-1 短整数-55在存储区的存放方式

7.1.2.2 整数（Int）

整数的长度为16位，占用存储区的两个字节。整数的最高位用来表示符号，取值范围为：-32768～+32767。

7.1.2.3 双整数（DInt）

双整数的长度为32位，占用存储区的四个字节。双整数的最高位用来表示符号，取值范围为：−2147483648 ～ +2147483647。

7.1.2.4 长整数（LInt）

长整数是 S7-1500 系列 PLC 特有的数据类型（S7-1200 不支持）。长整数的长度为 64 位，占用存储区的八个字节。长整数的最高位用来表示符号，取值范围为：−9223372036854775808 ～ +9223372036854775807。

7.1.2.5 无符号短整数（USInt）

无符号短整数与短整数类似，其长度也为 8 位，占用存储区的一个字节。不同之处在于：无符号短整数的最高位不是符号位，它不能表达负数，其取值范围为：0 ～ 255。

7.1.2.6 无符号整数（UInt）

无符号整数与整数类似，其长度为 16 位，占用存储区的两个字节。无符号整数不能表达负数，其取值范围为：0 ～ 65535。

7.1.2.7 无符号双整数（UDInt）

无符号双整数与双整数类似，其长度为 32 位，占用存储区的四个字节。无符号双整数不能表达负数，其取值范围为：0 ～ 4294967295。

7.1.2.8 无符号长整数（ULInt）

无符号长整数与长整数类似，是 S7-1500 系列 PLC 特有的数据类型，其长度为 64 位，占用存储区的八个字节。无符号长整数不能表达负数，其取值范围为：0 ～ 18446744073709551615。

7.1.3 实数类型

实数也称为浮点数，就是常说的小数。实数类型包括两种：实数（Real）和长实数（LReal）。

7.1.3.1 实数

实数的长度为 32 位，由三部分组成：

① 符号位：实数的第 31 位是符号位，0 表示正数，1 表示负数。

② 指数位：实数的第 23 ～ 30 位是指数位，表示以 2 为底的 8 位指数，其取值范围为 0 ～ 255。为了处理负指数的需要，实际存储的指数值以 127 为基数。也就是说，如果指数值为 0，则存储值为 127；如果指数值为 "−100"，则存储值为 27（127−100=27）。

③ 尾数位：实数的第 0 ～ 22 位为尾数位，表示实数的尾数（小数点后面的数值）。

实数的取值范围：

① 正数：+1.175495E-38 ～ 3.402823E+38。

② 负数：−1.175495E-38 ～ −3.402823E+38。

③ 零：±0.0。

图 7-2 是实数的结构示意图。

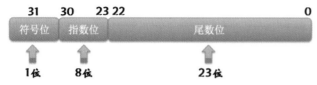

图7-2 实数的结构示意图

7.1.3.2 长实数

长实数的长度为 64 位，也由符号位、指数位和尾数位三部分组成：

① 符号位：长实数的第 63 位为符号位，0 表示正数，1 表示负数。

② 指数位：长实数的第 52 ~ 62 位为指数位，表示以 2 为底的 11 位指数，其取值范围为：0 ~ 2047。为了处理负指数的需要，实际存储的指数值以 1023 为基数。也就是说，如果指数值为 0，则存储值为 1023；如果指数值为 "−1000"，则存储值为 23（1023-1000=23）。

③ 尾数位：长实数的第 0 ~ 51 位为尾数位，表示其尾数（小数点后面的数值）。

长实数的取值范围：

① 正数：+2.2250738585072014E−308 ~ +1.7976931348623158E+308。

② 负数：−1.7976931348623158E+308 ~ −2.2250738585072014E−308。

③ 零：±0.0。

7.1.4 定时器时间值类型

定时器时间值类型用来表示定时器的时间，有三种类型：S5Time、时间（Time）和长时间（LTime）。

7.1.4.1 S5Time

S5Time 类型来自古老的 S5 系列 PLC，目前只有 S7-300/400/1500 系列 PLC 支持该数据类型，S7-1200 不支持该类型。S5Time 类型的长度为 16 位，由时间基准（bit12 ~ 13）和以 BCD 格式存放的时间值（bit0 ~ 11）组成。

时间基准有 4 种组合，见表 7-1。

表7-1 S5Time时间基准

二进制代码	时间基准
00	10ms
01	100ms
10	1s
11	10s

时间值由 3 个 BCD 数值组成，每个数值占用 4 位，取值范围为 0 ~ 9。三位 BCD 码取值范围为 0 ~ 999。

图 7-3 表示时间基准为 1s、时间值为 527 的 S5Time 数值。

15		...					8	7			...				0
x	x	1	0	0	1	0	1	0	0	1	0	0	1	1	1
				5					2				7		
未用	时间基准		BCD码表示的时间值												

图7-3　S5Time类型示例

S5Time 类型的常量以"S5T#"开头，其取值范围为：S5T#0ms ～ S5T#2h_46m_30s_0ms。

7.1.4.2　时间（Time）

Time 是 IEC 的标准数据类型，其长度为 32 位，S7-1200/1500 均支持该数据类型。Time 类型的时间值以"T#"开头，表示的信息包括天（d）、小时（h）、分钟（m）、秒（s）和毫秒（ms），其取值范围为：T#-24d_20h_31m_23s_648ms ～ T#+24d_20h_31m_23s_647 ms。比如：T#9d20h12m20s630ms 表示的时间值为 9 天 20 小时 12 分钟 20 秒 630 毫秒。在使用 Time 类型时，不必要将所有的时间单位列出，比如 T#1h20s 是一个有效的 Time 时间值。

7.1.4.3　长时间（LTime）

LTime 是"Long Time"的缩写，其长度为 64 位，能表达更长的时间值，仅 S7-1500 系列 PLC 支持该数据类型。LTime 类型的时间值以"LT#"开头，表示的信息包括天（d）、小时（h）、分钟（m）、秒（s）、毫秒（ms）、微秒（μs）和纳秒（ns），其取值范围为：LT#-106751d_23h_47m_16s_854ms_775μs_808ns ～ LT#+106751d_23h_47m_16s_854ms_775μs_807ns。比如：LT#50d20h25m14s830ms652μs315ns 表示的时间值为 50 天 20 小时 25 分钟 14 秒 830 毫秒 652 微秒 315 纳秒。在使用 LTime 类型时，不必要将所有的时间单位列出，比如 LT#1d3h20s 是一个有效的 LTime 时间值。

7.1.5　日期时间类型

日期时间类型用来表达日期和时间，包括：日期（DATE）、时刻（TOD）、长时刻（LTOD）、日期时间（DT）、日期长时间（LDT）及长日期时间（DTL）。

7.1.5.1　日期（DATE）

日期数据类型的长度为 2 个字节，它将日期的信息存放在无符号整数里。日期数据类型的常量以"D#"标识，比如 D#2020-12-16，其取值范围为：D#1990-01-01 ～ D#2168-12-31。

7.1.5.2　时刻（TOD）

时刻数据类型的长度为 4 个字节，它存放当前时间从午夜 0:00 算起所经过的毫秒数。时刻类型的常量以"TOD#"标识，取值范围为：TOD#00:00:00.000 ～ TOD#23:59:59.999。

7.1.5.3 长时刻（LTOD）

长时刻数据类型的长度为 8 个字节，它存放当前时间从午夜 0:00 开始所经过的纳秒数。长时刻的常量以"LTOD#"标识，其取值范围为：LTOD#00:00:00.000000000 ～ LTOD#23:59:59.999999999。

说明
只有 S7-1500 系列 PLC 支持 LTOD 类型，S7-1200 系列不支持。

7.1.5.4 日期时间（DT）

日期时间数据类型的长度为 8 个字节，它以 BCD 码的格式存放日期及时间（精确到毫秒），各字节的定义见表 7-2。

表7-2　DT结构定义

字节	描述	取值范围
0	年	1990 ～ 2089 年 BCD#90=1990 BCD0#=2000 BCD89#=2089
1	月	BCD#1 ～ BCD#12
2	日	BCD#1 ～ BCD#31
3	小时	BCD#0 ～ BCD#23
4	分钟	BCD#0 ～ BCD#59
5	秒	BCD#0 ～ BCD#59
6	微秒的前两个最高权重位	BCD#0 ～ BCD#99
7（4MSB）	微秒的最低权重位	BCD#0 ～ BCD#9
7（4LSB）	一周中的第几天	BCD#1 ～ BCD#7

日期时间类型的常量以"DT#"标识，比如当前时间为：DT#2020-12-16-15:54:32.621。

说明
MSB 是英文"Most Significant Bit"的缩写，中文翻译为"最高权重位"。MSB 是权重最高的位，比如一个字节的 7 位（从 0 编号）；4MSB 表示权重最高的 4 个位，即字节的第 4 ～ 7 位。LSB 是英文"Least Significant Bit"的缩写，中文翻译为"最低权重位"。LSB 是权重最低的位，比如一个字节的 0 位；4LSB 表示权重最低的 4 个位，即字节的第 0 ～ 3 位。

7.1.5.5 日期长时间（LDT）

日期长时间数据类型的长度为 8 个字节，它存放从 1970:0:0 开始到现在所经过的时间（纳秒数）；日期长时间的常量以"LDT#"标识，其取值范围为：LDT#1970-01-01-

0:0:0.000000000 到 LDT#2263-04-11-23:47:16.854775808 需要说明的是：只有 S7-1500 系列 CPU 支持 LDT 类型。

7.1.5.6　长日期时间（DTL）

长日期时间数据类型的长度为 12 个字节，它可以存放日期及时间（精确到纳秒）数据，其格式定义见表 7-3。

表7-3　DTL 结构定义

字节	描述	数据类型	取值范围
0	年	UInt	1970 ～ 2262
1			
2	月	USInt	1 ～ 12
3	日	USInt	1 ～ 31
4	一周中的第几天	USInt	1 ～ 7
5	小时	USInt	0 ～ 23
6	分钟	USInt	0 ～ 59
7	纳秒	UDInt	0 ～ 999999999
8			
9			
10			
11			

长日期时间类型的常量以"DTL#"标识，其取值范围为：DTL#1970-01-01-00:00:00.0 ～ DTL#2262-04-11-23:47:16.854775807。

7.1.6　字符与字符串类型

7.1.6.1　字符（Char）

字符数据类型的长度为 1 个字节，其中存放的是字符的 ASCII 编码。ASCII 码表定义字符的 ASCII 码值，其长度为 1 个字节。字符数据中存放的就是字符的 ASCII 码值。比如，大写字母 A 的 ASCII 码值为 65，那么存放字符 'A' 的变量其值为 65。更多关于 ASCII 的信息可以查看附录 ASCII 码表。字符常量以两个英文单引号（' '）表示，比如，字符 A 写作 'A'，也可以使用修饰符 Char#，比如 Char#'A'。

7.1.6.2　宽字符（WChar）

一个字节能够表达 256 种编码，ASCII 码只定义了 128 个字符（0 ～ 127），这对于英语足够用了；对于法语、德语、俄语等语言，虽然它们有一些特殊的字符，剩下的 128 ～ 255 的编码也可以应付。但是对于汉语、日语、韩语等语言来说，其字符非常多，仅汉字就有 6 万多个，已经远远超出了一个字节能表达的编码数量。因此出现了使用两个字节表示一个符号的编码规则，被称为"Unicode"编码。

Unicode 使用 2 个字节表达 1 个字符，这样的字符称为"宽字符"。

宽字符常量也用两个单引号（' '）表示，不过要加上修饰符"WChar#"。比如，宽字符

A 写作 WChar#'A'。

7.1.6.3　字符串（String）

字符串是字符的集合。在西门子 S7-1200/1500 系列 PLC 的编程中，字符串是一种数据类型。该数据类型最多占用 256 个字节的存储区，最多可以存储 254 个字符，剩下的 2 个字节用来存储字符串的最大长度（第 1 个字节）和当前长度（第 2 个字节）。

字符串的结构定义如图 7-4 所示。

由字符串的定义可以得知，字符串变量在存储时其占用存储区的大小比字符数多 2 个字节。比如字符串 'Name' 有 4 个字符，它实际占用 6 个字节的存储区。声明字符串变量时可以用方括号 [] 指定其最大长度，比如 String[10] 的最大长度为 10 个字符，占用 12 个字节的存储区。

字符串结构组成		
字节	描述	数据类型
1	最大长度	USInt
2	当前长度	USInt
3	字符1	Char
4	字符2	Char
5	字符3	Char
…	…	
…	…	
n	字符n-2	Char

图7-4　字符串结构定义

修饰符 String# 可以声明字符串常量，比如 String# 'Hello Jack'。更多关于变量声明的内容请参见 7.2.3 节。

7.1.6.4　宽字符串（WString）

宽字符串是宽字符的集合。与字符串类似，声明宽字符串时也可以用方括号 [] 指定其最大长度。比如，WString[10] 声明了一个包含了 10 个宽字符的宽字符串，它实际占用 24 个字节的存储区，其中包括 10 个宽字符（20 字节）、最大长度（2 字节）及当前长度（2 字节）。宽字符串最多支持 16382 个宽字符，如果不特别指明，其默认宽字符长度为 254。

修饰符 WString# 可以声明宽字符串常量，支持汉字，比如 WString#' 你好 '。更多关于常量、变量的内容介绍请参见 7.2 节。

7.1.7　位字符串类型

位字符串是位的集合。严格来说，位字符串应该属于存储类型，它表明变量占用存储区的大小。位字符串主要用于逻辑运算，包括：字节（Byte）、字（Word）、双字（DWord）和长双字（LWord）。

7.1.7.1　字节（Byte）

字节的长度是 8 位，字节型变量可以转换成短整数 / 无符号短整数。标识符 Byte# 可以声明字节型常量。

7.1.7.2　字（Word）

字的长度是 16 位，字型变量可以转换成整数 / 无符号整数。标识符 Word# 可以声明字型常量。

7.1.7.3　双字（DWord）

双字的长度是 32 位，双字型变量可以转换成双整数 / 无符号双整数。标识符 DWord#

可以声明双字型常量。

7.1.7.4　长双字（LWord）

长双字的长度是 64 位，长双字型变量可以转换成长整数 / 无符号长整数。标识符 LWord# 可以声明长双字型常量。

说明　只有 S7-1500 系列 PLC 支持长双字类型。

7.2　变量与常量

7.2.1　变量概述

变量是指在程序运行过程中其值可以被改变的量。与"变量"相对应的是"常量"。顾名思义，常量的值在程序运行过程中保持不变（更多关于常量的内容请参见 7.2.5 节）。

与变量相关的几个概念包括：变量的名称、变量的数据类型、变量的作用域和变量的生命周期。

① 变量的名称简称为变量名，用来唯一标识该变量。变量名必须满足编程语言的命名约定。在 TIA 博途环境下，变量名可以包含字母、数字、空格以及下划线，对于兼容的特殊字符也是允许的，但不建议使用。另外，变量名中不能有引号，也不建议使用系统关键字。为了提高程序的可读性，便于后期的维护和升级，变量的命名建议遵循 7.2.2 节介绍的命名规则。

② 变量的数据类型用来表明其占用存储区的大小及支持的操作方式。7.1 节对数据类型有详细的介绍。

③ 变量的作用域是指变量的作用范围。根据作用域的不同，变量可分为全局变量和局部变量。全局变量在全局范围内都有效。全局数据块中的变量、全局存储区中的变量，比如位存储区、定时器、计数器等都属于全局变量；局部变量是指在函数 / 函数块内部声明的变量，它们只在当前函数 / 函数块中有效。

④ 变量的生命周期是指变量的存在时间。全局变量和静态变量的生命周期与系统程序相同，即在整个系统程序运行期间都有效；而临时变量只在其所属的程序块被执行期间有效。一旦该程序块退出运行，该变量的内存就被释放；当程序块再次运行时，其值重新被初始化。

⑤ S7-1200/1500 编程中，变量有时候也被称为"标签"，变量的名称也被称为"标签名"。

7.2.2　变量的命名规则

如果一个程序员随意地对变量进行命名，比如将变量命名为 a1、b2 之类的，其结果是别人很难看懂他写的程序。很可能过一段时间后，他本人阅读自己的代码都会比较费力。为了提高程序的可阅读性，便于后期的维护和升级，建议变量的命名要遵循一定的规则。国际上比较知名的变量命名法有：匈牙利命名法、驼峰命名法、帕斯卡命名法等。对于变量的命名本书推荐使用驼峰命名法。

7.2.3　变量的声明

在函数（FC）、函数块（FB）的变量声明区或者全局数据块中都可以声明变量。变量的声明首先要起一个名称，然后指定其数据类型。每一个变量都有一个默认值，可以根据需要修改默认值。比如，图7-5在函数块FB10_Test中声明了start、stop、counter和motor四个形参，counter的数据类型为整数，其默认值被修改为1000，其余形参的数据类型均为布尔型。

FB10_Test				
	名称	数据类型	默认值	保持
▼ Input				
■	start	Bool	false	非保持
■	stop	Bool	false	非保持
■	counter	Int	1000	非保持
■	<新增>			
▼ Output				
■	motor	Bool	false	非保持

图7-5　函数块形参变量声明

对于临时变量、静态变量等，建议在其名称前面加上适当的前缀以示区别。建议使用前缀"tmp"表示临时变量，前缀"stat"表示静态变量。比如图7-6声明了静态变量statStarted和临时变量tmpCounter。

11	▼ Static			
12	■ statStarted	Bool	false	非保持
13	■ <新增>			
14	▼ Temp			
15	■ tmpCounter	Int		

图7-6　静态变量/临时变量的声明

字符串变量的声明，如果要指定其最大长度，要在类型String后面用方括号标注。比如图7-7声明了两个字符串变量：tmpName和tmpRcvData。其中，tmpName的最大长度为10个字符；tmpRcvData没有标注最大长度，则默认为254个字符。

14	▼ Temp			
15	■ tmpName	String[10]		
16	■ tmpRcvData	String		

图7-7　字符串变量的声明

7.2.4　预定义变量——ENO

SCL语言有一个预定义的布尔型变量——ENO，无须声明即可在程序中使用。ENO是"Enable Output"的缩写，即"使能输出"。ENO是一种流程控制机制，默认是未激活状态。

如果想要激活函数/函数块的 ENO，要在其属性窗口中勾选"自动置位 ENO"，如图 7-8 所示。

图7-8　激活ENO

激活 ENO 机制后，程序跳转到 SCL 语言编写的函数或者函数块时，会首先将该函数或函数块的 ENO 置位（变为 TRUE），然后再执行其内部的代码。在代码执行的过程中，如果出现错误，比如除数为 0 或者结果溢出，会将 ENO 复位（变为 FALSE）。用户可以在程序中检查 ENO 的值并做相应的处理。

例如图 7-9 所示的代码，除数 statB 的值为 0，会导致运行时错误。程序运行过程中检测到这个错误会将 ENO 的值变为 FALSE，通过 IF 语句判断 ENO 的值，如果是 FALSE，则返回（RETURN），其后面的频率输出代码不会执行。

```
2   //statB的值=0会导致ENO=FALSE
3   #tmpC := #tmpA / #statB;
4   //如果出现错误，则返回
5 ⊟IF NOT ENO THEN
6        RETURN;
7   END_IF;
8   //频率输出
9   "LGF_Frequency_DB"(frequency := 0.1,
10                      pulsePauseRatio := 4.0,
11                      clock => "clock",
12                      countdown => "myTime");
13
```

图7-9　ENO流程控制示例

7.2.5　常量概述

常量是指在程序的运行过程中其值保持不变的量。常量存放在只读存储区，试图在程序运行过程中修改常量的值会引发错误。

7.2.6　常量的声明

声明常量时也需要指定其数据类型，7.1 节介绍的数据类型都可以使用。常量的命名建议采用如下规则：

单词（全部大写）+ 下划线 + 单词（全部大写）

如果常量只有一个单词，直接将其大写。比如圆周率，可以写作 PI。如果有多个单词，建议将单词大写，单词之间采用下划线相连。比如：最大速度，可以写作 MAX_SPEED；板链长度，可以写作 BLOCK_LENGTH 等。

在函数或者函数块的 Constant 区域可以声明常量。比如图 7-10 声明了一个最大速度的常量，其数据类型为实数，值为 3200.0。

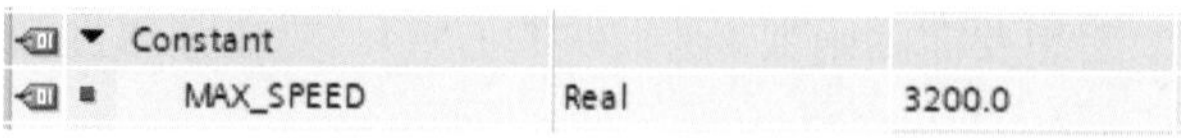

▼ Constant			
■ MAX_SPEED	Real	3200.0	

图7-10　常量声明示例

也可以在代码中直接使用数据类型 + # 的形式来表示常量。

比如，为了使图 7-9 中的 statB 的值不为 0，可以使用下面的代码为其赋值：

```
#statB := Int#100;
```

这样 statB 的值就变为 100，不会出现运行过程中除数为 0 的错误。

上述的 Int#100 是整数常量，默认为十进制。如果要声明十六进制整数常量，可以使用 Int#16#××，比如 Int#16#1A0；同理，二进制整数常量可以用 Int#2#×× 表示，比如 Int#2#1001；八进制整数常量可以用 Int#8#×× 表示，比如 Int#8#7061。本书 7.1 节介绍的所有数据类型都可以直接声明常量，比如 USInt#16#FF、Real#1.0、T#1d_12h、String#'Hello Jack' 等，在前面的章节也有所提及。

7.3　表达式

表达式是由运算符和操作数组成的、用来表示某种关系的结构。运算符指明表达式进行什么运算，比如：加、减、乘、除、比较大小、逻辑运算等。操作数是运算符运算的对象，可以是变量或者常量。不同的运算符其操作数的数量可能不同，可以有一个或多个，与具体的运算符相关。表达式运算后会有返回值，可以使用赋值运算符（:=）赋给结果变量。SCL 语言的表达式包括：算术表达式、关系表达式和逻辑表达式。

7.3.1　算术表达式

算术表达式也称为数学表达式，它用来表达两个操作数之间的一种数学运算关系，其运算结果是一个数值。算术表达式的运算符包括：+（加）、−（减）、*（乘）、/（除）、**（幂运算）、MOD（模运算 / 求余运算）。其中，+（加）、−（减）既可以对整型、实型等数字类型的数据进行运算，也可以对日期、时间等数据类型进行运算。

以操作数 tmpOperator1 和 tmpOperator2 为例，其算术表达式如下。

加法表达式：

tmpOperator1+ tmpOperator2

减法表达式：

tmpOperator1− tmpOperator2

乘法表达式：

tmpOperator1 * tmpOperator2

除法表达式：

tmpOperator1 / tmpOperator2

幂运算表达式：

tmpOperator1 ** tmpOperator2

模运算表达式：

tmpOperator1 MOD tmpOperator2

注："#"为 SCL 编辑器自动添加。

7.3.2 关系表达式

关系表达式用来表示两个操作数之间的大小关系，其运算结果是布尔值。如果关系成立，则结果为真（TRUE）；否则，结果为假（FALSE）。关系表达式的运算符包括：=（等于）、<>（不等于）、<（小于）、<=（小于等于）、>（大于）、>=（大于等于）。

例如：

大于表达式：

tmpOperator1 > tmpOperator2

小于表达式：

tmpOperator1 < tmpOperator2

等于表达式：

tmpOperator1 = tmpOperator2

不等于表达式：

tmpOperator1 <> tmpOperator2

7.3.3 逻辑表达式

逻辑表达式用来表示逻辑上的"与""或""非""异或"等关系。逻辑表达式的操作数是布尔型或 7.1.7 节介绍的位字符串，它是将操作数按位（bit）进行逻辑运算，其结果的数据类型取决于操作数的数据类型。例如，两个布尔型的数据进行逻辑运算时，其结果为布尔型；若两个字（Word）类型的数据进行逻辑运算，其结果为字；如果一个字节（Byte）与字进行逻辑运算，其结果仍然为字。

逻辑表达式的运算符包括：AND（与）、OR（或）、NOT（非）、XOR（异或）。

与运算有两个或多个操作数，当所有的操作数都为真（TRUE）时，其结果为真；任何一个操作数的值为假（FALSE），其结果为假。

或运算有两个或多个操作数，当任意一个操作数的值为真时，其结果为真；当所有的操作数值都为假时，其结果为假。

非运算也称为取反运算，它只有一个操作数，当操作数值为真时，其结果为假；当操作数值为假时，其结果为真。

异或运算有两个操作数，当两个操作数的值相异（不同）时，其结果为真；当两个操作数的值相同时，其结果为假。

例如：

与运算表达式：

tmpLogic1 AND tmpLogic2

或运算表达式：

#tmpLogic1 OR tmpLogic2

非运算表达式：

NOT tmpLogic1

异或运算表达式：

tmpLogic1 XOR tmpLogic2

7.4 运算符及其优先级

运算符有不同的优先级。括号运算符的优先级最高，其次是算术运算符。算术运算符的优先级高于关系运算符，关系运算符的优先级高于逻辑运算符，赋值运算符的优先级最低。

运算时，先算优先级高的表达式，再算优先级低的表达式。如果表达式中的运算符优先级相同，则按照从左到右的顺序进行运算。赋值运算符按照从右往左的顺序赋值，比如下面这个包括关系运算、逻辑运算和赋值运算的表达式：

```
#tmpLogicResult := #tmpOperator1 > #tmpOperator2 AND #tmpLogic1
```

由于关系运算符的优先级高于逻辑运算符，因此首先计算 #tmpOperator1 > #tmpOperator2，把其结果与 #tmpLogic1 进行逻辑运算，运算的结果赋值为 #tmpLogicResult。

7.5 语句

7.5.1 语句概述

语句在计算机科学中被称为"Statement"，它是一条能被执行的代码，其作用是向计算机 /PLC 系统发出操作指令，要求执行相应的操作。语句经过编译后会产生若干条机器指令。在很多高级语言中，代码必须提供某种符号来表示一条语句，以便编译器能识别并编译。比如，C 语言的每一条语句末尾都要加英文分号（;），而 VB 则以回车换行符来表示一条语句；西门子 SCL 的语法源自 PASCAL，使用英文分号（;）表示一条语句。

7.5.2 赋值语句

赋值语句是最简单的语句，在赋值表达式的右边加上分号（;）就构成了赋值语句。如图 7-11 所示，逻辑表达式的运算结果通过赋值运算符（:=）赋值给 tmpLogicResult，最右侧加上分号（;）就构成了赋值语句。

可以使用多个算术运算符构成组合赋值语句，组合的算术运算符包括：+=、−=、*=、/=。

+= 是将运算符左侧的操作数加上右侧的操作数，并把运算结果赋值给左侧的操作数。

−= 是将运算符左侧的操作数减去右侧的操作数，并把运算结果赋值给左侧的操作数。

*= 是将运算符左侧的操作数乘以右侧的操作数，并把运算结果赋值给左侧的操作数。

/= 是将运算符左侧的操作数除以右侧的操作数，并把运算结果赋值给左侧的操作数。

例如图 7-12 中，第 33 行代码将 tmpResult 的值加 1，然后赋值给 tmpResult；第 34 行代码将 tmpResult 的值减 tmpOperator1，然后赋值给 tmpResult。

```
21  //与
22  #tmpLogicResult := #tmpLogic1 AND #tmpLogic2;
23  //或
24  #tmpLogicResult := #tmpLogic1 OR #tmpLogic2;
25  //非，也称为"取反"
26  #tmpLogicResult := NOT #tmpLogic1;                    32  //组合赋值语句
27  //异或                                                33  #tmpResult +=1;
28  #tmpLogicResult := #tmpLogic1 XOR #tmpLogic2;         34  #tmpResult -= #tmpOperator1;
```

图7-11　赋值语句示例　　　　　　　　　　　　　　　　图7-12　组合赋值语句示例

7.5.3　条件语句（IF）

7.5.3.1　简单IF语句

条件语句也称为 IF 语句，用来判断某个条件是否满足，如果满足（结果为 TRUE）的话，则执行其内部代码，其语法是：

```
IF< 条件 >THEN
< 代码 >
END_IF;
```

例如图 7-13 所示的代码，如果 tmpOperator1 的值大于等于 100，则将其清零。

7.5.3.2　IF...ELSE语句

关键词 ELSE 可以使 IF 语句在条件不满足的情况下，执行另外一段代码，其语法是：

```
IF< 条件 >THEN
< 代码 1>
ELSE
< 代码 2>
END_IF;
```

如果条件满足，则执行代码 1，然后跳转到 END_IF 执行其后面的代码；否则的话，就执行代码 2。

如图 7-14 所示的代码，如果 tmpOperator1 的值大于等于 100，则将其清零；否则的话，则将tmpOperator1 的值加 1。

```
41  //条件语句-ELSE
42  IF #tmpOperator1 >= 100 THEN
43      #tmpOperator1 := 0;
44  ELSE
45      #tmpOperator1 += 1;
46  END_IF;
```

```
36  //条件语句
37  IF #tmpOperator1 >= 100 THEN
38      #tmpOperator1 := 0;
39  END_IF;
```

图7-13　简单IF语句　　　　　　　　　　　　　　　　图7-14　IF...ELSE语句

7.5.3.3　IF...ELSIF...ELSE语句

关键词 ELSIF 可以进行多个条件判断，其语法是：

```
IF< 条件 1>THEN
< 代码 1>
ELSIF< 条件 2>THEN
< 代码 2>
...
ELSIF< 条件 n>THEN
< 代码 n>
ELSE
< 代码 n+1>
END_IF;
```

如果条件 1 满足，则执行代码 1，然后跳转到 END_IF 执行后面的代码；如果条件 1 不满足，则检查条件 2 是否满足，如果满足，则执行代码 2，然后跳转到 END_IF 执行后面的代码；如果条件 1、条件 2 都不满足，则检查条件 n 是否满足，如果满足，则执行代码 n，然后跳转到 END_IF 执行后面的代码；如果条件 1、条件 2、条件 n 都不满足，则执行 ELSE 的代码 n+1。

如图 7-15 所示，如果 tmpOperator1 的值大于等于 100，则将其清零；如果不是，则判断 tmpOperator1 的值是否大于 50，如果是，则将 tmpOperator1 的值加 1；如果依然不是，则将 tmpOperator1 的值加 2。

7.5.3.4　IF语句的嵌套

IF 语句中可以嵌套另外的 IF 语句。如图 7-16 所示，如果 tmpOperator1 的值大于等于 100，则执行其内部的嵌套 IF 语句。如果 tmpLogic1 的值为真，则将 tmpOperator1 清零；否则的话，将 tmpOperator1 赋值 50。

```
48  //条件语句-IF...ELSIF...ELSE
49  IF #tmpOperator1 >= 100 THEN
50      #tmpOperator1 := 0;
51  ELSIF #tmpOperator1>50 THEN
52      #tmpOperator1 += 1;
53  ELSE
54      #tmpOperator1 += 2;
55  END_IF;
```

图7-15　IF...ELSIF...ELSE语句示例

```
57  //嵌套条件语句
58  IF #tmpOperator1 >= 100 THEN
59      IF #tmpLogic1 THEN
60          #tmpOperator1 := 0;
61      ELSE
62          #tmpOperator1 := 50;
63      END_IF;
64  END_IF;
```

图7-16　嵌套IF语句

7.5.4　选择语句（CASE）

选择语句（CASE）可以创建多路分支结构，其语法是：

```
CASE <表达式或变量> OF
    <数值 1>:<代码 1>;
    <数值 2>:<代码 2>;
    ...
    <数值 n>:<代码 n>;
```

```
    ELSE
    < 代码 n+1>
    END_CASE;
```

如果表达式或变量的值等于数值 1，则执行代码 1，然后跳转到 END_CASE 后执行；如果等于数值 2，则执行代码 2，然后跳转到 END_CASE 后执行；……；如果等于数值 n，则执行代码 n，然后跳转到 END_CASE 后执行；如果都不等于，则执行 ELSE 后的代码 n+1。

例如图 7-17 中：

如果 tmpOperator2 的值等于 1，则使 tmpLogic1 和 tmpLogic2 的值均为 TRUE；

如果 tmpOperator2 的值等于 2，则使 tmpLogic1 为 FALSE，tmpLogic2 为 TRUE；

如果 tmpOperator2 的值等于 3，则使 tmpLogic1 为 TRUE，tmpLogic2 为 FALSE；

否则的话，则使 tmpLogic1 和 tmpLogic2 为 FALSE。

CASE 的分支也可以是多个数值或一个范围。多个数值用英文逗号分隔，范围使用两个英文点号表示，例如图 7-18 中：

如果 tmpOperator2 的值等于 1 或 2 或 3 或 6，则使 tmpLogic1 和 tmpLogic2 的值均为 TRUE；

如果 tmpOperator2 的值在闭区间 [10，50]，则使 tmpLogic1 为 FALSE，tmpLogic2 为 TRUE；

如果 tmpOperator2 的值等于 51 或者在闭区间 [60，100]，则使 tmpLogic1 为 TRUE，tmpLogic2 为 FALSE；

否则的话，则使 tmpLogic1 和 tmpLogic2 为 FALSE。

```
66   //分支选择结构
67 ⊟CASE #tmpOperator2 OF
68       1:
69           #tmpLogic1 := TRUE;
70           #tmpLogic2 := TRUE;
71       2:
72           #tmpLogic1 := FALSE;
73           #tmpLogic2 := TRUE;
74       3:
75           #tmpLogic1 := TRUE;
76           #tmpLogic2 := FALSE;
77       ELSE
78           #tmpLogic1 := FALSE;
79           #tmpLogic2 := FALSE;
80  END_CASE;
```

图7-17　CASE语句示例

```
82   //分支选择结构
83 ⊟CASE #tmpOperator2 OF
84       1,2,3,6:
85           #tmpLogic1 := TRUE;
86           #tmpLogic2 := TRUE;
87       10..50:
88           #tmpLogic1 := FALSE;
89           #tmpLogic2 := TRUE;
90       51,60..100:
91           #tmpLogic1 := TRUE;
92           #tmpLogic2 := FALSE;
93       ELSE
94           #tmpLogic1 := FALSE;
95           #tmpLogic2 := FALSE;
96  END_CASE;
```

图7-18　CASE语句多数值/范围示例

7.5.5　循环语句

循环语句可以在某种条件下反复执行某段代码，包括 FOR 语句、WHILE 语句和 REPEAT 语句。

7.5.5.1　FOR语句

FOR 语句可以使某段代码执行指定的次数，其语法是：

```
FOR <循环变量> := <起始值> TO <结束值> BY <步值> DO
<代码>;
END_FOR;
```

首次循环时，循环变量被赋起始值，然后执行代码。结束后，循环变量的值与步值相加，然后判断是否超出结束值，如果没有超出，则执行代码；如果超出，则跳出 FOR 循环，继续执行 END_FOR 后面的代码。

注意以下几点：

① 起始值与结束值在循环过程中不能更改；

② 步值可以是正数，也可以是负数，不能为 0；

③ 如果步值是正数，则结束值要大于等于起始值；

④ 如果步值是负数，则结束值要小于等于起始值；

⑤ 如果没有使用 BY 关键字指明步值，则默认为 1。

如图 7-19 所示的代码，第 1 次循环时 tmpCounter 被赋循环起始值，变为 1，执行代码将数组 tmpArrayRcv 的元素 [1] 的值乘以 2。由于没有使用关键字 BY 指明步值，默认步值为 1。第 2 次循环时 tmpCounter 的值加 1 变为 2，执行代码将数组 tmpArrayRcv 的元素 [2] 的值乘以 2。如此循环，直到 tmpCounter 的值为 10，此时依然满足循环条件，因此执行代码将数组 tmpArrayRcv 的元素 [10] 的值乘以 2。接下来 tmpCounter 的值被再次加 1，变成 11。11 已经超出了循环结束值（10），因此退出循环，执行 END_FOR 后面的代码。

```
 98   //FOR循环示例
 99 ┌FOR #tmpCounter:=1 TO 10 DO
100 │      //数组tmpArrayRcv中的值乘以2
101 │      #tmpArrayRcv[#tmpCounter]:=#tmpArrayRcv[#tmpCounter]*2;
102 └END_FOR;
```

图7-19　FOR循环示例

7.5.5.2　WHILE语句

WHILE 语句可以在满足条件的情况下反复执行某段代码，直到条件不满足而退出循环，其语法是：

```
WHILE <条件> DO
<代码>;
END_WHILE;
```

如果 WHILE 后面的条件为真，则代码会反复执行；直到条件变为假，退出循环。

如图 7-20 所示的代码，当 tmpCounter 的值小于 100 时，tmpOperator1 的值加 1。

需要注意的是，上述代码存在一个严重的问题，那就是会造成"死循环"。什么是死循环呢？以图 7-20 所示的代码为例，WHILE 循环的条件是 tmpCounter<100，如果这个条件成立，则会执行循环体内部的代码，即将 tmpOperator1 的值加 1。由于循环体内部没有任何修改 tmpCounter 值的代码，条件 tmpCounter<100 会永远成立，因此上述代码就永远无法退出，这就是死循环。

为了避免死循环，必须确保 tmpCounter 的值在某些条件下能大于或等于 100，为此，可以在进入 WHILE 循环之前将 tmpCounter 初始化为 0，然后在循环体内部添加其自增加代码，如图 7-21 所示。

```
104    //WHILE循环示例
105 ┌WHILE #tmpCounter < 100 DO
106 │      #tmpOperator1 += 1;
107 └END_WHILE;
```

图7-20　WHILE循环示例

```
109    //WHILE循环示例
110    //避免死循环
111    #tmpCounter := 0;
112 ┌WHILE #tmpCounter < 100 DO
113 │      #tmpOperator1 += 1;
114 │      //计数器+1
115 │      #tmpCounter += 1;
116 └END_WHILE;
```

图7-21　WHILE循环避免死循环示例

另外，也可以在某种条件下使用 EXIT 语句退出循环，具体请参见 7.5.5.4 节。

7.5.5.3　REPEAT语句

REPEAT 语句可以在不满足某个条件的情形下执行某段代码，直到满足条件而退出，其语法是：

```
REPEAT
< 代码 >
UNTIL< 条件 >
END_REPEAT;
```

当 < 条件 > 的值为假时，代码会循环执行；当 < 条件 > 的值为真时，退出循环。

如图 7-22 所示的代码中，tmpCounter 的值首先被初始化为 0，然后进入 REPEAT 循环体，每次循环 tmpCounter 的值都被加 1，直到其值大于 100 退出循环。

使用 REPEAT 语句同样要注意避免死循环。可以设法让循环结束的条件被满足，或者在某些条件下执行 EXIT 语句退出循环。

```
118    //REPEAT
119    #tmpCounter := 0;
120 ┌REPEAT
121 │      #tmpOperator1 += 1;
122 │      #tmpCounter += 1;
123 │UNTIL #tmpCounter > 100
124 └END_REPEAT;
```

图7-22　REPEAT语句示例

7.5.5.4　循环的退出与继续

循环语句在每次循环代码执行完成后都会检查循环条件是否满足，以便判断下一次是继续执行循环代码还是退出循环。EXIT 语句可以使程序退出循环，而继续执行循环语句后面的代码。

在图 7-21 中我们对循环计数器 tmpCounter 的值进行自增加操作，从而避免进入死循环。除此之外，也可以使用 EXIT 语句避免死循环。如图 7-23 所示的代码，我们可以在循环代码中增加一个 IF 语句，如果 tmpOperator1 的值大于 1000，则执行 EXIT 语句，退出循环，这样也可以避免死循环。

不仅是为了避免死循环，任何时候想退出循环，都可以使用 EXIT 语句。但是，有的时候我们并不是想退出整个循环代码，而是想中止当前的循环而继续下一次循环。这种情况下，可以使用 CONTINUE 语句。如图 7-24 所示的代码，当循环变量 i 小于 5 时，程序会跳出当前循环而继续执行下一次循环，也就是说代码 "DB100_Gloabl".arrayRcvData[#i] := 1 不会被执行；只有当 i 等于 5 ~ 10 的时候，代码 "DB100_Gloabl".arrayRcvData[#i] := 1 才会被执行。

```
126  //WHILE循环示例
127  //使用EXIT避免死循环
128  #tmpCounter := 0;
129  #tmpOperator1:=0;
130  WHILE #tmpCounter < 100 DO
131      #tmpOperator1 += 1;
132      IF #tmpOperator1 > 1000 THEN
133          EXIT;
134      END_IF;
135  END_WHILE;
```

图7-23 EXIT语句示例

```
136  //CONTINUE语句
137  FOR #i := 1 TO 10 DO
138      IF #i < 5 THEN
139          CONTINUE;
140      END_IF;
141      "DB100_Gloabl".arrayRcvData[#i] := 1;
142  END_FOR;
```

图7-24 CONTINUE语句的执行示例

这里有一个疑问：为什么循环变量没有遵循驼峰命名法，而是直接使用 i 呢？其实，有一个不成文的约定，FOR 循环变量一般使用 i；如果内部还有嵌套循环，一般用 j 和 k 作循环变量。除此之外，其他变量的命名都建议使用驼峰命名法。

7.5.5.5　循环的嵌套

在循环代码里还可以再执行一个循环，称为循环的嵌套。对于 FOR 嵌套循环来说，内部循环代码被执行的次数是内循环次数乘以外循环的次数。如图 7-25 所示的代码，代码 #tmpOperator1 += 1 在内部循环被执行 10 次，而整个内部 FOR 循环会被执行 100 次，因此 #tmpOperator1 += 1 被执行了 1000 次。

可见嵌套的 FOR 循环执行的次数是成倍数增长的，如果是三层嵌套循环执行次数会更多，在写程序的时候要注意这一点。

7.5.6　跳转语句

跳转语句（GOTO）可以使程序跳转到标签的指定点而继续执行，其基本语法是：

```
GOTO <标签>;
<标签>: <代码>;
```

如图 7-26 所示，当 tmpOperator1 的值大于 100 时，跳转到 myLable 标签。

```
143  //循环的嵌套
144  FOR #i := 1 TO 100 DO
145      FOR #j := 1 TO 10 DO
146          #tmpOperator1 += 1;
147      END_FOR;
148  END_FOR;
```

图7-25 FOR循环嵌套示例

```
150  //GOTO 语句
151  IF #tmpOperator1 > 100 THEN
152      GOTO myLable;
153  END_IF;
154
155  myLable: #tmpOperator1:=0;
```

图7-26 GOTO语句示例

代码中过多地使用 GOTO 语句会增加阅读的难度，跳来跳去的代码不利于程序的结构化设计，因此建议不用或少于 GOTO 语句。

7.6 代码的注释

代码的注释是一些描述性的文字，是为了阅读、理解代码而编写的。注释是给人看的，编译器在编译代码时会忽略注释部分。SCL 语言支持两种注释方式：行注释和块注释。

行注释只能注释一行，以符号 // 开始，以换行符结束。

块注释可以注释很多行，以英文符号（* 开始，以英文符号 *）结束。在博途开发环境下，可以点击块注释左侧的节点隐藏或显示注释的内容，如图 7-27 所示。

编写代码时要养成写注释的好习惯，注释的内容以容易理解为宜。函数 / 函数块的首段注释推荐格式请参见 5.4.3 节。

```
157    //我是行注释，我只能注释一行
158 ⊟(*
159    我是块注释，我可以注释很多行；
160    点击左侧节点可以把我隐藏起来，
161    厉害吧
162    *)
```

图7-27　行注释和块注释示例

第8章

SCL基本指令及其应用

在博途开发环境下打开任何一个函数或者函数块,在其右侧会显示指令列表,如图8-1所示。

指令列表包括基本指令、扩展指令、工艺、通信等,本章我们先介绍基本指令,第11章介绍扩展指令。

8.1 沿信号检测指令

沿信号检测指令用来检测信号的跳变,只在一个扫描周期内有效。信号值从0变为1的跳变称为上升沿,信号值从1变为0的跳变称为下降沿。

8.1.1 上升沿信号检测指令

指令列表的"基本指令"→"位逻辑运算"中的R_TRIG指令用来检测上升沿信号。名称中R表示Rising,即上升的意思。从指令列表中添加R_TRIG指令会自动生成一个背景数据块,指令的初始添加状态如图8-2所示。

图8-2中,R_TRIG_DB是自动生成的背景数据块的名称; CLK是要检测的信号地址;Q是输出信号的地址。

该指令将检测信号的先前状态值存放在背景数据块中,并与信号的当前值进行比较。如果先前状态值为0(假),当前状态值为1(真),即判定为上升沿信号,则Q的输出值会在一个扫描周期内保持为1(真)。

图8-1 SCL指令列表

举个例子:假设使用I0.0(变量名:start)连接的按钮的上升沿来启动某个电机。启动按钮连接常开触点,正常情况下I0.0的值为0,当按下按钮时,I0.0的值为1;继电器线圈连接输出地址Q0.0(变量名:motor),中间变量M0.0(变量名:interFlag)用来保存上升沿的状态。SCL程序代码如图8-3所示。

0801- 上升沿
信号检测

```
3    "R_TRIG_DB"(CLK:=_bool_in_ ,
4              Q=>_bool_out_ );
```

图8-2 上升沿信号检测指令R_TRIG的初始添加状态

```
2    //启动信号上升沿检测
3 ☐ "R_TRIG_DB"(CLK:="start",
4              Q=>"interFlag");
5    //启动按钮上升沿信号启动电机
6 ☐ IF "interFlag" THEN
7        "motor" := TRUE;
8   END_IF;
```

图8-3 R_TRIG上升沿信号检测指令示例

8.1.2 下降沿信号检测指令

指令 F_TRIG 用来检测下降沿信号，名称的 F 是 Falling 的缩写，即下降的意思。从指令列表中添加 F_TRIG 指令会自动生成一个背景数据块，指令的初始添加状态如图 8-4 所示。

图 8-4 中，F_TRIG_DB 是自动生成的背景数据块的名称；CLK 是要检测的信号地址；Q 是输出信号的地址。

该指令将检测信号的先前状态值存放在背景数据块中，并与信号的当前值进行比较。如果先前状态值为 1（真），当前状态值为 0（假），即判定为下降沿信号，则 Q 的输出值会在一个扫描周期内保持为 1（真）。

举个例子：上升沿的例程中使用 I0.0 来启动电机，这里使用 I0.1（变量名：stop）作为停止按钮来停止电机的运行。停止按钮连接常闭触点，在不触动的情况下 I0.1 的信号值为 1（真），当按下按钮后 I0.1 的值为 0（假），因此采用下降沿检测指令 F_TRIG 来检测 I0.1 的状态变化。中间变量 M0.1（变量名：interFlagFalling）用来保存下降沿状态。

SCL 程序代码如图 8-5 所示。

```
10    "F_TRIG_DB"(CLK:=_bool_in_,
11                Q=>_bool_out_);
```

```
10   //停止按钮下降沿信号检测
11 ┌"F_TRIG_DB"(CLK:="stop",
12 │            Q=>"interFlagFalling");
13   //停止按钮下降沿关停电机
14 ┌IF "interFlagFalling" THEN
15 │    "motor" := FALSE;
16 │END_IF;
```

图8-4 下降沿信号检测指令F_TRIG的初始添加状态　　图8-5 F_TRIG下降沿信号检测指令示例

使用 R_TRIG 或 F_TRIG 的沿信号检测指令需要用到背景数据块（独立背景数据块或者多重背景数据块），使用起来其实不太方便。在 12.2 节会介绍一种自己编写代码实现沿信号检测的方法，使用很方便。

8.2 定时器指令

西门子 SCL 语言中的定时器都是 IEC 定时器，其指令包括：
① 脉冲定时器（TP）;　　　　　　④ 保持型延时接通定时器（TONR）;
② 延时接通定时器（TON）;　　　　⑤ 复位定时器（RESET_TIMER）;
③ 延时断开定时器（TOF）;　　　　⑥ 定时器预设值设置（PRESET_TIMER）。

8.2.1 脉冲定时器（TP）指令

脉冲定时器（TP）指令的作用是用来产生脉冲信号。从指令列表中添加 TP 指令时会自动生成背景数据块（默认名称为 IEC_Timer_0_DB），指令的初始添加状态如图 8-6

所示。

脉冲定时器（TP）指令有 4 个参数，其中 2 个为输入参数，2 个为输出参数。

```
4    "IEC_Timer_0_DB".TP(IN:=_bool_in_,
5                        PT:=_time_in_,
6                        Q=>_bool_out_,
7                        ET=>_time_out_);
```

图8-6　脉冲定时器（TP）指令初始添加状态

输入参数：

① IN：布尔型，当该引脚信号从 0 变为 1 时（上升沿）定时器开始计时。

② PT：时间型，表示定时器的预设时间值。

输出参数：

① Q：布尔型，定时器标志位。

② ET：时间型，表示定时器的当前时间。

脉冲定时器（TP）指令的工作原理如下：

① IN 的上升沿信号启动定时器开始计时，此时 Q 输出信号的值为 1；随着时间的流逝，当定时器的当前值大于预设值 PT 时，输出信号 Q 的值变为 0。

② 当定时器激活后，无论输入参数 IN 的值是否发生变化，定时器都将持续计时，直到预设的时间值走完。

③ 定时器计时结束后，IN 参数信号的上升沿会重新激活定时器。

脉冲定时器（TP）指令的时序图如图 8-7 所示。

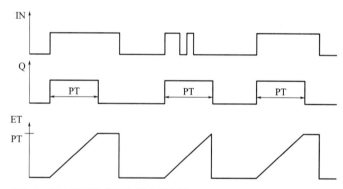

图8-7　脉冲定时器（TP）指令时序图

举个例子：

图 8-8 所示是脉冲定时器（TP）指令示例，使用 M11.0（tpStart）作为启动信号，预设时间为 8s，定时器的实际时间及输出存放到全局数据块 DB100 中。在 tpStart 的上升沿定时器开始计时，输出 Q 变为 1，直到 8s 时间到达之后，输出 Q 变为 0。

```
3    //脉冲定时器示例
4    "IEC_Timer_0_DB".TP(IN:="tpStart",
5                        PT:=t#8s,
6                        ET=>"DB100_GlobalData".tpElaspeTime,
7                        Q=>"DB100_GlobalData".tpQ);
8
```

图8-8　脉冲定时器（TP）指令示例

扫描二维码（编号：0802）查看脉冲定时器的视频教程。视频中使用 PLC Analyzer 软件对信号进行分析，有助于读者理解掌握，如图 8-9 所示。

0802- 脉冲定时器示例

图8-9 使用PLC Analyzer软件对脉冲定时器信号进行分析

8.2.2 延时接通定时器（TON）指令

延时接通定时器（TON）指令用于信号的延时接通。从指令列表中添加该指令时会自动生成背景数据块（默认名称为 IEC_Timer_0_DB），指令的初始添加状态如图 8-10 所示。

```
 8  |
 9  "IEC_Timer_0_DB".TON(IN:=_bool_in_,
10                       PT:=_time_in_,
11                       Q=>_bool_out_,
12                       ET=>_time_out_);
```

图8-10 延时接通定时器（TON）指令初始添加状态

TON 指令也有 4 个参数，其含义与 8.2.1 节 TP 指令参数的含义相同。

延时接通定时器（TON）指令的工作过程如下：

① 参数 IN 的上升沿信号（0 → 1）启动定时器开始计时，此时输出引脚 Q 的值为 0。

② 随着时间的流逝，当定时器的当前值大于预设的时间值，并且输入参数 IN 的信号值仍保持为 1 时，输出参数 Q 的值从 0 变为 1。

③ 如果在计时的过程中，输入参数 IN 的值从 1 变为 0，则定时器停止计时，直到下一次上升沿（从 0 变为 1）后重新计时。

延时接通定时器（TON）指令的时序图如图 8-11 所示。

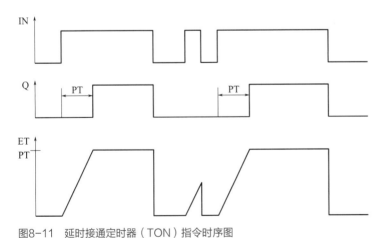

图8-11 延时接通定时器（TON）指令时序图

举个例子：图 8-12 所示是延时接通定时器（TON）指令示例，M11.1（tonStart）的上升沿启动定时器开始计时，如果在预设时间 6s 的时间内，tonStart 的信号一直保持为 1，那么当时间到达之后，输出值 Q 变为 1；在计时过程中，如果 tonStart 的信号变为 0，则定时器停止计时。

```
 9   //延时接通定时器示例
10 □#IEC_Timer_0_Instance_1(IN:="tonStart",
11                          PT:=T#6s,
12                          Q=>"DB100_GlobalData".tonQ,
13                          ET=>"DB100_GlobalData".tonElapseTime)
```

图8-12　延时接通定时器（TON）指令示例

提示　　扫描二维码（编号：0803）查看延时接通定时器的视频教程。视频中使用 PLC Analyzer 软件对信号进行分析，有助于读者理解掌握，如图 8-13 所示。

0803- 延时接通定时器示例

图8-13　使用PLC Analyzer软件对延时接通定时器信号进行分析

8.2.3　延时断开定时器（TOF）指令

延时断开定时器（TOF）指令用于信号的延时断开。从指令列表中添加该指令时会自动生成背景数据块（默认名称为 IEC_Timer_0_DB），指令的初始添加状态如图 8-14 所示。

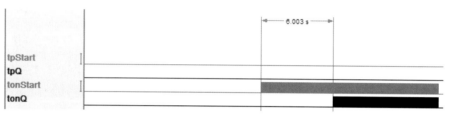

图8-14　延时断开定时器（TOF）指令的初始添加状态

延时断开定时器（TOF）指令也有 4 个参数，其含义与 8.2.1 节 TP 指令参数的含义相同。

延时断开定时器（TOF）指令的工作过程如下。

① 当输入信号 IN 从 0 变为 1 时，定时器使能，此时输出 Q 的值为 1。

② 当输入信号 IN 从 1 变为 0 时，定时器开始计时，输出 Q 的值保持为 1。

③ 随着时间的流逝，当时间值 ET 大于预设值 PT 并且输入信号 IN 的值保持为 0 时，输出 Q 的值变为 0。

④ 若在计时过程中，输入信号 IN 的值从 0 变为 1，则定时器复位；再次从 1 变为 0 时，定时器重新开始计时。

延时断开定时器（TOF）指令的时序图如图 8-15 所示。

举个例子：图 8-16 所示是延时断开定时器（TOF）指令示例，M11.2（toffStart）的值从 0 变为 1 时，定时激活，此时输出 Q 的值为 1；当 toffStart 的值从 1 变为 0 时，定时器开始计时，达到预设的时间后，输出 Q 的值变为 0。

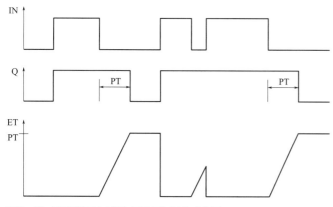

图8-15　延时断开定时器（TOF）指令时序图

```
14   //延时断开定时器示例
15 □#IEC_Timer_0_Instance_2(IN:="toffStart",
16                          PT:=T#5s,
17                          Q=>"DB100_GlobalData".toffQ,
18                          ET=>"DB100_GlobalData".toffElapseTime);
```

图8-16　延时断开定时器（TOF）指令示例

 　　　　扫描二维码（编号：0804）查看延时断开定时器的视频教程。视频中使用
PLC Analyzer 软件对信号进行分析，有助于读者理解掌握，如图 8-17 所示。

0804- 延时断
开定时器示例

图8-17　使用PLC Analyzer软件对延时断开定时器信号进行分析

8.2.4　保持型延时接通定时器（TONR）指令

保持型延时接通定时器（TONR）指令可以起到时间累加的作用。从指令列表中添加
TONR 指令时会自动生成背景数据块（默认名称为 IEC_Timer_0_DB），指令的初始添加状
态如图 8-18 所示。

TONR 指令有 5 个参数，其中 IN、PT、Q、ET 的含义与 8.2.1 节 TP 指令参数的含义相
同。R 为复位信号，当其值从 0 变为 1 时，当前时间 ET 值和输出 Q 的值均复位为 0。保持
型延时接通定时器（TONR）指令可以对输入信号 IN 的状态 1 信号进行累加。

当输入信号 IN 从 0 变为 1 时，定时器开始计时，此时输出 Q 的值为 0。定时器计时的过程
中，流逝的时间被记录在 ET 中。若在到达预设值 PT 之前，输入信号从 1 变为 0，则定时器停
止计时。当下次输入信号 IN 从 0 变为 1 时，定时器从上次记录的 ET 值开始继续计时，直到 ET

累计的时间大于或等于PT时，输出Q变为1。当输出Q变为1时，无论输入IN的信号怎么变化，都保持为1。当复位信号R从0变为1时，输出Q和时间流逝值ET均被复位为0。

保持型延时接通定时器（TONR）指令的时序图如图8-19所示。

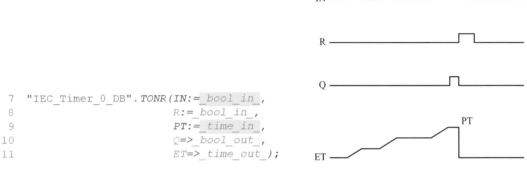

```
 7    "IEC_Timer_0_DB".TONR(IN:=_bool_in_,
 8                          R:=_bool_in_,
 9                          PT:=_time_in_,
10                          Q=>_bool_out_,
11                          ET=>_time_out_);
```

图8-18 保持型延时接通定时器（TONR）指令的初始添加状态　　图8-19 保持型延时接通定时器（TONR）指令时序图

举个例子：图8-20所示是保持型延时接通定时器（TONR）指令示例，M11.3（tonrStart）从0变为1定时器开始计时，如果在计时过程中tonrStart的信号从1变为0，则定时器暂停计时；当tonrStart的值再次从0变为1时，定时器继续从上次中断的时间计时；当总的计时时间大于10s时，输出Q从0变为1并保持，直到复位信号tonrReset将Q和ET的值清零。

0805-保持型
延时接通定时
器示例

```
19    //保持型延时接通定时器指令示例
20    //也称为时间累加器
21 ⊟ #IEC_Timer_0_Instance_3(IN:="tonrStart",
22                           R:="tronrReset",
23                           PT:=T#10s,
24                           Q=>"DB100_GlobalData".tonrQ,
25                           ET=>"DB100_GlobalData".tonrElapseTime);
```

图8-20 保持型延时接通定时器（TONR）指令示例

提示　扫描二维码（编号：0805）查看延保持型延时接通定时器的视频教程。视频中使用PLC Analyzer软件对信号进行分析，有助于读者理解掌握，如图8-21所示。

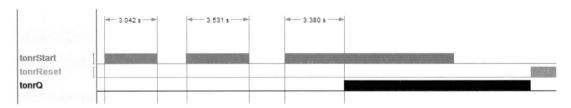

图8-21 使用PLC Analyzer软件对保持型延时接通定时器信号进行分析

8.2.5 复位定时器（RESET_TIMER）指令

RESET_TIMER指令可用于IEC定时器的复位，指令的初始添加状态如图8-22所示。

建议将其放入IF语句中，以便在可控的条件下进行复位。该指令执行后，定时器的当前值及输出值均复位为 0。

8.2.6　定时器预设值设置（PRESET_TIMER）指令

　　PRESET_TIMER 指令可用于设置 IEC 定时器的预设时间值，指令的初始添加状态如图 8-23 所示。

```
6
7   RESET_TIMER(_iec_timer_in_);
8
```

图8-22　复位定时器（RESET_TIMER）
指令的初始添加状态

```
8   PRESET_TIMER(PT:=_time_in_,
9                TIMER:=_iec_timer_in_);
```

图8-23　定时器预设值设置（PRESET_TIMER）
指令的初始添加状态

　　该指令有 2 个参数，其中：PT 为需要设置的时间值；TIMER 为 IEC 定时器名称 / 编号。

8.3　计数器指令

　　计数器指令包括三种：加计数器（CTU）指令、减计数器（CTD）指令和加 / 减计数器（CTUD）指令。为了叙述方便，有时候省略"指令"二字。

8.3.1　加计数器指令

　　加计数器（CTU）指令用来进行向上计数。从指令列表中添加该指令时会提示添加背景数据块（或多重背景数据块），指令的初始添加状态如图 8-24 所示。

```
1   //counter up
2   "IEC_Counter_0_DB".CTU(CU:=_bool_in_,
3                          R:=_bool_in_,
4                          PV:=_in_,
5                          Q=>_bool_out_,
6                          CV=>_out_);
```

图8-24　加计数器指令的初始添加状态

　　该指令有 5 个参数，包括 3 个输入参数和 2 个输出参数。

　　输入参数包括：

　　① CU：布尔型，启动计数信号（上升沿触发）。

　　② R：布尔型，复位信号。

　　③ PV：整数，计数器的预设值（Preset Value）。

　　输出参数包括：

　　① Q：布尔型，计数器的标志位。

　　② CV：整数 / 字符，计数器的当前值（Current Value）。

　　加计数器指令的工作原理如下：

　　① 计数信号（CU）的每一个上升沿都会使计数器的当前值（CV）加 1。CU 信号的持续触发会使 CV 的值持续增大，直到达到最大值（32767 或 127）；达到最大值后，计数值不再受 CU 的上升沿信号影响。

　　② 在计数的过程中，如果计数器的当前值 CV 大于或者等于预设值 PV，计数器的标志位 Q 被置位（变为 1）；否则计数器的标志位 Q 的值为 0。

③ 当复位信号 R 的值为 1 时，计数器的当前值 CV 变为 0；若 R 的值保持为 1，CU 信号的上升沿不能启动加计数器指令。

图 8-25 所示是加计数器指令示例：counterUpStart 的上升沿使计数器的当前值 DB100_GlobalData.countUpValue 的值加 1。如果该值大于预设值 50，则标志位 DB100_GlobalData.countUp1 的值为 1，否则为 0。复位信号 resetCount 使计数器的当前值清零。

```
2   //加计数器示例
3 ⊟#IEC_Counter_0_Instance(CU:="countUpStart",
4                           R:="resetCount",
5                           PV:=50,
6                           Q=>"DB100_GlobalData".countUp1,
7                           CV=>"DB100_GlobalData".countUpValue);
```

图8-25　加计数器指令示例

8.3.2　减计数器指令

减计数器指令（CTD）用来进行向下计数。从指令列表中添加该指令时会提示创建背景数据块（或多重背景数据块），指令的初始添加状态如图 8-26 所示。

该指令有 5 个参数，包括 3 个输入参数和 2 个输出参数。

```
2   //count down
3   "IEC_Counter_0_DB".CTD(CD:=_bool_in_,
4                          LD:=_bool_in_,
5                          PV:=_in_,
6                          Q=>_bool_out_,
7                          CV=>_out_);
```

图8-26　减计数器指令的初始添加状态

输入参数包括：

① CD：布尔型，启动计数信号（上升沿）。

② LD：布尔型，加载计数器预设值信号。

③ PV：整数，计数器预设值。

输出参数包括：

① Q：布尔型，计数器的标志位。

② CV：整数/字符，计数器的当前值。

减计数器指令的工作原理如下：

① 计数信号（CD）的每一个上升沿都会使计数器的当前值（CV）减 1。CD 信号的持续触发会使 CV 的值持续减小，直到达到最小值（-32768 或者 -128）；达到最小值后，计数器不再受 CD 的上升沿信号影响。

② 在计数的过程中，如果计数器的当前值 CV 小于或者等于 0，计数器的标志位 Q 被置位（值变为 1）；否则计数器的标志位 Q 的值为 0。

③ 当 LD 信号的值为 1 时，计数器的预设值 PV 被加载到当前值 CV 中；若 LD 的信号值保持为 1，CD 信号的上升沿不能启动减计数器指令。

图 8-27 所示是减计数器指令示例：countDownStart 信号的上升沿使计数器的当前值减 1。如果当前值小于或等于 0，那么标志位 DB100_GloablData.countDown1 的值为 1，否则为 0。当 loadCount 的值为 1 时，将预设值 160 加载到当前值 DB100_GloablData.countDownValue 中。

```
 9   //减计数器示例
10 ⊟#IEC_Counter_0_Instance_2(CD:="countDownStart",
11                             LD:="loadCount",
12                             PV:=160,
13                             Q=>"DB100_GlobalData".countDown1,
14                             CV=>"DB100_GlobalData".countDownValue);
```

图8-27 减计数器指令示例

8.3.3 加/减计数器指令

加/减计数器（CTUD）指令既可以进行向上计数，也可以进行向下计数。从指令列表中添加该指令时会提示生成背景数据块（或多重背景数据块），指令的初始添加状态如图8-28所示。

该指令有8个参数，包括5个输入参数和3个输出参数。

```
 9   //COunt up and down
10  "IEC_Counter_0_DB".CTUD(CU:=_bool_in_,
11                          CD:=_bool_in_,
12                          R:=_bool_in_,
13                          LD:=_bool_in_,
14                          PV:=_in_,
15                          QU=>_bool_out_,
16                          QD=>_bool_out_,
17                          CV=>_out_);
```

图8-28 加/减计数器指令的初始添加状态

输入参数包括：

① CU：布尔型，加计数的启动信号（上升沿触发）。

② CD：布尔型，减计数的启动信号（上升沿触发）。

③ R：布尔型，计数器复位信号。

④ LD：布尔型，加载计数器预设值信号。

⑤ PV：整数，计数器预设值。

输出参数包括：

① QU：布尔型，加计数器标志位。

② QD：布尔型，减计数器标志位。

③ CV：整数/字符，计数器的当前值。

加/减计数器指令的工作原理如下：

① 计数信号 CU 的每一个上升沿都会使计数器的当前值 CV 加1。

② 计数信号 CD 的每一个上升沿都会使计数器的当前值 CV 减1。

③ CU 信号持续触发会使 CV 的值持续增加，直到达到最大值（32767或127）。

④ CD 信号持续触发会使 CV 的值持续减小，直到达到最小值（-32768或者-128）。

⑤ 在计数的过程中，如果计数器的当前值大于或等于预设值 PV，则 QU 的值为1；否则 QU 的值为0。

⑥ 在计数的过程中，如果计数器的当前值小于或等于0，则 QD 的值为1；否则 QD 的值为0。

⑦ 当复位信号 R 的值为1时，计数器的当前值 CV 变为0；若 R 的值保持为1，CU 信号或 CD 信号的上升沿都不能启动计数器指令。

⑧ 当 LD 信号的值为1时，计数器的预设值 PV 被加载到当前值 CV 中；并且只要 LD 的信号值保持为1，CU 信号或 CD 信号的上升沿都不能启动计数器指令。

图 8-29 所示是加/减计数器指令示例：countUpStart 的上升沿使计数器的当前值 DB100_GloablData.countValue 加1。countDounStart 的上升沿使计数器的当前值减1。如果计数器的

当前值大于或等于预设值 100，则 QU 的值为 1，否则 QU 的值为 0。如果计数器的当前值小于或等于 0，则 QD 的值为 1，否则 QD 的值为 0。loadCount 信号为 1 时，将预设值 100 加载到当前值中。resetCount 信号为 1 时，计数器的当前值被清零。

```
17   //加-减计数器指令示例
18 □#IEC_Counter_0_Instance_1(CU:="countUpStart",
19                            CD:="countDownStart",
20                            R:="resetCount",
21                            LD:="loadCount",
22                            PV:=100,
23                            QU=>"DB100_GlobalData".countUp2,
24                            QD=>"DB100_GlobalData".countDown2,
25                            CV=>"DB100_GlobalData".countValue);
```

图8-29　加/减计数器指令示例

8.4　数学指令

数学指令用来完成数学运算。在 SCL 语言中，简单的数学运算（比如加减乘除）可以通过运算符完成。其他数学运算可以通过数学指令完成。数学运算的指令比较多，本节以正弦、余弦、平方、最大值、最小值为例进行介绍。

8.4.1　正弦指令

正弦（SIN）指令计算正弦值，其操作数和返回值都是实数。图 8-30 所示是计算 $\pi/2$ 正弦值的代码，代码中的 "PI/2" 是常量，取值为 1.570796。

8.4.2　余弦指令

余弦（COS）指令计算余弦值，其操作数和返回值都是实数。图 8-31 所示是计算 $\pi/2$ 余弦值的代码，代码中的 "PI/2" 是常量，取值为 1.570796。

```
2   //正弦指令
3   #tmpResult := SIN(#"PI/2");
```

图8-30　计算$\pi/2$的正弦值指令

```
5   //余弦指令
6   #tmpResult := COS(#"PI/2");
```

图8-31　计算$\pi/2$的余弦值指令

8.4.3　平方指令

平方（SQR）指令计算操作数的平方值，其操作数和返回值都是实数。图 8-32 所示是计算 tmpOperator1 平方值的代码。

```
8   //平方指令
9   #tmpResult := SQR(#tmpOperator1);
```

图8-32　计算平方值指令

8.4.4 最大值指令

最大值（MAX）指令可以从 n 个操作数中找到最大值并返回，其操作数可以是整数、实数、时间类型。图 8-33 所示是计算三个操作数 tmpOperator1/tmpOperator2/tmpOperator3 的最大值，并返回给 tmpResult。

```
11  //最大值指令
12 #tmpResult := MAX(IN1 := #tmpOperator1,
13                   IN2 := #tmpOperator2,
14                   IN3 := #tmpOperator3);
```

图8-33 计算最大值指令

8.4.5 最小值指令

最小值（MIN）指令可以从 n 个操作数中找到最小值并返回，其操作数可以是整数、实数、时间类型。图 8-34 所示是计算三个操作数 tmpOperator1/tmpOperator2/tmpOperator3 的最小值，并返回给 tmpResult。

```
17  //最小值指令
18 #tmpResult := MIN(IN1 := #tmpOperator1,
19                   IN2 := #tmpOperator2,
20                   IN3 := #tmpOperator3);
```

图8-34 计算最小值指令

8.5 读写存储器指令

8.5.1 PEEK指令

在 SCL 语言中，PEEK 指令可以用来读取输入映像区（I）、输出映像区（Q）、位存储区（M）及数据块（DB）中的数据，常用作间接寻址。更多关于间接寻址的内容请参见 12.8 节。

PEEK 指令支持以位、字节、字及双字的形式进行操作，如果 PEEK 指令的后面没有指明数据类型，则默认为字节型。可以在"基本指令"→"移动操作"→"读 / 写存储器"中找到该指令，如图 8-35 所示。

PEEK 指令初始添加到函数 / 函数块中的状态如图 8-36 所示。

图8-35 读/写存储器指令

```
PEEK(area:=_byte_in_, dbNumber:=_dint_in_, byteOffset:=_dint_in_)
```

图8-36　PEEK指令的初始添加状态

该指令有 3 个参数：area、dbNumber 和 byteOffset。其含义如下：

① area：字节型，用来指定访问存储区的类型。取值范围包括 16#81（输入映像区）、16#82（输出映像区）、16#83（位存储区）、16#84（数据块）、16#1（外设输入）。

 说明 　　16#84 只能访问"标准的"数据块（非优化的）; 16#1 对外设的读取，只能在 S7-1500 系列 PLC 中使用。

② dbNumber：双整数，用来指定数据块的编号。仅在访问数据块时使用，访问其他存储区时设置为 0。

③ byteOffset：双整数，用来指定读取数据的地址偏移量。

举个例子：假设要读取输入映像区（I）的第 9 个字节，并将其存储到临时变量 tmpByte 中，则可以使用图 8-37 所示的代码。

```
 2   //读取输入缓存区的第9个字节(IB9)
 3   //并存储到临时变量tmpByte
 4 □#tmpByte := PEEK(area := 16#81,
 5                  dbNumber := 0,
 6                  byteOffset := 9);
```

图8-37　PEEK指令示例

PEEK_BOOL 指令可读取布尔型数据，其返回值是布尔型变量。PEEK_BOOL 指令初始添加到函数 / 函数块中的状态如图 8-38 所示。

```
PEEK_BOOL(area:=_byte_in_, dbNumber:=_dint_in_, byteOffset:=_dint_in_, bitOffset:=_int_in_)
```

图8-38　PEEK_BOOL指令的初始添加状态

该指令有 4 个参数：area、dbNumber、byteOffset 和 bitOffset。前 3 个参数的含义与 PEEK 指令中介绍的相同，第 4 个参数 bitOffset 表示要读取的位的偏移，其取值范围为 0 ～ 7。

举个例子：假设要读取位存储区 M0.7 的值，并存储到 tmpBool 变量中，则可以使用图 8-39 所示的代码。

```
 8   //读取位存储区M0.7的值
 9   //并存储到tmpBool变量中
10 □#tmpBool := PEEK_BOOL(area := 16#83,//位存储区
11                     dbNumber := 0,
12                     byteOffset := 0,
13                     bitOffset := 7);
```

图8-39　PEEK_BOOL指令示例

PEEK_WORD 指令用来读取字类型数据，PEEK_DWORD 指令用来读取双字型数据，它们的参数和使用与 PEEK 指令类似。

8.5.2　POKE指令

POKE 指令用来将某一个存储区地址的数据写入另一个存储区地址，无须指定数据类

型。图 8-40 列出了 POKE 指令的位置。POKE 指令初始添加到函数 / 函数块中的状态如图 8-40 所示：

该指令有 4 个参数：area、dbNumber、byteOffset 和 value。其含义如下：

① area ：字节型，用来指定访问存储区的类型。取值范围包括 16#81（输入映像区）、16#82（输出映像区）、16#83（位存储区）、16#84（数据块）、16#1（外设输入）。

 说明　16#84 只能访问"标准的"数据块（非优化的）; 16#1 对外设的读取，只能在 S7-1500 系列 PLC 中使用。

② dbNumber ：双整数，用来指定数据块的编号。仅在访问数据块时使用，访问其他存储区时设置为 0。

③ byteOffset ：双整数，用来指定写入数据的地址偏移量。

④ value ：可以为字节型、整数、双整数，用来表示要写入的数据值；必须为变量，不能为常量。POKE 指令根据 value 的数据类型来决定写入多少个字节。

举个例子：使用 POKE 指令将位存储区 MB100 的值写入输出缓存区 QB10，SCL 代码如图 8-41 所示。

```
15  POKE(area:=_byte_in_,
16      dbNumber:=_dint_in_,
17      byteOffset:=_dint_in_,
18      value:=_byte_in_);
```

图8-40　POKE指令的初始添加状态

```
15  //POKE指令示例
16  //将位存储区MB100的值写入到输出缓存区QB10
17  //www.founderchip.com
18  #tmpByte := "byteM100";//赋值
19  POKE(area:=16#82,//输出缓存区Q
20      dbNumber:=0,
21      byteOffset:=10,
22      value:=#tmpByte);
```

图8-41　POKE指令示例

如果是操作整数或字类型的数据，只需要改变 value 的数据类型。例如图 8-42 所示的代码，将 MW102 的值写入输出缓存区 QW12。

同样的道理，图 8-43 所示的代码将 MD90 的值写入数据块 DB5.DBD8 中。

```
24  //POKE指令示例
25  //将MW102的值写入到输出缓存区QW12
26  //www.founderchip.com
27  POKE(area := 16#82,//输出缓存区Q
28      dbNumber := 0,
29      byteOffset := 12,
30      value := "wordM102");
```

图8-42　POKE指令操作整数或字类型

```
32  //POKE指令示例
33  //将MD90的值写入到数据块DB5.DBD8中
34  POKE(area := 16#84,//数据块
35      dbNumber := 5,
36      byteOffset := 8,
37      value := "dwMD90");
```

图8-43　POKE指令操作双字

如果要操作布尔型数据，则需要使用 POKE_BOOL 指令。从指令列表中添加该指令的初始状态如图 8-44 所示。

该指令有 5 个参数：area、dbNumber、byteOffset、bitOffset 和 value。

其中：

① area、dbNumber、byteOffset 与 POKE 指令相同。

② bitOffset ：整数，用来指定要写入的位的偏移。

③ value ：要写入的地址或布尔常数。

举个例子：将 M100.0 的值写入 Q1.5，可以使用图 8-45 所示的代码。

```
26   POKE_BOOL(area:=_byte_in_,
27            dbNumber:=_in_,
28            byteOffset:=_dint_in_,
29            bitOffset:=_int_in_,
30            value:=_bool_in_);
```

图8-44 POKE_BOOL指令的初始添加状态

```
39   //POKE_BOOL示例
40   //将M100.0的值写入到Q1.5
41 ⊟POKE_BOOL(area:=16#82,
42            dbNumber:=0,
43            byteOffset:=1,
44            bitOffset:=5,
45            value:="m100_0");//M100.0
```

图8-45 POKE_BOOL示例

除了 POKE 和 POKE_BOOL，SCL 语言还提供 POKE_BLK 用来进行较大数据的移动与拷贝。名称中的"BLK"为 Block 的缩写，即数据块的意思。从指令列表中添加 POKE_BLK 的初始状态如图 8-46 所示。

该指令有 7 个参数，其中：

① area_src：字节型，源数据存储区的类型。取值范围包括 16#81（输入映像区）、16#82（输出映像区）、16#83（位存储区）、16#84（数据块）。

② dbNumber_src：双整数，用来指定源数据块的编号。仅在访问数据块时使用，访问其他存储区时设置为 0。

③ byteOffset_src：双整数，用来指定源数据存储区中写入数据的地址偏移量。

④ area_dest：字节型，目标数据存储区的类型。取值范围与 area_src 相同。

⑤ dbNumber_dest：双整数，用来指定目标数据块的编号。仅在访问数据块时使用，访问其他存储区时设置为 0。

⑥ byteOffset_dest：双整数，用来指定目标数据存储区中写入数据的地址偏移量。

⑦ count：双整数，要拷贝的字节数。

举个例子：将 DB10.DBB0 开始的 8 个字节拷贝到 DB100.DBB40 开始的 8 个字节，代码如图 8-47 所示。

```
36   POKE_BLK(area_src:=_byte_in_,
37            dbNumber_src:=_in_,
38            byteOffset_src:=_dint_in_,
39            area_dest:=_byte_in_,
40            dbNumber_dest:=_in_,
41            byteOffset_dest:=_dint_in_,
42            count:=_dint_in_);
```

图8-46 POKE_BLK指令的初始添加状态

```
47   //POKE BLOCK
48   //将DB10.DBB0开始的8个字节
49   //拷贝到DB100.DBB40开始的8个字节
50 ⊟POKE_BLK(area_src:=16#84,//数据块
51            dbNumber_src:=10,
52            byteOffset_src:=0,
53            area_dest:=16#84,
54            dbNumber_dest:=100,
55            byteOffset_dest:=40,
56            count:=8);
```

图8-47 POKE_BLK指令示例

8.6 移动指令

常用的移动指令有 MOVE_BLK、UMOVE_BLK、FILL_BLK、UFILL_BLK、SCATTER、

GATEHER 等，本节介绍前 4 个指令。

8.6.1 MOVE_BLK指令

该指令可以从一个存储区地址拷贝一定数量的数据到另一个存储区，拷贝的数据必须是相同的数据类型。可以在"基本指令"→"移动操作"中添加该指令，其初始添加状态如图 8-48 所示。

该指令有 3 个参数，其含义如下：

① IN：源数据中第一个元素。

② COUNT：要拷贝的数据的个数。

③ OUT：目标数据中的第一个元素。

MOVE_BLK 指令移动的数据必须存放在数组中。数组是具有相同类型的数据集合，数组中的每一个元素都有索引，通过索引可以得到该元素的值。关于数组的更多内容，请参见 10.1 节。

举个例子：图 8-49 从临时数组 tmpArrData 的第 0 个元素拷贝 50 个数据到全局数组 "DB10_GlobalData".arrayDataRcv[] 中。

```
1  //move block指令
2  //
3  MOVE_BLK(IN:=_byte_in_,
4          COUNT:=_uint_in_,
5          OUT=>_byte_out_);
```

```
2  //MOVE BLK指令示例
3  //从临时数组tmpArrData拷贝50个数据
4  //到全局数组"DB10_GlobalData".arrayDataRcv[0]中
5  MOVE_BLK(IN:=#tmpArrData[0],
6          COUNT:=50,
7          OUT=>"DB10_GlobalData".arrayDataRcv[0]);
```

图8-48 MOVE_BLK指令的初始添加状态　图8-49 MOVE_BLK示例

8.6.2 UMOVE_BLK指令

UMOVE_BLK 指令与 MOVE_BLK 指令的参数及用法都相同。唯一不同的地方是：UMOVE_BLK 指令的执行过程不会被中断，这使它很适合用于一些重要的、不希望被中断的数据拷贝。

8.6.3 FILL_BLK指令

该指令用指定的数据来填充存储区中的某段区域，操作的目标是数组。指令的初始添加状态如图 8-50 所示。

该指令有 3 个参数：

① IN：用来填充的数据，可以是整数、实数、字符、日期时间等数据类型。

② COUNT：要填充的数据个数，可以是 USINT、UINT 或者 UDINT 类型。

③ OUT：要填充的目标地址（数组）。

举个例子：图 8-51 所示的代码将临时数组 tmpArrData 的索引号 0 ～ 9 的 10 个元素填充为 16#FF。

```
 9    FILL_BLK(IN:=_byte_in_,
10           COUNT:=_uint_in_,
11           OUT=>_byte_out_);
```

图8-50 FILL_BLK指令的初始添加状态

```
 9    //FILL BLOCK填充数据
10    //将临时数组tmpArrData
11    //的第0到9个数组填充为16#FF
12 ☐FILL_BLK(IN:=16#FF,
13           COUNT:=10,
14           OUT=>#tmpArrData[0]);
```

图8-51 FILL_BLK指令示例

8.6.4 UFILL_BLK指令

UFILL_BLK 指令与 FILL_BLK 指令的功能及用法相同。它也是执行过程不能被中断的指令，不再赘述。

8.7 转换指令

常用的转换指令包括类型转换指令、取整指令、归一化指令及比例缩放指令。

8.7.1 类型转换指令

类型转换指令可以实现不同数据类型之间的转换，比如：BYTE_TO_BOOL、INT_TO_BYTE、WORD_TO_DWORD 等。在"基本指令"→"转换操作"中，将 CONVERT 拖拽到函数或函数块中，会弹出一个对话框，如图 8-52 所示。

如图 8-52 所示，在左边选择源数据类型（比如 Int），在右边选择目标数据类型（比如 Byte），点击"确定"按钮，系统会生成一个转换指令，比如：INT_TO_BYTE（_int_in_）。在参数 _int_in 中填写要转换的整数，该指令会返回一个字节，比如：#tmpByte:=INT_TO_BYTE（#tmpInt）。其他数据类型之间的转换与此类似。

图8-52 CONVERT转换指令

8.7.2 取整指令

取整指令是将浮点数转换为整数，包括四种指令：ROUND、CEIL、FLOOR 和 TRUNC。

8.7.2.1 ROUND指令

该指令采用四舍五入的方法，将实数转换为最接近的整数，其返回值类型为双整数。比如下面的代码：

```
#tmpDint := ROUND(real#1.2);
```

此代码将实数 1.2 四舍五入成整数，则 tmpDint 的值为 1。

如果是将实数 1.8 使用 ROUND 转换成整数，代码为 #tmpDint := ROUND（real#1.8），

则 tmpDint 的值为 2。

可以在 ROUND 指令后面加上数据类型，使其返回值转换为另一种类型。比如 ROUND_REAL 返回一个实数，例如代码 #tmpReal := ROUND_REAL（real#1.2），则 tmpReal 的返回值为 1.0。

8.7.2.2　CEIL指令

该指令将实数转换为其紧邻的较大整数，转换后的值大于或等于转换前的实数。比如下面的代码：

```
#tmpDint :=CEIL(real#1.2);
```

此代码转换后 tmpDint 的值为 2。

如果是负实数，比如 #tmpDint := CEIL(real#-1.2)，则转换后 tmpDint 的值为 −1。

CEIL 指令同样可以在后面加上数据类型，比如 #tmpReal := CEIL_REAL(real#1.2)，这种情况下 tmpReal 的值为 2.0。

8.7.2.3　FLOOR指令

该指令将实数转换为其紧邻的较小整数，转换后的值小于或等于转换前的实数。
比如下面的代码：

```
#tmpDint:=FLOOR(real#1.2);
```

此代码转换后 tmpDint 的值为 1。

如果是负实数，比如 #tmpDint := FLOOR（real#-1.2），则转换后 tmpDint 的值为 −2。

FLOOR 指令同样可以在后面加上数据类型，比如 #tmpReal := FLOOR_REAL（real#1.2），这种情况下 tmpReal 的值为 1.0。

8.7.2.4　TRUNC指令

该指令将输入实数的整数部分返回，小数部分丢掉，即所谓的"截尾取整"。
比如代码：

```
#tmpDint := TRUNC(real#1.8);
```

此代码转换后 tmpDint 的值为 1。

```
#tmpDint := TRUNC(real#2.0);
```

此代码转换后 tmpDint 的值为 2。

8.7.3　归一化指令——NORM_X

NORM 是英文 Normalization 的简写，中文翻译为"归一化"。数据的归一化是将数据按比例缩放，使其落入闭区间 [0，1] 之间。既然是按比例缩放，那么必须有该数据的范围，即该数据可能的最大值和最小值。

假设当前数据值为 X，其数据最大值为 $X_{\max}$，最小值为 $X_{\min}$，归一化后生成的新数据值为 X_{new}，则将该数据归一化（Normalization）并产生新的数据 X_{new} 的公式 $X_{\text{new}} = \frac{X - X_{\min}}{X_{\max} - X_{\min}}$，用坐标表达如图 8-53 所示。

在 SCL 编程语言中，NORM_X 指令用来实现数据的归一化，其初始添加到函数 / 函数块中的状态如图 8-54 所示。

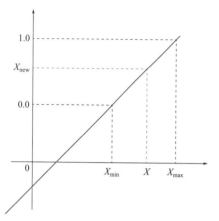

图8-53　数据的归一化坐标表达

```
2  //数据的归一化
3  NORM_X(MIN:=_int_in_ , VALUE:=_int_in_ , MAX:=_int_in_)
```

图8-54　NORM_X指令的初始添加状态

该指令有 3 个参数：

① MIN：整数 / 浮点数，量程的最小值。

② VALUE：整数 / 浮点数，要归一化的数据。

③ MAX：整数 / 浮点数，量程的最大值。

指令的返回值是介于闭区间 [0，1] 的实数。

数据的归一化经常用在模拟量信号处理中。举个例子：假设某个比例阀使用 4 ～ 20mA 电流信号输出，其压力的量程范围为 0 ～ 10000mbar [1]，某个瞬时值为 tmpValue，其归一化后放在变量 tmpNormalized 中，则归一化计算如图 8-55 所示。

```
2  //数据的归一化
3  #tmpNormalized := NORM_X(MIN := 0,//最小量程
4                           VALUE := #tmpValue,
5                           MAX := 10000);//最大量程
```

图8-55　归一化示例

归一化的数值介于 0 ～ 1 之间，为实数。

8.7.4　比例缩放指令——SCALE_X

SCALE_X 指令可以将归一化的数据按照比例进行放大。其初始添加状态如图 8-56 所示。

```
7  //数据的比例缩放
8  //
9  SCALE_X(MIN:=_int_in_ , VALUE:=_real_in_ , MAX:=_int_in_)
```

图8-56　SCALE_X指令的初始添加状态

该指令有 3 个参数：

[1] 1bar=10^5Pa。

① MIN：整数/浮点数，比例范围的最小值。

② VALUE：浮点数，要缩放的数据。

③ MAX：整数/浮点数，比例范围的最大值。

接着上面归一化的例程，假设使用的模拟量输出模块的量程范围为 0～27648，归一化的数据变量为 tmpNormalized，按比例放大后的变量为 tmpScaled，则 tmpScaled 的计算代码如图 8-57 所示。

```
 7    //数据的比例缩放
 8    //模拟量模块输出0~27648
 9 □#tmpScaled := SCALE_X(MIN := 0,
10 |                         VALUE := #tmpNormalized,
11 |                         MAX := 27648);
```

图8-57　将归一化的数据按比例放到0～27648之间

8.8　字逻辑指令

8.8.1　解码（DECO）指令

解码（DECO）指令可以将双字/字/字节的指定位置1，并且将其他位置0。它的基本语法为：

```
#tmpResult := DECO(#tmpBitNumber);// 默认为双字
```

或者：

```
#tmpWordResult := DECO_WORD(#tmpBitNumber);// 字
```

或者：

```
#tmpByteResult := DECO_BYTE(#tmpBitNumber);// 字节
```

其中：

① tmpBitNumber 是要置 1 的位编号。编号从右往左开始，最右边的位编号为 0。

② tmpResult 是 DECO 指令的输出值。

例如，要将某字节的第 0 位置 1，可以使用下面的代码：

```
tmpByteResult:= DECO_BYTE(0);// 字节的第 0 位置 1
```

这样，tmpByteResult 的值为 2#00000001。

8.8.2　编码（ENCO）指令

编码（ENCO）指令可以查找位字符串（双字/字/字节）中值为 1 的最低位的编号，并将该编号作为结果返回。位编号从右往左，最右边编号为 0。它的基本语法是：

```
#tmpResult := ENCO(#tmpByte);
```

比如下面的代码：

```
#tmpResult := ENCO(2#10);
```

二进制常数 2#10 的第 0 位值为 0，第 1 位值为 1，因此 tmpResult 的值为 1。

如果是下面的代码：

```
#tmpResult := ENCO(2#101);
```

二进制常数 2#101 的第 0 位值为 1，第 1 位值为 0，第 2 位值为 1。ENCO 指令返回值为 1 的最低位的编号，因此 tmpResult 的值为 0。

那么是下面这个代码：

```
#tmpResult := ENCO(2#0);
```

ENCO 的输入参数为 0，返回值依然为 0，这样没有意义。因此在使用 ENCO 指令前，要判断输入参数的值，确保大于 0。

8.9　移位指令

8.9.1　右移（SHR）指令

右移指令将位字符串按位向右移动，并将移动后的位字符串作为结果返回。移动的位数由参数 N 设定，其基本语法是：

```
SHR(IN:=_dword_in_, N:=_usint_in_);
```

参数 IN 指定要移动的位字符串，默认为 DWord 型；参数 N 指定要移动的位数，默认为 USInt 型。

如果要对 Word 类型进行右移，可以使用：

```
SHR_WORD(IN:=_word_in_, N:=_usint_in_);
```

同理，如果要对 Byte 类型进行右移，可以使用：

```
SHR_BYTE(IN:=_byte_in_, N:=_usint_in_);
```

以字节右移 SHR_BYTE 为例，向右移动的位移出后被丢掉，左侧缺少的位填 0 补充，如图 8-58 所示，将二进制数 2#11010111 右移 1 位，第 0 位移出后丢掉，第 7 位补零。

下面的代码将二进制常数 2#11010111 右移 1 位，并将结果存放到 tmpByteResult 中。

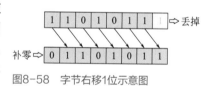

图8-58　字节右移1位示意图

```
#tmpByteResult := SHR_BYTE(IN := 2#11010111, N := 1);
```

移动后，tmpByteResult 的值变为 2#01101011。

8.9.2　左移（SHL）指令

左移指令将位字符串按位向左移动，并将移动后的位字符串作为结果返回。移动的位数由参数 N 设定，其基本语法是：

```
SHL(IN:=_dword_in_, N:=_usint_in_);
```

参数 IN 指定要移动的位字符串，默认为 DWord 型；参数 N 指定要移动的位数，默认为 USInt 型。

如果要对 Word 类型进行左移,可以使用:

```
SHL_WORD(IN:=_word_in_ , N:=_usint_in_);
```

同理,如果要对 Byte 类型进行左移,可以使用:

```
SHL_BYTE(IN:=_byte_in_ , N:=_usint_in_);
```

以字节左移 SHL_BYTE 为例,向左移动的位移出后被丢掉,右侧缺少的位填 0 补充,如图 8-59 所示,将二进制数 2#11101101 左移 1 位,第 7 位移出后丢掉,第 0 位补零。

图8-59 字节左移示例

下面的代码将二进制常数 2#11101101 左移 2 位,并将结果存放到 tmpByteResult 中。

```
#tmpByteResult := SHL_BYTE(IN := 2#11101101, N := 2);
```

移动后,tmpByteResult 的值变为 2#10110100。

8.9.3 循环右移(ROR)指令

循环右移(ROR)指令将位字符串向右移动 N 位,移动出的位数补充到左侧空出的位中。默认类型为 DWord,其基本语法是:

```
ROR(IN:=_dword_in_ , N:=_usint_in_);
```

如果操作数是字类型,其语法是:

```
ROR_WORD(IN:=_word_in_ , N:=_usint_in_);
```

如果操作数是字节类型,其语法是:

```
ROR_BYTE(IN:=_byte_in_ , N:=_usint_in_);
```

循环右移与普通右移的区别在于:普通右移(SHR)将移动出的位数直接丢掉,左侧空出的位补零;而循环右移将移动出的位补充到左侧空出的位中,形成一个循环,这也是其名称的由来。如图 8-60 所示,将二进制数 2#00110111 循环右移 1 位,其结果是 2#10011011。

循环右移,将右侧的数据移出后,放到左侧空位

图8-60 循环右移示例

8.9.4 循环左移(ROL)指令

循环左移指令将位字符串向左移动 N 位,移动出的位数补充到右侧空出的位中。默认类型为 DWord,其基本语法是:

```
ROL(IN:=_dword_in_ , N:=_usint_in_);
```

如果操作数是字类型,其语法是:

```
ROL_WORD(IN:=_word_in_ , N:=_usint_in_);
```

如果操作数是字节类型,其语法是:

```
ROL_BYTE(IN:=_byte_in_ , N:=_usint_in_);
```

循环左移与普通左移的区别在于:普通左移(SHL)将移动出的位数直接丢掉,右侧空出的位补零;而循环左移将移动出的位补充到右侧空出的位中,形成一个循环。如图 8-61 所示,将二进制数 2#00110111 循环左移 1 位,其结果是 2#01101110。

循环左移,将左侧的数据移出后,放到右侧空位

图8-61 循环左移示例

第9章

SCL基本编程实例

9.1 电机启停控制

在第 4 章的 TIA 博途实例中，我们曾创建了一个电机控制的程序。本节我们对这个程序做一些升级，以便使其更接近于实际工程应用。本例程以接触器控制电机直接启动，使用 I1.0 作为启动按钮（常开），I1.3 作为停止按钮（常闭），Q0.0 连接接触器线圈。

例程中的按钮均为非自锁按钮，常开按钮按下时电路接通，松开后电路断开。常闭按钮按下后电路断开，松开后电路接通。当按下启动按钮（常开）后，接触器吸合，电机运转；松开启动按钮后，由于接触器的自锁，电机依然处于运转状态；当按下停止按钮（常闭）后，接触器断开，电机停止运行。

本例程的 IO 点检表如表 9-1 所示。

表9-1　电机启停控制IO点检表

地址	变量名	描述
I1.0	btnStart	启动按钮
I1.3	btnStop	停止按钮
Q0.0	coilKM	接触器线圈

本例程的电气图纸如图 9-1 所示。

图 9-1 中，S1 为启动按钮，常开触点，连接 CPU 1214FC 的 I1.0；S2 为停止按钮，常闭触点，连接 CPU 1214FC 的 I1.3；KM2 为电机接触器线圈，连接在 CPU 的 Q0.0。

程序代码在原来的基础上做了修改，由于停止按钮使用常闭触点，不需要进行上升沿信号检测，因此对 FB10_MotorControl 中静态变量进行了修改，如表 9-2 所示。

表9-2　FB10_MotorControl的变量声明

变量名称	类型	数据类型	描述
start	输入	BOOL	启动按钮
stop	输入	BOOL	停止按钮
coil	输出	BOOL	接触器线圈
statStartHelpFlag	静态变量	BOOL	启动按钮上升沿辅助变量
statStartRisingEdge	静态变量	BOOL	启动按钮上升沿
statOutput	静态变量	BOOL	辅助输出变量

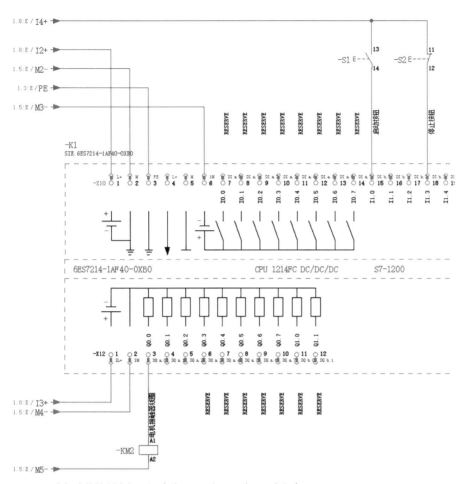

0901- 电机启
停控制 - 电气
图纸讲解

图9-1　电机启停控制电气图纸（I为24V正极，M为24V负极）

FB10_MotorControl 函数块中的变量声明区域如图 9-2 所示。

	名称	数据类型	默认值	保持	可从 HMI/...	从 H...
	FB10_MotorControl					
▼	Input					
▪	start	Bool	false	非保持 ▼	☑	☑
▪	stop	Bool	false	非保持	☑	☑
▼	Output					
▪	coil	Bool	false	非保持	☑	☑
▼	InOut					
▪	<新增>					
▼	Static					
▪	statStartHelpFlag	Bool	false	非保持	☑	☑
▪	statStartRisingEdge	Bool	false	非保持	☑	☑
▪	statOutput	Bool	false	非保持	☑	☑
▼	Temp					

图9-2　FB10_MotorControl函数块中的变量声明区域

FB10_MotorControl 函数块代码如图 9-3 所示。

该代码检测启动按钮的上升沿，如果启动信号 start 的上升沿为真，并且停止信号 stop 的值也为真，则使静态变量 statOutput 的值为真；如果停止信号 stop 的值为假，则使静态变量 statOutput 的值为假。注意这里停止信号 stop 连接的是常闭触点，正常情况下其通道输入值为真，按下后输入值为假。最后将静态变量 statOutput 的值输出为变量 coil。

```
16  -----------------------------------------------------
17  修改日志:
18  2020-11-23 v1.0 版本(首发)              北岛李工
19  2020-12-27 V1.1                          北岛李工
20  =====================================================
21  *)
22  //启动按钮上升沿信号检测
23  #statStartRisingEdge :=#start AND NOT #statStartHelpFlag;
24  #statStartHelpFlag := #start;
25  //停止按钮采用常闭触点，不需要检测上升沿
26  //正常情况下，停止按钮stop=1
27  //当按下停止按钮后，stop=0
28  //判断信号
29  IF #statStartRisingEdge AND #stop THEN
30      #statOutput := TRUE;
31  END_IF;
32  //停止
33  IF NOT #stop THEN
34      #statOutput := FALSE;
35  END_IF;
36  //输出控制
37  #coil := #statOutput;
```

图9-3 FB10-MotorControl函数块代码

在 OB1 中调用 FB10_MotorControl，为启动信号赋值 I1.0，为停止信号赋值 I1.3，电机接触器线圈赋值 Q0.0，如图 9-4 所示。

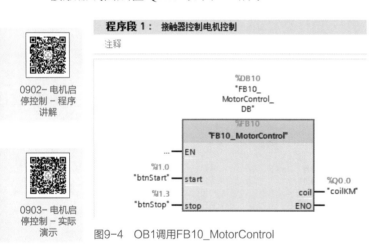

0902- 电机启停控制 – 程序讲解

0903- 电机启停控制 – 实际演示

图9-4 OB1调用FB10_MotorControl

9.2　用不同的频率控制蜂鸣器

蜂鸣器在工业现场使用比较普遍，有的蜂鸣器在接通后能以固定的频率断续发声，有的蜂鸣器在接通后能持续发声。断续发声的蜂鸣器控制简单，但是只有一个发声频率，如果想控制蜂鸣器以不同的频率产生不同的报警声音，则应该使用持续发声的蜂鸣器，并用 PLC 产生不同的频率去控制它。

本节介绍的频率控制方法采用的是能持续发声的蜂鸣器，例程的 IO 点检表如表 9-3 所示。

表9-3　蜂鸣器频率控制IO点检表

地址	变量名	描述
I0.0	enable1Hz	使能 1Hz 频率
I1.0	enable5Hz	使能 5Hz 频率
I1.3	disable	关闭蜂鸣器
Q0.0	beep	蜂鸣器控制

本例程的电气图纸如图 9-5 所示。

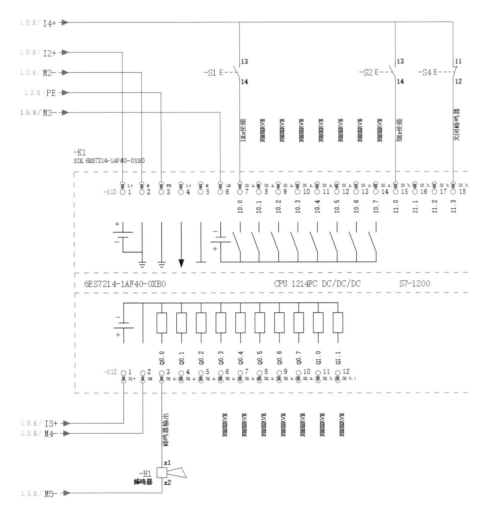

0904 - 不同频率控制蜂鸣器发声 - 电气图纸讲解

图9-5　蜂鸣器频率控制电气图纸

图 9-5 中，S1 为 1Hz 频率使能按钮，连接到 CPU 的 I0.0；S2 为 5Hz 频率使能按钮，连接到 CPU 的 I1.0；S3 为关闭按钮，使用常闭触点，连接到 CPU 的 I1.3；H1 为蜂鸣器输出控制，地址为 Q0.0。

本例程的 PLC 程序代码介绍如下。

创建函数块 FB11_BeepControl，变量声明如表 9-4 所示。

函数块 FB11_BeepControl 变量声明区如图 9-6 所示。

函数块 FB11_BeepControl 的代码如图 9-7 所示。

表9-4 FB11_BeepControl变量声明表

变量名称	类型	数据类型	描述
enable1Hz	输入	BOOL	使能 1Hz 频率信号
enable5Hz	输入	BOOL	使能 5Hz 频率信号
frequency1Hz	输入	BOOL	1Hz 频率信号源
frequency5Hz	输入	BOOL	5Hz 频率信号源
disable	输入	BOOL	关闭蜂鸣器
beep	输出	BOOL	蜂鸣器输出
statEnable1Hz	静态变量	BOOL	使能 1Hz 信号辅助变量
statEnable5Hz	静态变量	BOOL	使能 5Hz 信号辅助变量

FB11_BeepControl

	名称	数据类型	默认值	保持	可从 HMI/…	从 H…
					☐	☐
▼	Input					
■	enable1Hz	Bool	false	非保持	☑	☑
■	enable5Hz	Bool	false	非保持	☑	☑
■	frequency1Hz	Bool	false	非保持	☑	☑
■	frequency5Hz	Bool	false	非保持	☑	☑
■	disable	Bool	false	非保持	☑	☑
■	<新增>				☐	☐
▼	Output					
■	beep	Bool	false	非保持	☑	☑
■	<新增>				☐	☐
▼	InOut					
■	<新增>				☐	☐
▼	Static				☐	☐
■	statEnable1Hz	Bool	false	非保持	☑	☑
■	statEnable5Hz	Bool	false	非保持	☑	☑

图9-6 FB11_BeepControl变量声明区

```
      IF...   CASE...  FOR...   WHILE..  (*...*)  REGION
              OF...    TO DO..  DO...

     1 ⊞ (*...*)
    21   //enable使能 1Hz
    22 ⊟IF #enable1Hz  AND NOT #disable THEN
    23      #statEnable1Hz := TRUE;
    24      #statEnable5Hz :=FALSE;
    25   END_IF;
    26   //使能5Hz
    27 ⊟IF #enable5Hz AND NOT #disable THEN
    28      #statEnable5Hz := TRUE;
    29      #statEnable1Hz := FALSE;
    30   END_IF;
    31   //disable关闭
    32 ⊟IF #disable THEN
    33      #statEnable1Hz := FALSE;
    34      #statEnable5Hz := FALSE;
    35   END_IF;
    36   //频率控制蜂鸣器
    37 ⊟IF (#statEnable1Hz AND #frequency1Hz) OR
    38      (#statEnable5Hz AND #frequency5Hz ) THEN
    39      #beep := TRUE;
    40   ELSE
    41      #beep := FALSE;
    42   END_IF;
    43
```

0905- 不同频
率控制蜂鸣器
发声 - 程序
讲解

图9-7 FB11_BeepControl代码

该代码首先检查使能状态，如果 1Hz 频率信号被使能，则关闭 5Hz 频率信号；如果 5Hz 频率信号被使能，则关闭 1Hz 频率信号。如果关闭信号被触发，则频率信号均被关闭。最后一段蜂鸣器频率控制代码是结合频率使能信号与频率源对蜂鸟器输出进行控制的。在 OB1 中调用 FB11_BeepControl，并对形参赋相应的实参，如图 9-8 所示。

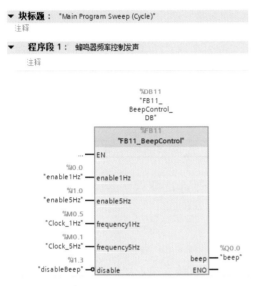

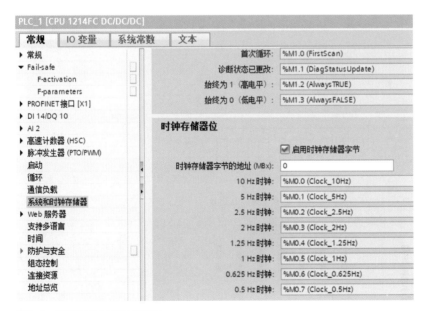

0906- 不同频率控制蜂鸣器发声 – 实际演示

图9-8 OB1中调用FB11_BeepControl

频率源来自 CPU 的系统时钟，在 CPU 的"属性"→"常规"→"系统和时钟存储器"中启用时钟存储器，时钟存储器的默认地址是 MB0，如图 9-9 所示。

图9-9 启用CPU的时钟存储器

蜂鸣器关闭按钮连接的是常闭触点，因此 disableBeep（I1.3）信号要取反（图 9-8 中参数 disable 前面的小圆圈表示取反）。

9.3 空压机的延时关闭

本节例程完成如下控制任务：当按下启动按钮后，空压机开始运行；当达到设定的压力后，压力开关被触发，空压机延时 5s 自动关闭。另外，还有一个手动停止按钮，当按下该按钮后，空压机立刻关闭。

本例程的 IO 点检表如表 9-5 所示。

表9-5　空压机延时关闭控制IO点检表

地址	变量名	描述
I0.0	startCompresssor	启动空压机
I0.3	stopCompressor	停止空压机
I1.0	pressureSwitch	压力开关
Q0.0	coilKM	空压机接触器线圈

本例程的电气图纸如图 9-10 所示。

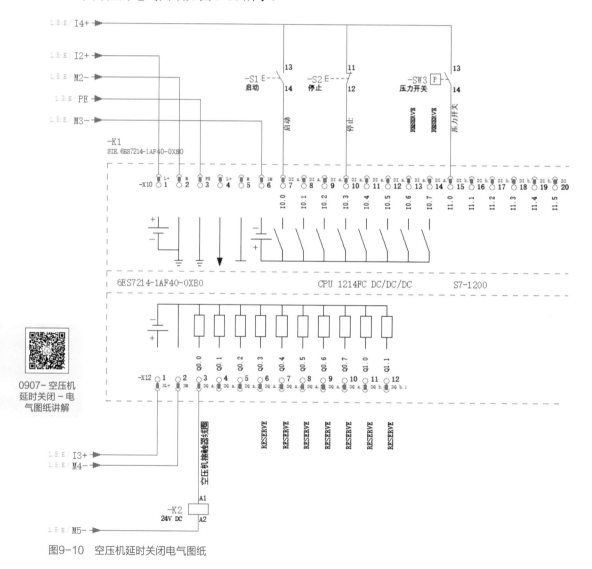

图9-10　空压机延时关闭电气图纸

本例程的 PLC 程序代码介绍如下。

创建函数块 FB12_CompressorControl，声明接口参数变量如表 9-6 所示。

表9-6　FB12_CompressorControl变量声明表

变量名称	类型	数据类型	描述
start	输入	BOOL	启动按钮 S1
stop	输入	BOOL	停止按钮 S2
pressureSwitch	输入	BOOL	压力开关 SW3
timeDelay	输入	TIME	延时时间
coil	输出	BOOL	空压机接触器线圈 K2

函数块 FB12_CompressorControl 的变量声明区如图 9-11 所示。

FB12_CompressorControl					
名称	类型	默认值	保持	可从 HMI/...	
▼ Input				☐	
■ start		false	非保持	☑	
■ stop		false	非保持	☑	
■ pressureSwitch		false	非保持	☑	
■ timeDelay		T#0ms	非保持	☑	
▼ Output				☐	
■ coil		false	非保持	☑	
▼ InOut				☐	
■ <新增>				☐	
▼ Static				☐	
■ statStartRisingEdge		false	非保持	☑	
■ statStopRisingEdge		false	非保持	☑	
■ statStartRisingEdgeHF		false	非保持	☑	
■ statStopRisingEdgeHF		false	非保持	▼ ☑	
■ statCoil		false	非保持	☑	
■ ▶ IEC_Timer_0_Instance	TIME		非保持	☑	
■ statTimerDelay		false	非保持	☑	
■ statElapseTime		T#0ms	非保持	☑	

图9-11　FB12_CompressorControl的变量声明区

函数块 FB12_CompressorControl 的代码如图 9-12 所示。

```
 1 ⊞ (*|...*)
20  //启动按钮上升沿信号检测
21  #statStartRisingEdge := #start AND NOT #statStartRisingEdgeHF;
22  #statStartRisingEdgeHF := #start;
23  //停止按钮上升沿信号检测
24  #statStopRisingEdge := #stop AND NOT #statStopRisingEdgeHF;
25  #statStopRisingEdgeHF := #stop;
26  //启动按钮按下
27 ⊟ IF #statStartRisingEdge THEN
28      #statCoil := TRUE;
29  END_IF;
30  //停止按钮按下
```

图9-12

```
31 □IF #statStopRisingEdge THEN
32      #statCoil := FALSE;
33  END_IF;
34  //IEC定时器 （静态变量）
35  //压力开关信号：压力到达设定值，信号变为1；否则信号为0；
36 □#IEC_Timer_0_Instance(IN := NOT #pressureSwitch,//压力开关信号
37                        PT := #timeDelay,//延时时间设定值
38                        Q => #statTimerDelay,
39                        ET => #statElapseTime);
40  //线圈输出
41  #coil := #statCoil AND #statTimerDelay;
```

图9-12　FB12_CompressorControl的代码

该代码首先检测启动按钮的上升沿信号及停止按钮的上升沿信号，然后在上升沿状态下对静态变量 statCoil 做置位或复位操作。压力开关 pressureSwitch 会启动定时器，当压力没有达到设定值时，statTimeDelay 的输出值为1；当压力达到设定值，并延时指定的时间后，statTimeDelay 的输出值变为0；最后静态变量 statCoil 和 statTimeDealy 都赋值给输出变量 coil。

在 OB1 中调用该函数块，如图9-13所示。

启动按钮连接 I0.0；停止按钮连接 I0.3，停止按钮实际连接的为常闭触点，因此程序中将该信号取反；压力开关信号连接到 I1.0，延时时间为5s；Q0.0 为输出线圈。

程序段 1：　空压机的延时关闭控制

注释

[图示：在OB1中调用FB12_CompressorControl的功能块，块名为"FB12_CompressorControl"，DB为%DB12 "FB12_CompressorControl_DB"。输入：EN、%I0.0 "startCompressor" → start、%I0.3 "stopCompressor" → stop、%I1.0 "switchPressure" → pressureSwitch、t#5s → timeDelay。输出：coil → %Q0.0 "coilKM1"、ENO]

图9-13　在OB1中调用FB12_CompressorControl

可以扫描二维码（编号：0908）观看本节课程代码的视频讲解，可以扫描二维码（编号：0909）观看本节课程的实际演示。

9.4　移动单元位置计算

工业现场一些物体是依靠电机带动齿轮盘，齿轮连接皮带，皮带载着物体进行运动的。有的时候，我们想计算物体移动的距离，一种方法是连接同轴编码器，另一种方法是在齿轮盘上加工一圈连续、均匀的孔，使用接近开关对孔进行检测。齿轮盘某个同心圆上孔与金属交替出现，接近开关感应到金属后接通，感应到孔后断开；这样，随着齿轮盘的转动，接近开关会发出连续的脉冲信号。孔的数量是固定的，排布是均匀的，因此齿轮盘旋转一周发出的脉冲数量是固定的。齿轮盘的周长是固定的，可以计算出一个脉冲代表的长度。通过统计脉冲的数量，就能计算出物体移动的实际距离。需要说明的是，这里的脉冲不是高速脉冲，

连接到普通的数字量输入通道即可检测。

本例程移动单元使用三个接近开关：第一个在起点位置；第二个在终点位置；第三个在齿轮盘上，检测脉冲信号。当移动单元位于起点时，其移动距离为 0；当移动单元位于终点时，其移动距离为 16m。从起点移动到终点，共产生 112 个脉冲信号，因此，每个脉冲表示的距离为 14.285cm。移动单元从起点位置向终点位置移动时，脉冲数增加；从终点位置返回时，脉冲数减少。这样，通过计算当前的脉冲数，就能算出移动单位的当前位置。

本例程 IO 点检表如表 9-7 所示。

表9-7　齿轮带行程计算 IO 点检表

地址	变量名	描述
I0.0	homePosition	起点位置信号
I0.4	endPosition	终点位置信号
I1.0	swPulse	输入脉冲信号

本例程的电气图纸如图 9-14 所示。

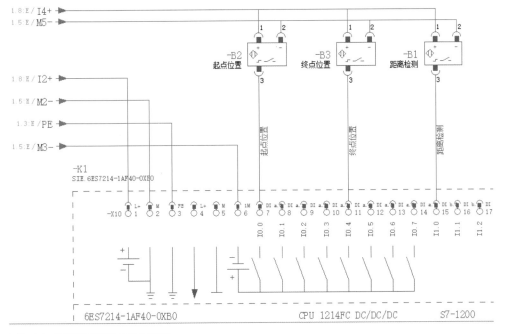

0910- 移动单元位置计算 - 电气图纸讲解

图9-14　齿轮带行程计算电气图纸

接近开关通常需要接 3 条线：电源正、负及信号线。图 9-14 中，接近开关 B1 的 1 号引脚接 24V 电源正极，2 号引脚接电源负极，3 号引脚是输出信号，连接到 CPU 的 I1.0 通道；B2 和 B3 也是类似，输出信号分别连接到 I0.0 和 I0.4。

提示　　可以扫描二维码（编号：0910）观看本节例程 EPLAN 电气图纸的视频讲解。

本例程的 PLC 程序代码介绍如下。

创建函数块 FB13_DistanceCount，声明接口变量如表 9-8 所示。

表9-8　FB13_DistanceCount接口变量

变量名称	类型	数据类型	描述
homePosition	输入	BOOL	起点位置
endPosition	输入	BOOL	终点位置
swPulse	输入	BOOL	脉冲信号输入
distance	输出	Real	移动单位的位置

FB13_DistanceCount 变量声明区如图 9-15 所示。

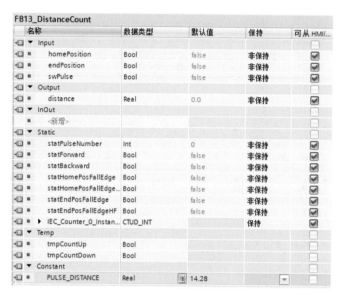

图9-15　FB13_DistanceCount变量声明区

图 9-15 中，PULSE_DISTANCE 是常量，其数值为 14.28，单位为厘米。

FB13_DistanceCount 代码如图 9-16 所示。

0911- 移动单元位置计算 - 程序讲解

0912- 移动单元位置计算 - 实际演示

```
 1 ⊞(*...*)
20   //起点位置下降沿信号
21   #statHomePosFallEdge := NOT #homePosition AND #statHomePosFallEdgeHF;
22   #statHomePosFallEdgeHF := #homePosition;
23   //移动单元向前移动
24 ⊟IF #statHomePosFallEdge THEN
25       #statForward := TRUE;
26       #statBackward := FALSE;
27   END_IF;
28   //终点位置下降沿信号
29   #statEndPosFallEdge := NOT #endPosition AND #statEndPosFallEdgeHF;
30   #statEndPosFallEdgeHF := #endPosition;
31   //移动单元向后移动
32 ⊟IF #statEndPosFallEdge THEN
33       #statBackward := TRUE;
34       #statForward := FALSE;
35   END_IF;
36   //起点位置或终点位置
37 ⊟IF #homePosition OR #endPosition THEN
38       #statForward := FALSE;
39       #statBackward := FALSE;
40   END_IF;
```

```
41  //向上计数
42  #tmpCountUp := #statForward AND #swPulse;
43  //向下计数
44  #tmpCountDown := #statBackward AND #swPulse;
45  //移动单元脉冲数计算
46  #IEC_Counter_0_Instance(CU:=#tmpCountUp,
47                          CD:=#tmpCountDown,
48                          R:=#homePosition,
49                          LD:=#endPosition,
50                          PV:=112,
51                          CV=>#statPulseNumber);
52
53  //移动单元行程计算
54  #distance := #statPulseNumber * #PULSE_DISTANCE;
```

图9-16　FB13_DistanceCount代码

该代码将移动单元分成在起点位置、终点位置、向前移动、向后移动四种状态。起点位置信号的下降沿触发向前移动的状态；终点位置的下降沿触发向后移动状态。不论是位于起点或者是位于终点，向前及向后移动都被复位。使用加 / 减计数器对脉冲信号进行计数，最后将脉冲数乘以每个脉冲代表的长度，就能计算出移动单元的位置。

9.5　获取模拟量温湿度传感器的值

工业上的模拟量信号分为电压信号和电流信号两种。常见的电压信号有：±10V、±5V、±2.5V。常见的电流信号有：0 ～ 20mA 和 4 ～ 20mA。模拟量信号的获取一般需要专用的模拟量模块。关于模拟量模块的介绍请参见 1.4 节和 1.8 节。

除了模拟量模块，S7-1200 CPU 本体也具有 2 路模拟量输入通道（全系标配），支持 0 ～ 10V 模拟量电压信号。CPU 1215C 和 CPU 1217C 除了具有 2 路模拟量输入通道外，还有 2 路模拟量输出通道，支持 0 ～ 20mA 的电流信号。

本节例程使用的是能输出 0 ～ 10V 模拟量信号的温湿度传感器，将其连接到 CPU 1214C 的本体集成的 2 路模拟量输入通道中。该温湿度传感器（编号 U1）有 4 个接线端子，分别是 VCC/GND/H/T。其中：

① VCC 接 24V 电源正极；

② GND 接电源负极；

③ H 是湿度模拟量信号输出；

④ T 是温度模拟量信号输出。

将湿度信号连接到 CPU 1214C 模拟量输入通道 0，温度信号连接到模拟量输入通道 1，模拟量输入公共端 M 连接电源负极，电气图纸如图 9-17 所示。

本例程的 PLC 程序代码介绍如下。

创建函数块 FB14_AnalogHandle，声明接口变量如表 9-9 所示。

工程值是诸如压力、温度等物理量的数值。比如，本例程使用的温湿度传感器，其温度检测范围是 −20 ～ 80℃，那么其温度工程值最小值为 −20℃，最大值为 80℃；其湿度检测范围是 0 ～ 100%RH，那么其湿度最小值为 0%，最大值为 100%。

函数块 FB14_AnalogHandle 的变量声明区如图 9-18 所示。

0913- 模拟量温湿度传感器－电气图纸讲解

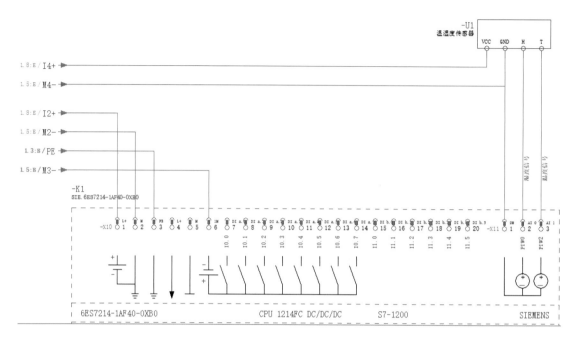

图9-17　温湿度模拟量信号检测电气图纸

表9-9　FB14_AnalogHandle接口变量

变量名称	类型	数据类型	描述
analogInput	输入	Word	模拟量输入通道数值
loLimit	输入	Real	工程值最小值
hiLimit	输入	Real	工程值最大值
analogOutput	输出	Real	模拟量输出数值

0914－模拟
量温湿度传感
器－程序讲解

图9-18　函数块FB14_AnalogHandle变量声明区

　　函数块 FB14_AnalogHandle 的代码如图 9-19 所示。

　　该代码首先将模拟量输入通道的数值进行归一化处理。所谓"归一化"，是指让模拟量信号数值按照比例落到闭区间 [0，1] 之间。归一化需要有量程转换的范围，西门子 PLC 模拟量信号转换范围是 0 ～ 27648（更多关于归一化的内容请参见 8.7.3 节）。归一化后返回数值 tmpNormlized，然后使用 SCALE_X 指令将其按比例放大，其转换范围是工程值的最小值和最大值。

```
 1 ⊞(*...*)
19 //数据归一化
20 //西门子PLC模拟量信号转换范围0~27648
21 ⊟#tmpNormlized := NORM_X(MIN := 0,
22                          VALUE := #analogInput,
23                          MAX := 27648);
24 //数据按比例放大Scale
25 //输入数据是归一化的数值
26 ⊟#analogOutput := SCALE_X(MIN := #loLimit,
27                          VALUE := #tmpNormlized,
28                          MAX := #hiLimit);
```

图9-19　函数块FB14_AnalogHandle代码

0915- 模拟
量温湿度传感
器 - 实际演示

创建好模拟量处理函数块后，需要在 OB1 中调用该函数块。

图 9-20 是对模拟量温度信号进行检测。

%IW66 是温度模拟量输入通道，其工程值最小值为 −20℃，最大值为 80℃，实际测量结果存放在 MD100（actualTemperature）中。

图 9-21 是对模拟量湿度信号进行检测。

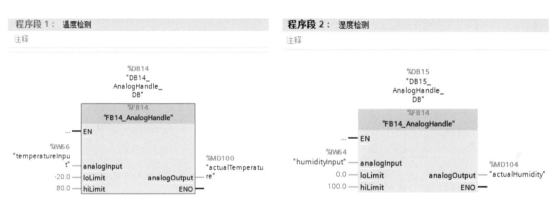

图9-20　温度信号检测　　　　　　　　图9-21　湿度信号检测

%IW64 是湿度模拟量输入通道，其工程值最小值为 0%，最大值为 100%，实际测量结果存放在 MD104（actualHumidity）中。

9.6　BCD码转换成整数

BCD（Binary-Coded Decimal）码，使用 4 位二进制数来表示一个十进制数，因此，BCD 数本质上是十进制数。

最常见的 BCD 码是 8421 码，它是一种有权码。所谓"有权码"，是指数码的每一位都有自己的权重，比如 8421 码，它从高位到低位的 4 位二进制数的权重分别是 8、4、2、1。

8421 码与其对应的十进制数见表 9-10。

表9-10　8421码与其十进制数对照表

8421 码（BCD）	十进制数
0000	0
0001	1
0010	2
0011	3
0100	4
0101	5
0110	6
0111	7
1000	8
1001	9

将 BCD 码转换成整数，可以使用"基本指令"→"转换操作"下面的 CONVERT 指令，也可以直接在编辑器中输入"BCD"字样，系统会自动列出相关的指令，如图 9-22 所示。

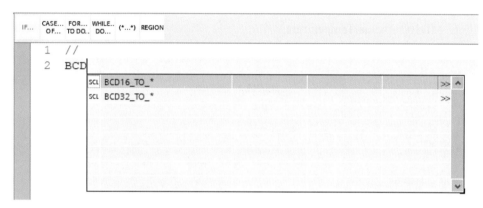

图9-22　BCD指令演示（编辑器辅助提示功能）

有两种 BCD 转换成整数指令：

① BCD16_TO_INT，其语法是：

```
out :=  BCD16_TO_INT(_bcd16_in_);
```

它的输入参数是 16 位 BCD 数，返回值是转换后的整数（Int）。

② BCD32_TO_DINT，其语法是：

```
out :=  BCD32_TO_DINT(_bcd32_in_);
```

它的输入参数是 32 位 BCD 数，返回值是转换后的双整数（DInt）。

举个例子：声明一个 BCD 变量 tmpBCD，其数据类型为字（Word）。声明一个整数变量 tmpInt，其数据类型为整数（Int）。为 tmpBCD 赋值：

```
#tmpBCD := 2#10010010;
```

使用 BCD16_TO_INT 将其转换成整数并存放到 tmpInt 中：

```
#tmpInt := BCD16_TO_INT(#tmpBCD);
```

同样地，如果是 32 位 BCD 码，可以使用 BCD32_TO_DINT 转换成双整数。本节例程是为了讲解转换指令 CONVERT，读者可以举一反三，完成其他数据类型的转换。

0916-BCD
码转换成整数

9.7　位字符串的提取与组合

有时候我们需要提取字节 / 字 / 双字等位字符串的某个位，可以使用 SCATTER 指令将其转换成位数组（数组是具有相同元素的变量的集合，具体请参见 10.1 节）。

在"基本指令"→"移动操作"中可以找到 SCATTER 指令，其基本语法是：

```
SCATTER(IN:=_byte_in_,
        OUT=>_bool_out_);
```

SCATTER 指令有 1 个输入参数和 1 个输出参数，输入参数可以是字节 / 字 / 双字等位字符串，输出参数是转换后的布尔型数组。

举个例子：声明临时变量 tmpWord 为字类型，使用下面的代码为其赋值：

```
#tmpWord := 2#1100110011;
```

声明布尔型数组 tmpArrayData Array[1..16]of Bool。

使用 SCATTER 指令将变量 tmpWord 转换成布尔型数据并存放到 tmpArrayData 中，可以使用下面的代码：

```
SCATTER(IN:=#tmpWord,
        OUT=>#tmpArrayData);
```

GATHER 指令是 SCATTER 指令的逆指令，它可以将一个布尔型数组转成位字符串。在"基本指令"→"移动操作"中可以找到该指令，其基本语法是：

```
GATHER(IN:=_bool_in_,
        OUT=>_byte_out_);
```

GATHER 指令有 1 个输入参数和 1 个输出参数，输入参数可以是 8 位 /16 位 /32 位的布尔型数组，输出参数是转换后的字节 / 字 / 双字。

举个例子：声明 32 位布尔型数组 tmpArrayData32 Array[1..32]of Bool。声明临时变量 tmpDWord，数据类型为双字（DWord）。

使用 GATHER 指令将 tmpArrayData32 转换成 tmpDWord，可以使用下面的代码：

```
GATHER(IN:=#tmpArrayData32,
        OUT=>#tmpDWord);
```

0917- 位字符
串的提取与
组合

第2篇
进阶篇

第10章

S7-1200/1500复杂数据类型

10.1 数组

10.1.1 数组概述

数组是数量固定的、类型相同的元素的集合。从定义中可以看出，数组有两大特点：

① 数组中元素的数量是固定的，这个是在声明数组的时候定义的。在其他计算机高级语言中，数组中元素的数量可以动态定义，但是在 SCL 语言中，目前只能声明固定元素数量的数组。

② 数组中元素的数据类型是相同的，这里的数据类型可以是除数组之外的其他任何数据类型，比如布尔型、整数等。

数组可以是一维的，也可以是多维的，SCL 语言最多支持 6 维数组。一维数组是元素的线性排列集合，如图 10-1 所示。

二维数组是元素在行和列两个方向的排列集合，如图 10-2 所示。

	列1	列2	列3	列4
行1	元素11	元素12	元素13	元素14
行2	元素21	元素22	元素23	元素24
行3	元素31	元素32	元素33	元素34

元素1	元素2	元素2	元素3

图10-1　一维数组示例　　　　　　　　　图10-2　二维数组示例

　　三维数组及多维数组元素的排布类似三维空间及多维空间。随着维数的增多，数组占用的存储区空间成倍增加，开发人员对此要多加注意，尽量少用多维数组。

10.1.2　数组的声明

　　数组在使用前要先声明。关键词"Array"用来声明数组，其基本格式是：

```
Array[ 下限 .. 上限 ]of <数据类型>
```

　　比如下面的声明：

```
tmpRcvData  Array[1..50]of byte
```

　　tmpRcvData 被声明为一维数组，包含 50 个元素，数据类型为字节。数组的下限为 1，上限为 50。

　　二维数组声明的基本格式如下：

```
Array[ 下限 .. 上限 , 下限 .. 上限 ]of <数据类型>
```

　　比如下面的声明：

```
tmpRcvData2  Array[1..5, 1..10]of byte
```

　　tmpRcvData2 被声明为二维数组，包含两个维度，第 1 个维度 5 个元素，第 2 个维度 10 个元素，因此该二维数组包括 5×10=50 个元素，数组中元素的数据类型为字节。

　　多维数组的声明与二维类似，不同维度之间用英文逗号分隔。

10.1.3　数组元素的引用

　　数组中每一个元素都有一个编号，也称为索引，其基本引用格式如下：

```
数组名 + 方括号 + 索引
```

　　比如，tmpRcvData[5] 是对 tmpRcvData 数组索引号为 5 的元素的引用。

　　再比如，要将 tmpRcvData 数组索引号为 10 的元素赋值给临时变量 tmpA，可以使用下面的代码：

```
tmpA := tmpRcvData[10];
```

　　二维数组元素引用与此类似，要分别写明相应维度的索引。比如，二维数组 tmpRcvData2 的第 3 行、第 5 列元素为 tmpRcvData2[3, 5]。多维数组依次类推。

10.2　指针

10.2.1　基本概念

　　指针的概念最早出现于 C 语言中，它是一种长度为 4 个字节的数据类型，表示变量的地址。S7-1500 PLC 也引入了指针的概念，包括 Pointer 和 Any 两种。Pointer 类型的长度为 6 个字节，用来指示变量的地址；Any 类型的长度为 10 个字节，它不但能指示变量的地址，还能指示变量的类型、长度等信息。

另外，S7-1200/1500 还新增加了一种 Variant 类型。Variant 类型可以指向基本数据类型、复杂数据类型等所有的数据类型，它本身不占用存储空间，是对已经存在的变量的引用。

10.2.2 Pointer类型

Pointer 类型的长度为 6 个字节，编号字节 0～字节 5，如图 10-3 所示。其中：

① 字节 0 和字节 1 表示数据块（DB）的编号，如果指向的存储区不是数据块，则其值为 0；

② 字节 2 是要访问的存储区的编号；

③ 字节 3 的低 3 位、字节 4 和字节 5 的高 5 位用来表示变量的字节地址（图 10-3 中的 b 部分）；

④ 字节 5 的低 3 位表示变量的位的地址（图 10-3 中的 x 部分）。

图10-3　Pointer类型结构

Pointer 类型存储区代码编号见表 10-1。

表10-1　Pointer类型存储区代码编号

十六进制代码	存储区	说明
B#16#1	PI	S7-1500 外设输入
B#16#2	PQ	S7-1500 外设输出
B#16#81	I	过程输入映像区
B#16#82	Q	过程输出映像区
B#16#83	M	位存储区
B#16#84	DB	全局数据块
B#16#85	DI	背景数据块
B#16#86	L	局部数据存储区
B#16#87	V	先前局部数据存储区

前缀"P#"用来标识 Pointer 型指针变量，比如"P#DB100.DBX1.0"，表示一个指向 DB100 的第 1 个字节的第 0 位的指针变量。

博途 STEP 7 支持四种类型的 Pointer 型指针变量：

① 存储区内指针：同一个存储区内的指针，比如 P#10.0。

② 存储区间指针：指向存储区变量的指针，比如 P#M6.0。这里的存储区可以是输入存储区（I）、输出存储区（Q）或位存储区（M）。

③ 数据块指针：指向数据块变量的指针，比如 P#DB101.DBX2.0。

④ 零指针：用来指向一个目前没有使用而将来可能用到的变量。

如果某个函数块的形参是 Pointer 型指针数据，那么给形参赋值时，符号"P#"可以省略，STEP 7 会自动将输入的值转换成 Pointer 指针类型。

 S7-1500/300/400 支持 Pointer 类型，S7-1200 不支持。

10.2.3　Any类型

Any 类型在 Pointer 类型的基础上增加了 4 个字节，因此，其长度为 10 个字节。Any 类型可以指向任何数据类型、任何长度的变量，它的结构如图 10-4 所示。

字节0	10H	数据类型编码	字节1
字节2	重复因子		字节3
字节4	DB编号		字节5
字节6	存储区编码	0 0 0 0 0 b b b	字节7
字节8	b b b b b b b b b b b b b x x x		字节9

图10-4　Any类型结构

各字节的含义如下：

① 字节 0：为常数 10H（十六进制数 10），表示 STEP 7。

② 字节 1：Any 数据中的基本数据类型编号。

③ 字节 2～字节 3：Any 数据的重复因子，表示传送的数据的长度或者数组、字符串的长度。

④ 字节 4～字节 5：数据块的编号。当访问区域为非 DB 区时，将该值设置为 0。

⑤ 字节 6：访问存储区的编号。

⑥ 字节 7 的低 3 位、字节 8 及字节 9 的高 5 位：表示访问数据的字节地址。

⑦ 字节 9 的低 3 位：表示访问数据的位地址。

Any 数据中字节 1 表示的基本数据类型编号见表 10-2。

表10-2　Any数据中字节1表示的基本数据类型编号

16 进制编号	数据类型	描述	备注
B#16#00	Null	空值	
B#16#01	Bool	布尔型	仅 S7-300/400
B#16#02	Byte	字节型	
B#16#03	Char	字符型	
B#16#04	Word	字，16 位，无符号	
B#16#05	Int	整型，16 位，有符号	
B#16#06	Dword	双字，32 位，无符号	
B#16#07	DInt	双整型，32 位，有符号	
B#16#08	Real	实型，32 位，有符号	
B#16#09	Date	日期	
B#16#0A	Time_Of_Day（TOD）	日时间，32 位，用于定时	
B#16#0B	Time	时间	
B#16#0C	S5Time	S5 时间格式	
B#16#0E	Date_And_Time（DT）	日期时间	
B#16#13	String	字符串	
B#16#17	BLOCK_FB	功能块	仅 S7-300/400
B#16#18	BLOCK_FC	功能	
B#16#19	BLOCK_DB	数据块	
B#16#1A	BLOCK_SDB	系统数据块	
B#16#1C	Counter	计数器	
B#16#1D	Timer	定时器	

字节 6 的访问存储区编号见表 10-1。其实，Any 指针的字节 4～字节 9，就是 Pointer 指针类型。

S7-1500/300/400 支持 Any 类型，S7-1200 不支持。

10.2.4　Variant类型

Variant 类型是 S7-1200/1500 系列 PLC 支持的一种新数据类型，它是一种可以指向基本数据类型、复杂数据类型或者用户自定义类型的变量的引用，或者说是变量的别名。Variant 的使用限于函数/函数块/组织块的形参，也就是说，只能在函数/函数块/组织块的参数列表中声明某个参数的类型为 Variant。但函数块的静态参数除外，也不能声明数据块中的元素为 Variant 类型。

可以给函数/函数块的 Variant 形参赋任何类型的变量，调用该函数/函数块时，不仅会传递变量的值，而且会传递变量的类型。可以使用 SCL 指令 TypeOf 识别变量的类型并做相应的处理。

Variant 类型与 Any 类型的区别主要在于：

（1）两者支持的数据类型不同

Any 可以指向输入映像区（I）、输出映像区（Q）、外设（PI/PO）、位存储区（M）、数据块（DB）等存储区，支持基本数据类型、字符串等，但不支持数组、用户自定义类型等复杂数据类型；Variant 可以引用几乎所有的数据类型（数组、结构、UDT）的变量，比 Any 功能强大。

（2）占用空间大小不同

Any 需要占用 10 个字节的存储空间，当把一个变量定义为 Any 类型时，无论其是否指向目标变量，都要占用 10 个字节的存储空间。Variant 不占用背景数据块或者工作存储器的空间。Variant 只是对另一个实例（可以理解为变量）的引用，相当于该实例的一个别名。在使用 Variant 指向该实例时，该实例已经被创建了。

10.3　结构体

10.3.1　结构体及其声明

结构体是指数量固定的、任意数据类型的元素的集合。结构体与数组的共同点是：二者中元素的数量都是固定的。不同点在于：数组中元素的类型是相同的，而结构体中元素的数据类型可以相同，也可以不同。

关键词"Struct"用来声明结构体变量，比如图 10-5 声明了一个 statEquipInformation 的结构体变量。

图 10-5 所示结构体变量由三个元素组成：

① id，双字，表示设备编号；

名称	数据类型	偏移量	默认值
▼ Static			
▪ ▼ statEquipInformation	Struct	6.0	
▪ id	DWord	6.0	16#0
▪ name	String[20]	10.0	''
▪ status	Byte	32.0	16#0

图10-5　结构体变量声明示例

② name，字符串，表示设备的名称；

③ status，字节，表示设备的状态。

结构体的元素也可以是数组，比如图 10-6 声明了一个用于通信的结构体变量 statComm。

▪ ▼ statComm	Struct	34.0	
▪ id	DWord	34.0	16#0
▪ ▶ sendData	Array[1..50] of Byte	38.0	
▪ ▶ rcvData	Array[1..50] of Byte	88.0	
▪ status	Byte	138.0	16#0

图10-6　结构体内部包含数组元素示例

图 10-6 所示结构体变量由四个元素组成：

① id，双字，表示通过通信 ID 号；

② sendData，字节数组，存放发送的数据；

③ rcvData，字节数组，存放接收的数据；

④ status，字节，表示通信的状态。

结构体内部还可以嵌套另外的结构体，其内部嵌套深度最大为 8 级。比如我们对前面的 statEquipInformation 结构体变量进行修改，增加电机和阀的结构体，如图 10-7 所示。

名称	数据类型	偏移量	默认值
▼ Static			
▪ ▼ statEquipInformation	Struct	6.0	
▪ id	DWord	6.0	16#0
▪ name	String[20]	10.0	''
▪ status	Byte	32.0	16#0
▪ ▼ motor	Struct	34.0	
▪ supply	String[20]	34.0	''
▪ power	Int	56.0	0
▪ normalCurrent	Real	58.0	0.0
▪ normalVoltage	Int	62.0	0
▪ ▼ valve	Struct	64.0	
▪ supply	String[20]	64.0	''
▪ number	Int	86.0	0

图10-7　结构体内部嵌套

10.3.2　结构体变量的引用

使用点运算符 "." 引用结构体变量，其格式如下：

< 结构体变量 > + "."+ < 元素名称 >

比如，要给结构体变量 statEquipInformation 的 id 赋值 16#100，则可以使用如下的代码：

```
#statEquipInformation.id := DWord#16#100;
```

如果要引用结构体内部嵌套的结构体，可以在右边继续增加"."+<元素名称>。比如，要给结构体变量 statEquipInformation 的 motor 元素的 power 元素赋值 450，则可以使用如下的代码：

```
#statEquipInformation.motor.power := 450;
```

10.4 用户自定义类型

10.4.1 基本概念

用户自定义类型（User Defined Type，UDT）是一种完全由用户自己定义的数据结构，其元素可以是布尔型、整数、字符串等基本数据类型，也可以是数组、结构体，或者另外一个用户自定义类型等复杂数据类型。

在当前设备项目树下找到"PLC 数据类型"节点，双击"添加新数据类型"，就可以添加新的用户自定义类型，如图 10-8 所示。

推荐使用前缀"type"为用户自定义类型命名。比如，我们定义一个生产线系统的用户自定义类型 typeConveySystem，它包括急停信号、软件释放信号、生产线运行信号及生产线运行速度等元素，如图 10-9 所示。

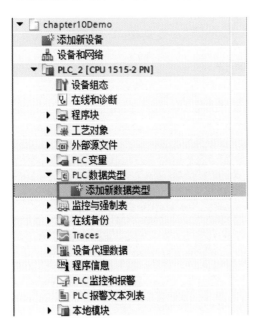

图10-8 添加新的用户自定义类型

typeConveySystem			
	名称	数据类型	默认值
1	emergencyStop	Bool	false
2	softwareRelease	Bool	false
3	lineIsRunning	Bool	false
4	lineSpeed	Int	0

图10-9 用户自定义类型typeConveySystem

用户自定义类型是一种数据结构，一旦定义好之后，就可以像使用基本数据类型一样使用它。当然，我们并不能直接引用该数据类型，必须首先定义变量，即将变量定义为用户自定义类型，然后对变量中的元素进行引用。

10.4.2 用户自定义类型变量的声明及引用

用户自定义类型变量的声明与基本数据类型相似，只需要在数据类型一栏中找到指定的用户自定义类型即可。比如图 10-10 声明了 statConveyInfor 变量，其类型为 typeConveySystem。

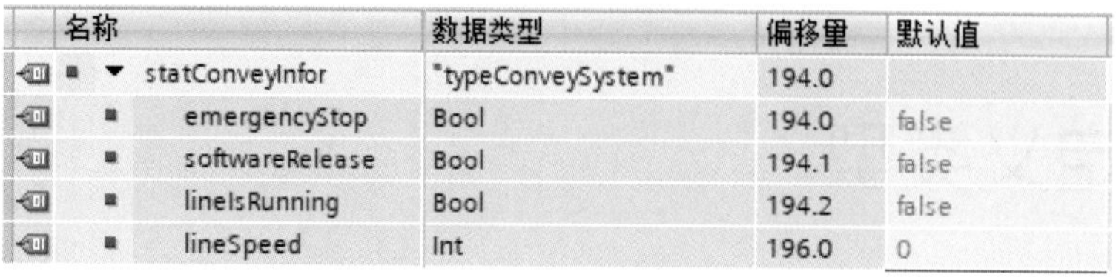

	名称	数据类型	偏移量	默认值
▾	statConveyInfor	"typeConveySystem"	194.0	
■	emergencyStop	Bool	194.0	false
■	softwareRelease	Bool	194.1	false
■	lineIsRunning	Bool	194.2	false
■	lineSpeed	Int	196.0	0

图10-10 用户自定义类型变量的声明

用户自定义类型变量元素的引用与结构体类似，也是使用点运算符，格式如下：

< 用户自定义变量 > + "."+< 元素名称 >

比如，获取生产线的运行速度，可以使用下面的代码：

```
#tmpLineSpeed:=#statConveyInfor.lineSpeed;
```

10.5 系统数据类型

系统数据类型是系统预先定义的一些数据结构，用户可以在程序中使用，但是不能更改。常用的系统数据类型见表 10-3。

表10-3 常用系统数据类型

名称	长度（字节）	说明
IEC_TIMER	16	IEC 定时器数据类型
IEC_LTIMER	32	IEC 长定时器数据类型
IEC_COUNTER	6	IEC 计数器数据类型
IEC_LCOUNTER	24	IEC 长计数器数据类型
TADDR_Param	8	UDP 通信地址的系统数据类型
TCON_Param	64	开放式以太网通信用于建立连接的系统数据类型
HSC_Period	12	高速计数器指定时间段测量的系统数据类型

第11章

SCL扩展指令

11.1 日期时间指令

11.1.1 时间加减指令

时间相加指令 T_ADD 可以将两个时间值相加，并将相加的结果返回。它有 2 个输入参数：IN1 和 IN2。结果的类型取决于输入参数的类型，有两种可能：

① IN1 和 IN2 都是 Time 类型，其相加的结果也是 Time 类型；

② IN1 是长日期时间型（DTL），IN2 是 Time 类型，其相加的结果是 DTL。

举个例子：把当前时间 2021-1-2 20:08 加上 1h30min，其结果存放到 tmpDTL 中，可以使用图 11-1 所示的代码。

```
3 ⊟#tmpDTL := T_ADD(IN1 := DTL#2021-1-2-20:08:00 ,
4  |              IN2 :=t#1h30m);
```

图11-1 T_ADD指令示例

其结果 tmpDTL= DTL#2021-01-02-21:38:00。

也可以将两个时间值相加，其结果是时间类型。比如：图 11-2 将两个时间变量 tmpTime1 和 tmpTime2 相加，其结果存放到 tmpResultTime 中。

```
6  //time
7 ⊟#tmpResultTime := T_ADD(IN1 := #tmpTime1,
8  |                        IN2 := #tmpTime2);
```

图11-2 T_ADD指令时间值相加

假设 #tmpTime1 的值为 T#20h30m(20h30min)；#tmpTime2 的值为 T#8h25m(8h25min)，那么执行时间加指令 T_ADD 后，tmpResultTime 的值为 T#ld_4h_55m(1d4h55min)。

与时间相加指令类似，时间相减指令 T_SUB 指令也有 2 个输入参数 IN1 和 IN2，其结果是 IN1 减去 IN2 的值。将两个时间值相减，结果的数据类型取决于输入参数的类型，有两种可能：

① IN1 和 IN2 都是 Time 类型，那么其结果是 Time 类型；

② IN1 是 DTL 类型，IN2 是 Time 类型，那么其结果是 DTL 类型。

举个例子：图 11-3 所示的代码将时间变量 tmpTime1 减去 tmpTime2，其结果存放到 tmpResultTime 中。

```
12  //时间相减
13 ⊟#tmpResultTime := T_SUB(IN1 := #tmpTime1,
14                          IN2 := #tmpTime2);
```

图11-3 T_SUB示例

假设：

```
#tmpTime1 := T#20h30m;
#tmpTime2 := T#8h25m;
```

那么，

```
tmpResultTime=T#12h_5m;
```

也可以将一个 DTL 变量减去 Time 变量，其结果是 DTL 变量。比如图 11-4 所示的代码。

```
16  //DTL-Time 时间相减
17 ⊟#tmpDTLResult := T_SUB(IN1 := #tmpDTL1,
18                          IN2 := #tmpTime1);
```

图11-4 T_SUB示例（DTL变量减去Time变量）

假设：

```
#tmpDTL1 := DTL#2021-1-2-20:08:00;
#tmpTime1 := T#1h12m30s;
```

那么，

```
tmpDTLResult=DTL#2021-01-02-18:55:30;
```

11.1.2 时钟读写指令

指令 RD_SYS_T 可以读取 CPU 的当前系统时间和日期，指令 WR_SYS_T 可以设置 CPU 的当前系统时间和日期。

11.1.2.1 RD_SYS_T指令

RD_SYS_T 指令能读取 CPU 内部存储的时间和日期，并将其转化成世界协调时间。该指令有 1 个输出参数（_dtl_out）和 1 个返回值（Ret_Val），其基本语法如下：

```
Ret_Val := RD_SYS_T(_dtl_out_);
```

指令中的 "_dtl_out_" 是输出参数，即读取到的时间值。该时间值不包括本地时区或夏令时偏移量等信息，其数据类型根据 CPU 类型不同有所不同：

① 对于 S7-1200 系列 CPU，其数据类型为 DTL；

② 对于 S7-1500 系列 CPU，其数据类型为 DT、LDT 或者 DTL。

返回值 Ret_Val 的数据类型为整数（Int），用于返回指令执行的状态，其编码如表 11-1 所示。

表11-1 RD_SYS_T返回值编码（十六进制）

编码（十六进制）	描述
0000	没有错误
8081	OUT 输出值的范围超出界限

举个例子：首先定义两个临时变量 tmpCPUSystemTime 和 tmpReturnValue，如图 11-5 所示。

图11-5　临时变量定义

使用指令 RD_SYS_T 读取系统时间并存放到 tmpCPUSystemTime 中，代码如图 11-6 所示。

```
2  //读取系统时间
3  #tmpReturnValue := RD_SYS_T(#tmpCPUSystemTime);
```

图11-6　读取系统时间

11.1.2.2　WR_SYS_T指令

指令 WR_SYS_T 能够设置 CPU 的当前系统时间。该指令有 1 个输入参数（_dtl_out）和 1 个返回值（Ret_Val），其基本语法如下：

```
Ret_Val := WR_SYS_T(_dtl_in_);
```

输入参数（_dtl_out）是要设置的时间值，不包括本地时区或夏令时偏移。其数据类型根据 CPU 类型的不同有所不同：

① 对于 S7-1200 系列 CPU，其数据类型为 DTL；

② 对于 S7-1500 系列 CPU，其数据类型为 DT、LDT 或者 DTL。

返回值（Ret_Val）返回指令执行的状态，其编码如表 11-2 所示。

表11-2　WR_SYS_T返回值编码（十六进制）

编码（十六进制）	描述
0000	没有错误
8080	日期错误
8081	时间错误
8082	月（month）数值无效
8083	日（day）数值无效
8084	小时（hour）数值无效
8085	分钟（minute）数值无效
8086	秒（second）数值无效
8087	纳秒（nanosecond）数值无效
80B0	实时时钟故障

举个例子：使用 WR_SYS_T 指令设置 CPU 的系统时间为 2021-1-3 09:41:00，代码如图 11-7 所示。

```
6  //设置系统时间
7  #tmpCPUSystemTime := DTL#2021-1-3-09:41:00;
8  #tmpReturnValue := WR_SYS_T(#tmpCPUSystemTime);
```

图11-7　设置系统时间

1101- 读写
CPU 系统
时钟

11.2 字符串操作指令

本节介绍字符串操作指令，字符串相关内容，请参见 7.1.6 节。

11.2.1 获取字符串当前长度

指令 LEN 可以获取字符串的当前长度，并返回到输出参数中，其基本语法如下：

```
Out := LEN(_string_in_);
```

输入参数"_string_in_"可以是字符串或者宽字符串，返回值"Out"是整数。比如声明字符串 tmpString，如图 11-8 所示。

要获取字符串变量 tmpString 的当前长度，可以使用图 11-9 所示的代码。

名称	数据类型	默认值
▼ Temp		
■ tmpString	String[29]	
■ tmpLen	Int	

图11-8 字符串变量tmpString声明

```
2   //字符串操作
3   //获取字符串当前长度
4   #tmpString := String#'Hello Jack';
5   #tmpLen := LEN(#tmpString);
```

图11-9 获取字符串当前长度

执行指令后，tmpLen 的值等于 10。

11.2.2 获取字符串最大长度

指令 MAX_LEN 可以获取字符串的最大长度，并返回到输出参数中，其基本语法如下：

```
Out := MAX_LEN(_string_in_);
```

输入参数"_string_in_"可以是字符串或者宽字符串，返回值"Out"是整数。仍然以前面的 tmpString 为例，获取其最大长度可以使用图 11-10 所示的代码。

```
7   //获取字符串的最大长度
8   #tmpString := String#'Hello Jack';
9   #tmpLen := MAX_LEN(#tmpString);
```

图11-10 获取字符串的最大长度

执行指令后，tmpLen 的值等于 29。

11.2.3 读取字符串左侧字符

指令 LEFT 可以读取字符串左侧指定长度的字符并返回，其基本语法是：

```
Out := LEFT(IN:=_string_in_ , L:=_int_in_);
```

该指令有 2 个输入参数：

① IN（_string_in_）：要读取的字符串。

② L（_int_in_）：要读取的字符长度。

返回值"Out"是读取到的字符串。

举个例子：要求读取 11.2.1 节例子中字符串 tmpString 左侧的 5 个字符并返回。首先声明字符串 tmpSubString String[15]，然后使用图 11-11 所示的代码。

```
11  //读取字符串tmpString左侧5个字符
12  #tmpString := String#'Hello Jack';
13  #tmpSubString := LEFT(IN := #tmpString, L := 5);
```

图11-11 获取字符串左侧5个字符

执行指令后，tmpSubstring 的值为 'Hello'。

11.2.4 读取字符串右侧字符

指令 RIGHT 可以读取字符串右侧指定长度的字符并返回，其基本语法是：

```
Out := RIGHT(IN:=_string_in_ , L:=_int_in_ );
```

该指令有 2 个输入参数：

① IN（_string_in_）：要读取的字符串。

② L（_int_in_）：要读取的字符长度。

返回值"Out"是读取到的字符串。

举个例子：在 11.2.3 节的基础上，读取字符串 tmpString 右侧的 4 个字符，并存放到 tmpSubString 中，可以使用图 11-12 所示的代码。

```
15  //读取字符串tmpString右侧4个字符
16  #tmpSubString := RIGHT(IN := #tmpString, L := 4);
```

图11-12 RIGHT指令示例

执行指令后，tmpSubstring 的值为 'Jack'。

11.2.5 读取字符串中间字符

指令 MID 可以从字符串的指定位置开始，读取指定长度的字符并返回，其基本语法是：

```
Out := MID(IN:=_string_in_ , L:=_int_in_ , P:=_int_in_ );
```

该指令有 3 个输入参数：

① IN（_string_in_）：要读取的字符串。

② L（_int_in_）：要读取的字符长度。

③ P（_int_in_）：读取的起始位置，编号从 1 开始。

返回值"Out"是读取到的字符串。

举个例子：假设要读取字符串 'Hello China, you are great' 从第 7 个字符开始、长度为 5 的字符，可以使用图 11-13 所示的代码。

```
18  //读取字符串中间字符示例
19  #tmpString := String#'Hello China,you are great';
20  #tmpSubString := MID(IN := #tmpString, L := 5, P := 7);
```

图11-13 读取字符串中间字符示例

执行指令后，tmpSubString 的值为 'China'。

11.2.6 插入字符串

指令 INSERT 可以将一个字符串插入另一个字符串的指定位置，并返回一个新的字符串，其基本语法是：

```
Out := INSERT(IN1:=_string_in_, IN2:=_string_in_, P:=_int_in_);
```

该指令有 3 个输入参数：

① IN1（_string_in_）：被插入的字符串。

② IN2（_string_in_）：要插入的字符串。

③ P（_int_in_）：要插入的位置，编号从 1 开始。

返回值"Out"是新生成的字符串。

举个例子：假设要在字符串 'Hello China，you are great' 从第 12 个字符开始，插入另一个字符串 'you are the best，'，可以使用图 11-14 所示的代码。

```
22  //插入字符串示例
23  #tmpString := String#'Hello China,you are great';
24  #tmpString2 := String#'you are the best,';
25  #tmpSubString := INSERT(IN1 := #tmpString,
26                          IN2 := #tmpString2,
27                          P := 12);
```

图11-14 字符串INSERT指令示例

执行指令后，tmpSubString 的值为 'Hello China，you are the best，you are great'。

11.2.7 替换字符串

指令 REPLACE 可以将字符串中的一部分替换成另一个字符串，并返回一个新的字符串，其基本语法是：

```
Out := REPLACE(IN1:=_string_in_,
IN2:=_string_in_,
L:=_int_in_,
P:=_int_in_);
```

该指令有 4 个输入参数：

① IN1（_string_in_）：要被替换的字符串。

② IN2（_string_in_）：替换的字符串。

③ L（_int_in_）：要替换的字符数。

④ P（_int_in_）：替换的起始位置，编号从 1 开始。

举个例子：要将字符串 'Hello Jack，welcome to study SCL' 中的 Jack，替换成 Rose，则可以使用图 11-15 所示的代码。

```
29  //字符串替换示例
30  #tmpString := String#'Hello Jack,welcome to study SCL';
31  #tmpString2 := String#'Rose';
32  #tmpSubString := REPLACE(IN1 := #tmpString,
33                           IN2 := #tmpString2,
34                           L := 4,
35                           P := 7);
```

图11-15　字符串替换示例

11.3　中断指令

中断是 CPU 停止当前的任务转而去执行其他任务的过程。中断执行前 CPU 会对当前的执行环境进行保留（保存现场），当中断处理完成后，会恢复现场以继续执行之前的任务。能够引发中断的事件称为中断事件。中断事件的类型很多，比如硬件中断、循环中断、时间中断、延时中断等。当中断事件发生后，CPU 会调用相应的中断组织块来处理中断，比如，一个硬件中断事件发生后，CPU 会调用某个硬件中断组织块来处理该中断；一个时间中断事件发生后，CPU 会调用某个时间中断组织块来处理。关于组织块的相关内容，请参见 5.2 节。

中断机制是一种非常高效的机制，它既能保证中断事件发生后 CPU 能够及时处理，又能保证事件未发生时 CPU 不浪费宝贵的运行资源去对事件进行反复监测，极大地提高了 CPU 的效率。本节介绍的中断指令，是将中断事件与中断组织块进行联系的桥梁。

11.3.1　硬件中断的绑定与解绑

当发生一个硬件中断事件后，CPU 会调用某个硬件中断组织块来处理该中断。那么问题来了：如果有多个硬件中断组织块，应该选择哪一个来处理该事件的呢？这就涉及中断事件和中断组织块的绑定问题。

用两个方法可以将硬件中断事件与硬件中断组织块绑定起来。

第 1 种方法是在硬件组态中，启用硬件中断事件时直接将其与特定的中断组织块绑定。比如图 11-16，启用数字量输入通道 0 的上升沿检测事件，将该事件与硬件中断组织块 OB40_InputDetect 绑定。

图11-16　在硬件组态中将中断事件与中断组织块绑定

第 2 种方法是使用 ATTACH 指令将中断事件与中断组织块绑定。ATTACH 指令的基本语法如下：

```
returnValue:=ATTACH(OB_NR:=_ob_att_in_,
EVENT:=_event_att_in_,
ADD:=_bool_in_);
```

该指令有 3 个输入参数：

① OB_NR：要绑定的组织块。

② EVENT：要绑定的事件。

③ ADD：表示该事件是添加到组织块的事件队列中还是取代之前的事件。0= 取代组织块之前的事件；1= 将该事件添加到组织块的事件队列中。

返回值 "returnValue" 为整数，用来表明指令执行的状态：0= 没有错误；8090=OB 不存在；8091=OB 类型错误；8093= 事件不存在。

举个例子：将组织块 OB_OB40_InputDetect 与中断事件 Channel2RisingDection 绑定，可以使用图 11-17 所示的代码。

```
3  //将组织块OB_OB40_InputDetect
4  //与中断事件Channel2RisingDection绑定
5 □#tmpReturnValue:=ATTACH(OB_NR:="OB_OB40_InputDetect",
6                          EVENT:="Channel2RisingDection",
7                          ADD:=0);
```

图11-17　ATTACH指令示例

反过来，如果想将某个中断事件与中断组织块解绑，可以使用 DETACH 指令，其基本语法如下：

```
returnValue:=DETACH(OB_NR:=_ob_att_in_,
EVENT:=_event_att_in_);
```

该指令有 2 个输入参数：

① OB_NR：要解除绑定的组织块。

② EVENT：要解除绑定的事件。

返回值 "returnValue" 为整数，用来表明指令执行的状态，其取值含义与 ATTCH 相同。

举个例子：将组织块 OB_OB40_InputDetect 与中断事件 Channel2RisingDection 解除绑定，可以使用图 11-18 所示的代码。

```
 9  //将组织块OB_OB40_InputDetect
10  //与中断事件Channel2RisingDection解除绑定
11 □#tmpReturnValue:=DETACH(OB_NR:="OB_OB40_InputDetect",
12                          EVENT:="Channel2RisingDection");
```

图11-18　DETACH指令示例

11.3.2　循环中断的设置与查询

5.2.5 节介绍了循环中断组织块，它是一种会被操作系统以固定的时间间隔调用的组织块。循环中断组织块可以有一个或多个，为了防止具有公倍数的两个或多个循环中断组织块同时启动，可以设置其启动时间偏移。可以在创建组织块的时候设置其循环中断的时间间隔及启动偏移时间，也可以在程序运行过程中使用指令 SET_CINT 进行设置。

SET_CINT 指令的基本语法如下：

```
returnValue:=SET_CINT(OB_NR:=_ob_cyclic_in_,
CYCLE:=_udint_in_,
PHASE:=_udint_in_);
```

该指令有 3 个输入参数：

① OB_NR：要设置参数的循环中断组织块。

② CYCLE：数据类型 UDInt，循环间隔时间。

③ PHASE：数据类型 UDInt，相位偏移时间。

返回值 "returnValue" 是整数，表明指令执行的状态：0 表示没有错误；8090 表示 OB 不存在或类型错误；8091 表示时间间隔错误；8092 表示相位偏移错误；80B2 表示没有为 OB 指定事件。

 说明 在 S7-1200 系列 CPU 中，循环中断组织块的时间设置范围为 1 ~ 60000，单位为毫秒（ms）；在 S7-1500 系列 CPU 中，循环中断组织块的时间设置范围为 500 ~ 60000000，单位为微秒（μs）。

举个例子：假设要在 S7-1200 系列的 CPU 中设置循环中断组织块 OB30（OB_Cyclic interrupt）的循环时间为 500ms，相位偏移时间为 10ms，可以使用图 11-19 所示的代码。

```
14   //设置循环中断组织块OB30的循环时间为500毫秒
15   //时间偏移为10毫秒
16 ⊟#tmpReturnValue := SET_CINT(OB_NR := "OB_Cyclic interrupt",
17 │                            CYCLE := 500,
18 └                            PHASE := 10);
```

图11-19　SET_CINT示例

如果想查询某个循环中断组织块的循环时间和相位偏移时间，可以使用 QRY_CINT 指令，其基本语法如下：

```
returnValue:=QRY_CINT(OB_NR:=_ob_cyclic_in_,
CYCLE=>_udint_out_,
PHASE=>_udint_out_,
STATUS=>_word_out_);
```

该指令有 1 个输入参数和 3 个输出参数：

① OB_NR：输入，要查询的循环中断组织块。

② CYCLE：输出，数据类型 UDInt，循环间隔时间。

③ PHASE：输出，数据类型 UDInt，相位偏移时间。

④ STATUS：输出，数据类型 Word，循环中断组织块的状态字（见表 11-3）。

返回值 "returnValue" 是整数，表明指令执行的状态：0 表示没有错误；8090 表示 OB 不存在或类型错误；80B2 表示没有为 OB 指定结果。

表 11-3　指令输出状态字 STATUS 的定义

位	描述
0	未使用，始终为 0
1	0= 已启用循环中断；1= 已延迟循环中断
2	0= 循环中断未启用或已到期；1= 已启用循环中断
3	未使用，始终为 0
4	0= 不存在指定编号的 OB；1= 存在指定编号的 OB
其他	未使用，始终为 0

举个例子：要查询循环中断组织块 OB30（OB_Cyclic interrupt）的循环时间和相位偏移时间，可以使用图 11-20 所示的代码。

```
11  //查询循环中断组织块循环时间及相位偏移
12 ⊟#tmpReturnValue := QRY_CINT(OB_NR := "OB_Cyclic interrupt",
13                              CYCLE => #tmpCyleTime,
14                              PHASE => #tmpPhase,
15                              STATUS => #tmpStatus);
```

图11-20　QRY_CINT指令示例

 注意　如果是 S7-1200 CPU，返回 CYCLE、PHASE 的时间单位为 ms；如果是 S7-1500 CPU，返回 CYCLE、PHASE 的时间单位为 μs。

11.3.3　日期时间中断的设置与启用

日期时间中断组织块可以通过设置日期时间，使 CPU 执行一次性或周期性的调用。可以在硬件组态中设置启动的日期时间，也可以使用指令 SET_TINT 进行设置。指令 SET_TINT 的基本语法如下：

```
returnValue:=SET_TINT(OB_NR:=_ob_tod_in_,
SDT:=_date_and_time_in_,
PERIOD:=_word_in_);
```

该指令有 3 个输入参数：

① OB_NR：要设置的日期时间中断组织块。

② SDT：数据类型 DT，要设置的日期时间值。

③ PERIOD：数据类型 Word，要执行的时间间隔（见表 11-4）。

返回值"returnValue"是整数，表明指令执行的状态：0= 没有错误；8090=OB 不存在或类型错误；8091= 参数 SDT 错误；8092= 参数 PERIOD 错误；80A1= 设置的启动时间已过。

表 11-4　PERIOD 时间间隔

取值	执行频率
W#16#0000	执行一次
W#16#0201	每分钟一次
W#16#0401	每小时一次
W#16#1001	每天一次

取值	执行频率
W#16#1201	每周一次
W#16#1401	每月一次
W#16#1801	每年一次
W#16#2001	每个月末一次

举个例子：假设要设置日期时间中断组织块 OB10（OB_TimeOfDay）的启动日期时间为 2021-1-12 19:32，执行频率为每小时一次，则可以使用图 11-21 所示的代码。

```
17  //设置日期时间中断组织块的启动日期时间和频率
18  #tmpDateAndTime:=DT#2021-1-12-19:32:0;
19  #tmpPeriod := w#16#0401;//每小时执行一次
20  #tmpReturnValue := SET_TINT(OB_NR:="OB_TimeOfDay",
21                              SDT:=#tmpDateAndTime,
22                              PERIOD:=#tmpPeriod);
```

图11-21　SET_TINT指令示例

指令 SET_TINTL 与 SET_TINT 类似，不过它可以指定使用本地时间还是系统时间，其基本语法为：

```
returnValue:=SET_TINTL(OB_NR:=_ob_tod_in_,
                       SDT:=_dtl_in_,
                       LOCAL:=_bool_in_,
                       PERIOD:=_word_in_,
                       ACTIVATE:=_bool_in_);
```

该指令有 5 个输入参数：

① OB_NR：要设置的日期时间中断组织块。

② SDT：数据类型 DTL，要设置的日期时间值。

③ LOCAL：布尔型，用于指定使用本地时间还是系统时间。TRUE= 本地时间；FALSE= 系统时间。

④ PERIOD：数据类型 Word，要执行的时间间隔（见表 11-4）。

⑤ ACTIVATE：布尔型，是否激活时间中断。TRUE= 设置并激活时间中断；FALSE= 设置时间中断，并在调用 ACT_TINT 指令时激活。

返回值 "returnValue" 是整数，表明指令执行的状态：0= 没有错误；8090=OB 不存在或类型错误；8091= 参数 SDT 错误；8092= 参数 PERIOD 错误；80A1= 设置的启动时间已过。

举个例子：假设要设置日期时间中断组织块 OB10（OB_TimeOfDay）的启动日期时间为本地时间 2021-1-12 19:54，执行频率为每小时一次，设置完成后不激活，则可以使用图 11-22 所示的代码。

```
25  //设置日期时间中断组织块的启动日期时间和频率
26  #tmpDTL := DT#2021-1-12-19:54:0;
27  #tmpPeriod := w#16#0401;//每小时执行一次
28  #tmpReturnValue := SET_TINTL(OB_NR := "OB_TimeOfDay",
29                               SDT := #tmpDTL,
30                               LOCAL := TRUE,
31                               PERIOD := #tmpPeriod,
32                               ACTIVATE := FALSE);
```

图11-22　SET_TINTL指令示例

指令 ACT_TINT 可以激活已经设置的日期时间中断，其基本语法是：

```
returnValue:=ACT_TINT(_ob_tod_in_);
```

该指令只有 1 个输入参数 "_ob_tod_in_"，表示要激活的中断组织块。

返回值 "returnValue" 为整数，表示指令执行的状态：0= 没有错误；8090=OB 不存在或类型错误；80A0= 没有为时间中断组织块设置开始时间；80A1= 要激活的启动时间已过。比如，要激活前述日期时间中断组织块 OB_TimeOfDay，可以使用图 11-23 所示的代码。

```
32  //激活已经设置的时间日期中断组织块
33  #tmpReturnValue := ACT_TINT("OB_TimeOfDay");
```

图11-23 ACT_TINT指令示例

指令 QRY_TINT 可以查询时间中断的状态，其基本语法如下：

```
returnValue:=QRY_TINT(OB_NR:=_ob_tod_in_,
                      STATUS=>_word_out_);
```

该指令的输入参数 OB_NR 表示要查询的组织块。

输出参数 "STATUS"，其数据类型为 Word，表示查询的状态，其定义见表 11-5。

返回值 "returnValue" 为整数，表示指令执行的状态：0= 没有错误；8090= 参数 OB_BR 错误。

表11-5 QRY_TINT指令的输出状态字

位	描述
0	未使用，始终为 0
1	0= 已启用日期时间中断；1= 已禁用
2	0= 日期时间中断未激活或已过去；1= 已激活
3	未使用，始终为 0
4	0=OB 不存在；1=OB 存在
5	未使用，始终为 0
6	0= 日期时间中断基于系统时间；1= 基于本地时间
其他	未使用，始终为 0

比如，要查询前述日期时间中断组织块 OB_TimeOfDay 的状态，可以使用图 11-24 所示的代码。

```
35  //查询已经设置的日期时间中断
36  #tmpReturnValue := QRY_TINT(OB_NR := "OB_TimeOfDay",
37                              STATUS => #tmpStatus);
```

图11-24 QRY_TINT指令示例

如果要取消已经设置的日期时间中断，可以使用 CAN_TINT 指令。该指令可以删除指定日期时间中断组织块的开始时间，其基本语法如下：

```
returnValue:=CAN_TINT(_ob_tod_in_);
```

指令中的参数 "_ob_tod_in_" 表示要取消的组织块，返回值 "returnValue" 为整数，表示指令执行的状态：0= 没有错误；8090= 参数 OB_BR 错误；80A0= 该 OB 没有定义开始时间。

比如，要取消前述日期时间中断组织块 OB_TimeOfDay 的启动，可以使用图 11-25 所示的代码。

```
39  //取消已经设置的日期时间中断
40  #tmpReturnValue := CAN_TINT("OB_TimeOfDay");
```

图11-25 CAN_TINT指令示例

11.3.4 延时中断的启用与取消

当延时中断组织块被激活后，操作系统会延时调用它。指令 SRT_DINT 可以设置延时的时间并将指定的延时中断组织块激活，其基本语法是：

```
returnValue:=SRT_DINT(OB_NR:=_ob_delay_in_,
                              DTIME:=_time_in_,
                              SIGN:=_word_in_);
```

该指令有 3 个输入参数：
① OB_NR：要激活的延时中断组织块。
② DTIME：数据类型 Time，要延时的时间（1～60000ms）。
③ SIGN：数据类型 Word，传递给延时 OB 的标识符。

如果在执行延时中断前再次调用 SRT_DINT 指令，系统会删除现有的延时中断，并重新设置一个新的延时中断时间。返回值"returnValue"为整数，表示指令执行的状态：0= 没有错误；8090= 参数 OB_BR 错误；8091= 参数 DTIME 错误。

举个例子：要设置延时中断组织块 OB20（OB_Time delay interrupt）在指令 SRT_DINT 调用后 1000ms 开始执行，可以使用图 11-26 所示的代码。

```
3  //设置延时中断组织块启动时间为指令执行后1000ms
4  #tmpReturnValue := SRT_DINT(OB_NR := "OB_Time delay interrupt",
5                              DTIME := T#1000ms,
6                              SIGN := #tmpSignFalg);
```

图11-26 SRT_DINT指令示例

指令 QRY_DINT 可以查询延时中断的状态，其基本语法是：

```
returnValue:=QRY_DINT(OB_NR:=_ob_delay_in_,
                              STATUS=>_word_out_)
```

该指令有 1 个输入参数和 1 个输出参数：
① OB_NR：输入参数，要查询的延时中断组织块。
② STATUS：输出参数，指令的输出状态字（见表 11-6）。

返回值"returnValue"为整数，表示指令执行的状态：0= 没有错误；8090= 参数 OB_BR 错误。

表11-6 QRY_DINT指令的STATUS状态

位	描述
0	未使用，始终为0
1	0= 已启用延时中断；1= 已禁用

位	描述
2	0 表示延时中断未激活或已过去；1 表示已激活
3	未使用，始终为 0
4	0 表示 OB 不存在；1 表示 OB 存在
其他	未使用，始终为 0

比如，要查询上述延时中断组织块 OB20（OB_Time delay interrupt）的状态，可以使用图 11-27 所示的代码。

```
 8   //查询延时中断的状态
 9  #tmpReturnValue := QRY_DINT(OB_NR := "OB_Time delay interrupt",
10                              STATUS => #tmpStatus);
```

图11-27 QRY_DINT指令示例

如果要取消已经组态的延时中断，可以使用 CAN_DINT 指令，其基本语法是：

```
returnValue:=CAN_DINT(_ob_delay_in_);
```

该指令的输入参数为要取消的延时中断组织块，返回值"returnValue"为整数，表示指令执行的状态：0= 没有错误；8090= 参数 OB_BR 错误；80A0= 延时中断尚未启动。

比如，要取消延时中断组织块 OB20（OB_Time delay interrupt），可使用图 11-28 所示的代码。

```
12   //取消延时中断
13   #tmpReturnValue := CAN_DINT("OB_Time delay interrupt");
```

图11-28 CAN_DINT指令示例

11.4　配方管理

11.4.1　配方概述

配方是生产同类产品的不同型号时所使用的参数数据，这些数据有类似的组成，但是具体数据量有所不同。比如果汁的配方，其基本组成可能包括浓缩果汁、水、白砂糖、果胶、维生素 C 等，这些基本组成是类似的，但是不同的果汁其使用量是不同的，这种不同的量就构成一个配方。

除了食品饮料行业，任何同类产品的不同型号的生产都可以使用配方进行管理。比如，某汽车生产厂的汽车散热器系统的大小有所不同，对抽真空加注的要求也不同，这里就可以使用配方进行管理。配方的数据可以包括：粗抽真空值、精抽真空值、真空泄漏值、后真空值、加注量等。本节配方管理的指令都以该散热系统配方为例进行介绍。

配方一旦确定好之后，一般很少改动。CPU 装载存储器的容量远远大于工作存储器，因此可以将配方的数据块放在 CPU 的装载存储器中，这样可以节省宝贵的工作存储器资源。如果需要对配方进行改动，使用指令 READ_DBL 将其从装载存储器加载到工作存储器中。修改完成后，再使用 WRIT_DBL 指令将其从工作存储器保存到装载存储器中。

11.4.2 配方相关数据块

为了进行配方管理，首先定义一个用户自定义数据类型 typeCoolant，其结构见表 11-7。

表11-7 typeCoolant数据结构

名称	数据类型	说明
Name	String[20]	车辆型号名
CoarseVacuum	real	粗抽真空，单位 mbar
FineVaccum	real	精抽真空，单位 mbar
VacuumLeakTest	real	真空泄漏测试值，单位 mbar
PostVacuum	real	后真空，单位 mbar
FillingVolum	Int	加注量，单位 ml

在博途环境左侧项目树“PLC 数据类型”中双击“添加新数据类型”，添加新的用户自定义数据类型 typeCoolant，如图 11-29 所示。

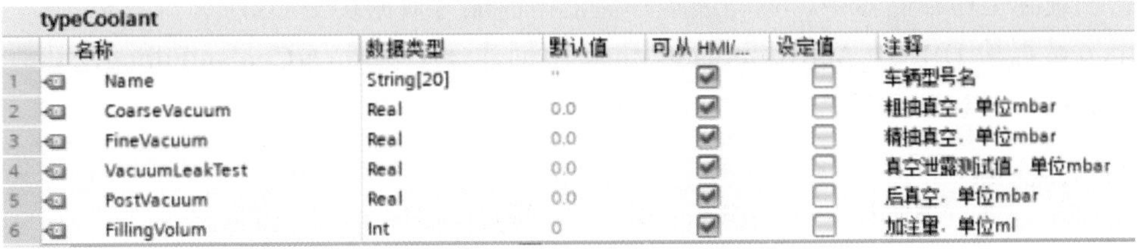
typeCoolant

	名称	数据类型	默认值	可从 HMI/...	设定值	注释
1	Name	String[20]	''	☑	☐	车辆型号名
2	CoarseVacuum	Real	0.0	☑	☐	粗抽真空，单位mbar
3	FineVaccum	Real	0.0	☑	☐	精抽真空，单位mbar
4	VacuumLeakTest	Real	0.0	☑	☐	真空泄露测试值，单位mbar
5	PostVacuum	Real	0.0	☑	☐	后真空，单位mbar
6	FillingVolum	Int	0	☑	☐	加注量，单位ml

图11-29 添加新的数据类型typeCoolant

更多关于用户自定义类型的内容，请参见 10.4 节。

接下来创建配方数据块 DB100_Coolant，在其中添加数组变量 carCoolantFilling，其数据类型为 typeCoolant，如图 11-30 所示。

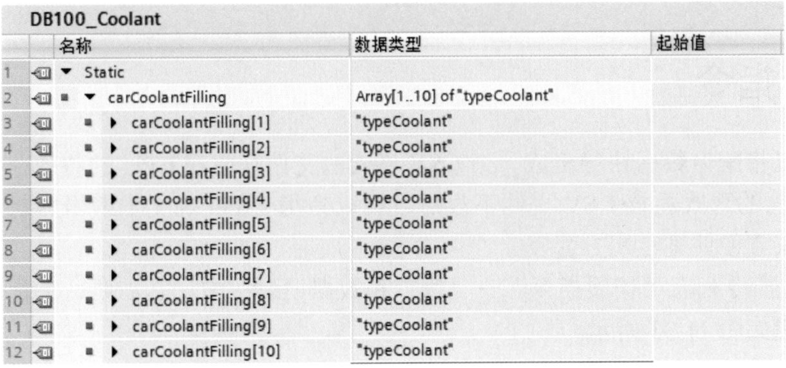
DB100_Coolant

	名称	数据类型	起始值
1	Static		
2	carCoolantFilling	Array[1..10] of "typeCoolant"	
3	carCoolantFilling[1]	"typeCoolant"	
4	carCoolantFilling[2]	"typeCoolant"	
5	carCoolantFilling[3]	"typeCoolant"	
6	carCoolantFilling[4]	"typeCoolant"	
7	carCoolantFilling[5]	"typeCoolant"	
8	carCoolantFilling[6]	"typeCoolant"	
9	carCoolantFilling[7]	"typeCoolant"	
10	carCoolantFilling[8]	"typeCoolant"	
11	carCoolantFilling[9]	"typeCoolant"	
12	carCoolantFilling[10]	"typeCoolant"	

图11-30 创建配方数据块

我们期望数据块 DB100_Coolant 仅存放在装载存储器中。因此，选中该数据块并右键单击"属性"，在弹出的对话框中，勾选"仅存储在装载内存中"，如图 11-31 所示。

图11-31　更改DB100_Coolant的属性

到目前为止，已经创建了用户自定义数据类型和存储数据块，接下来要创建一个活动配方数据块，它加载到工作存储器中，可与装载存储器中的配方数据块交换数据。

在活动配方数据块 DB101_ActiveCoolantFilling 中创建一个变量 carCoolantFilling，其数据类型为 typeCoolant，如图 11-32 所示。

		名称	数据类型	起始值	保持	设定值	注释
1		▼ Static					
2		▼ carCoolantFilling	"typeCoolant"				
3		Name	String[20]	''			车辆型号名
4		CoarseVacuum	Real	0.0			粗抽真空，单位mbar
5		FineVacuum	Real	0.0			精抽真空，单位mbar
6		VacuumLeakTest	Real	0.0			真空泄露测试值，单位mbar
7		PostVacuum	Real	0.0			后真空，单位mbar
8		FillingVolum	Int	0			加注量，单位ml

DB101_ActiveCoolantFilling

图11-32　活动配方数据块DB101_ActiveCoolantFilling

11.4.3　配方导出指令

指令 RecipeExport 可以将配方数据块导出成一个 CSV 格式的文件存放在 CPU 的装载存储器中，用户通过网络访问的形式将该 CSV 文件下载后，可以使用 Excel 等文本编辑器对其进行编辑，这样就可以很方便地进行配方管理。

RecipeExport 指令位于指令列表"扩展指令"→"配方和数据记录"中，它需要一个背景数据块，其初始添加状态如图 11-33 所示。

该指令有 1 个输入参数、4 个输出参数和 1 个输入 / 输出参数，各参数的含义见表 11-8。

```
1   //导出配方数据|
2   //
3   #RecipeExport_Instance(REQ:=_bool_in_ ,
4                          DONE=>_bool_out_ ,
5                          BUSY=>_bool_out_ ,
6                          ERROR=>_bool_out_ ,
7                          STATUS=>_word_out_ ,
8                          RECIPE_DB:=_variant_inout_ );
```

1102- 如何导
出配方数据

图11-33   RecipeExport指令的初始添加状态

表11-8   RecipeExport指令参数含义

参数名	类别	数据类型	说明
REQ	输入	布尔型	请求导出配方,上升沿有效
DONE	输出	布尔型	指令结果:1= 完成;0= 未启动或未完成
BUSY	输出	布尔型	指令状态:1= 正在执行
ERROR	输出	布尔型	是否出错:0= 无错误;1= 有错误
STATUS	输出	Word	指令执行的状态字
RECIPE_DB	输入 / 输出	Variant	配方数据块

举个例子:将创建的 DB100_Coolant 配方数据块导出成 CSV 文件。首先创建函数块
FB26_RecipeManage,为其创建两个输入参数:startExport 和 startImport。在其代码区调用
RecipeExport 指令,如图 11-34 所示。

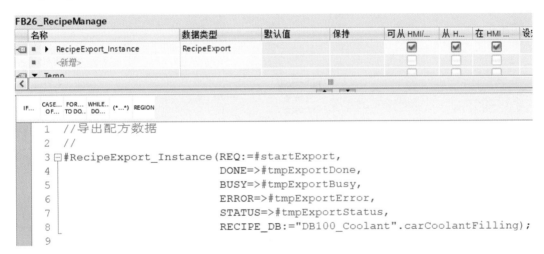

图11-34   导出配方数据

然后在 OB1 中调用该函数块,如图 11-35 所示。

在 M100.0 的上升沿,CPU 会将数据块 DB100_
Coolant 生成一个名称为 DB100_Coolant.csv 的文件,
将该文件下载后,可以使用 Excel 等工具进行编辑。

如果 CPU 使用 SIMATIC 存储卡作为装载存储
器,可以断电后将卡取出用读卡器下载文件。如果
不是,可以启动 CPU 的 Web 服务器功能。

在 CPU 的硬件组态中,打开属性页面,在其
"Web 服务器"属性中,勾选"在此设备的所有模块

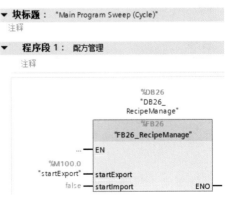

图11-35   导出配方数据块

上激活 Web 服务器"，如图 11-36 所示。

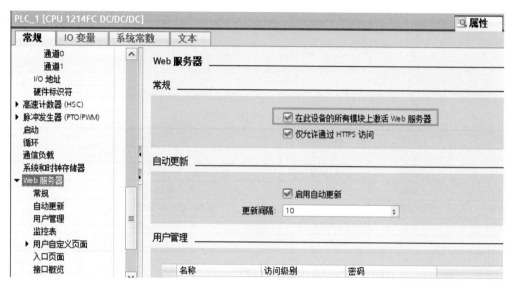

图11-36　激活CPU的Web服务器功能

在用户管理中，新增加一个用户，并激活授权"读取文件"和"写入 / 删除文件"，如图 11-37 所示。

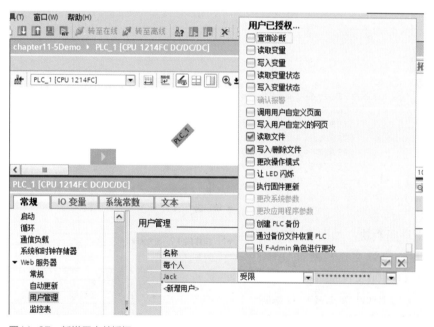

图11-37　新增用户并授权

接下来，将硬件组态重新编译并下载到 CPU 中。然后打开浏览器，在地址栏输入 CPU 的 IP 地址即可访问，如图 11-38 所示。

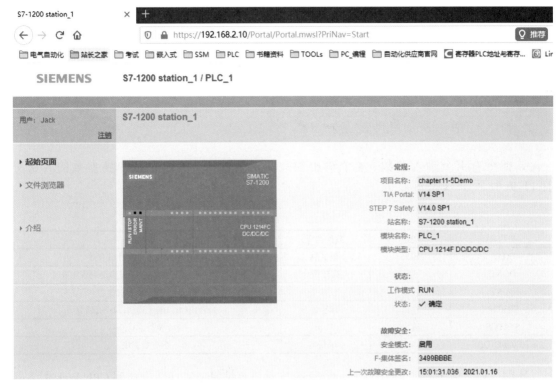

图11-38 以Web服务器的方式访问CPU

在图 11-38 所示界面左上角输入用户名和密码，就可以开启该用户的权限。比如用户名 Jack，可以看到"文件浏览器"选项。单击"文件浏览器"，可以看到两个文件夹"DataLogs"和"Recipes"，后者存放的就是配方文件，如图 11-39 所示。

用户: Jack 注销	**文件浏览器**			
	S7-1200 station_1			
▸ 起始页面	名称	尺寸	上一次更改日期	删除
▸ 文件浏览器	📁 DataLogs		00:00:00 2012.01.01	
	📁 Recipes		00:00:00 2012.01.01	
▸ 介绍	目录操作:			

图11-39 文件浏览器

当执行 RecipeExport 指令后，系统会在"Recipes"文件夹下生成以数据块命名的 CSV 文件，将其下载后可用 Excel 等编辑工具编辑。

11.4.4 配方导入指令

使用 Excel 等工具编辑好的 CSV 配方文件，可以导入数据块中，这需要用到配方导入指令 RecipeImport。该指令也需要背景数据块，其初始添加状态如图 11-40 所示。

```
10    //配方导入指令
11    //
12    #RecipeImport_Instance(REQ:=_bool_in_,
13                           DONE=>_bool_out_,
14                           BUSY=>_bool_out_,
15                           ERROR=>_bool_out_,
16                           STATUS=>_word_out_,
17                           RECIPE_DB:=_variant_inout_);
```

图11-40 RecipeImport指令的初始添加状态

该指令有 1 个输入参数、4 个输出参数和 1 个输入 / 输出参数，各参数的含义见表 11-9。

表11-9 RecipeImport指令参数含义

参数名	类型	数据类型	说明
REQ	输入	布尔型	请求导入配方，上升沿有效
DONE	输出	布尔型	指令结果：1= 完成；0= 未启动或未完成
BUSY	输出	布尔型	指令状态：1= 正在执行
ERROR	输出	布尔型	是否出错：0= 无错误；1= 有错误
STATUS	输出	Word	指令执行的状态字
RECIPE_DB	输入 / 输出	Variant	配方数据块

比如，将之前下载的 DB100_Coolant.csv 文件进行编辑，完成后上传到 CPU Web 服务器的"Recipes"文件夹中。如果存在同名的文件，可以将之前的文件先删除再上传，如图 11-41 所示。

然后在函数块 FB26_RecipeManage 中添加 RecipeImport 指令，如图 11-42 所示。

该指令在形参 startImport 的上升沿将名称为 DB100_Coolant.csv 的文件导入 DB100_Coolant 数据块中。在 OB1 中调用函数块 FB26_RecipeManage，为形参 startImport 赋值 M100.1，如图 11-43 所示。

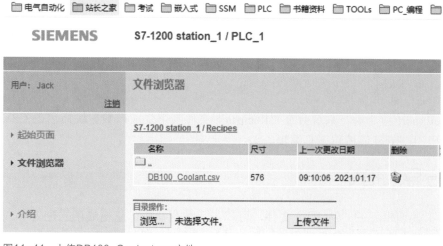

图11-41 上传DB100_Coolant.csv文件

```
10   //配方导入指令
11   //
12 ⊟#RecipeImport_Instance(REQ:=#startImport,
13                         DONE=>#tmpImportDone,
14                         BUSY=>#tmpImportBusy,
15                         ERROR=>#tmpImportError,
16                         STATUS=>#tmpImportStatus,
17                         RECIPE_DB:="DB100_Coolant".carCoolantFilling);
```

图11-42　RecipeImport指令示例

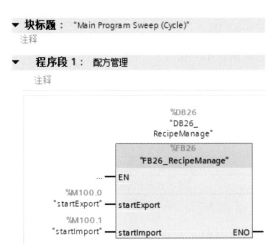

▼　程序段 1： 配方管理

注释

图11-43　OB1中调用函数块FB26_RecipeManage

执行指令后，DB100_Coolant 中数据的起始值变成了在 CSV 文件中修改的数值，说明配方数据已经成功导入，如图 11-44 所示。

DB100_Coolant（创建的快照：2021/1/17 9:27:18）			
	名称	数据类型	起始值
1	▼ Static		
2	▼ carCoolantFilling	Array[1..10] ...	
3	▼ carCoolantFilling[1]	"typeCoolant"	
4	Name	String[20]	'Glof'
5	CoarseVacuum	Real	100.0
6	FineVacuum	Real	30.0
7	VacuumLeakTest	Real	10.0
8	PostVacuum	Real	30.0
9	FillingVolum	Int	5000
10	▼ carCoolantFilling[2]	"typeCoolant"	
11	Name	String[20]	'Zero'
12	CoarseVacuum	Real	100.0
13	FineVacuum	Real	20.0
14	VacuumLeakTest	Real	10.0
15	PostVacuum	Real	20.0
16	FillingVolum	Int	8000
17	▼ carCoolantFilling[3]	"typeCoolant"	
18	Name	String[20]	'Focus'
19	CoarseVacuum	Real	150.0
20	FineVacuum	Real	30.0
21	VacuumLeakTest	Real	10.0
22	PostVacuum	Real	30.0
23	FillingVolum	Int	5000

图11-44　数据块DB100_Coolant的数据已经被修改

11.4.5 读配方指令

由于配方数据块仅存放在装载存储器中，要使用其内部的数据就必须从装载存储器中将数据加载到工作存储器中，这就需要用到 READ_DBL 指令。该指令名称中的"L"表示"Load Memory"，即"装载存储器"，其基本语法如下：

```
returnValue:=READ_DBL(REQ:=_bool_in_,
              SRCBLK:=_variant_in_,
              BUSY=>_bool_out_,
              DSTBLK=>_variant_out_);
```

该指令有 2 个输入参数和 2 个输出参数，其定义见表 11-10。

表 11-10   READ_DBL 参数定义

参数名	类别	数据类型	说明
REQ	输入	布尔型	1= 请求读取数据，上升沿触发
SRCBLK	输入	Variant	装载存储器中的数据块
BUSY	输出	布尔型	指令状态：1= 正在执行
DSTBLK	输出	Variant	工作存储器中的数据块

指令的返回值是整数，表明指令执行的状态。

READ_DBL 指令是异步执行指令，需要多个扫描周期才能完成，不适合频繁（循环）调用。因此，调用该指令时 REQ 要使用上升沿信号触发。

举个例子：创建函数块 FB27_RecipeRW 来读写装载存储器中的数据块，添加参数如表 11-11 所示。

表 11-11   添加参数

名称	类别	数据类型	说明
index	输入	整数	要读写的配方索引
read	输入	布尔型	读信号
write	输入	布尔型	写信号
statReadPos	静态变量	布尔型	读配方上升沿信号
statReadPosHF	静态变量	布尔型	读配方上升沿信号辅助变量
statReadBusy	静态变量	布尔型	读指令 [忙] 状态

使用 READ_DBL 指令读取 DB100_Coolant 中指定 Index 的配方数据，并存放到 DB101_Active CoolantFilling 中，如图 11-45 所示。

```
2    //读取数据的上升沿
3    #statReadPos:=#read AND NOT #statReadPosHF;
4    #statReadPosHF := #read;
5    #tmpReturnValue := READ_DBL(REQ := #statReadPos AND NOT #statReadBusy,
                              SRCBLK := "DB100_Coolant".carCoolantFilling[#index],
                              BUSY => #statReadBusy,
                              DSTBLK => "DB101_ActiveCoolantFilling".carCoolantFilling);
```

图 11-45   READ_DBL 指令示例

在 OB1 中调用函数块 FB27_RecipeRW，读取配方的第 1 条数据，如图 11-46 所示。

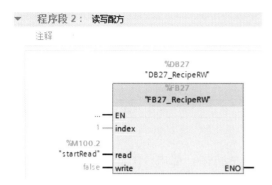

程序段 2: 读写配方

注释

图11-46　在OB1中调用函数块FB27_RecipeRW

执行指令后，DB101_ActiveCoolantFilling 的实际值变成了配方数据块中的第 1 条数据，如图 11-47 所示。

		名称	数据类型	起始值	监视值
1		▼ Static			
2		■ ▼ carCoolantFilling	"typeCoolant"		
3		■　　Name	String[20]	"	'Glof'
4		■　　CoarseVacuum	Real	0.0	100.0
5		■　　FineVacuum	Real	0.0	30.0
6		■　　VacuumLeakTest	Real	0.0	10.0
7		■　　PostVacuum	Real	0.0	30.0
8		■　　FillingVolum	Int	0	5000

DB101_ActiveCoolantFilling

图11-47　READ_DBL指令加载配方的第1条数据

1104- 读取
配方数据

 提示　　可以扫描二维码（编号: 1104）观看读配方指令的视频教程。

11.4.6　写配方指令

如果需要对配方数据进行修改，可以首先修改工作存储器中的活动数据块，比如前面例程中的 DB101_ActiveCoolantFilling，然后再使用写配方指令 WRIT_DBL 将数据从工作存储器中写入装载存储器中的配方数据块。

WRIT_DBL 指令的基本语法如下：

```
returnValue:=WRIT_DBL(REQ:=_bool_in_,
                SRCBLK:=_variant_in_,
                BUSY=>_bool_out_,
                DSTBLK=>_variant_out_);
```

该指令有 2 个输入参数和 2 个输出参数，其定义见表 11-12。

表 11-12　WRIT_DBL 参数定义

参数名	类别	数据类型	说明
REQ	输入	布尔型	1= 请求写入数据，上升沿触发
SRCBLK	输入	Variant	工作存储器中的数据块
BUSY	输出	布尔型	指令状态：1= 正在执行
DSTBLK	输出	Variant	装载存储器中的数据块

指令的返回值是整数，表明指令执行的状态。

WRIT_DBL 指令是异步执行指令，不适合频繁（循环）调用。因此，调用该指令时 REQ 要使用上升沿信号触发。

举个例子：为之前的函数块 FB27_RecipeRW 添加新的静态变量，如表 11-13 所示。

表 11-13　FB27_RecipeRW 新增静态变量

参数名	变量	数据类型	说明
statWritePos	静态变量	布尔型	写配方上升沿信号
statWritePosHF	静态变量	布尔型	写配方上升沿信号辅助变量
statWriteBusy	静态变量	布尔型	写指令 [忙] 状态

使用 WRIT_DBL 指令将 DB101_ActiveCoolantFilling 中的数据写入 DB100_Coolant 的指定索引区域，如图 11-48 所示。

```
10    //写数据的上升沿
11    #statWritePos := #write AND NOT #statWritePosHF;
12    #statWritePosHF := #write;
13    //写配方数据到装载存储器
14    #tmpReturnValue := WRIT_DBL(REQ := #statWritePos AND NOT #statWriteBusy,
15                               SRCBLK := "DB101_ActiveCoolantFilling".carCoolantFilling,
16                               BUSY => #statWriteBusy,
17                               DSTBLK => "DB100_Coolant".carCoolantFilling[#index]);
```

图 11-48　WRIT_DBL 指令示例

通过触摸屏或在线修改 DB101_ActiveCoolantFilling 的数据，然后再写入 DB100_Coolant 数据块中，达到修改装载存储器中配方数据的目的。

提示　可以扫描二维码（编号：1105）观看写入配方数据的视频教程。

1105– 写入配方数据

11.5　诊断指令

1106– 读取 IO 设备名称

11.5.1　读取 IO 设备的名称

Get_Name 指令可以读取 PROFINET 系统中指定站号的 IO 设备的名称，它位于指令列表的"扩展指令"→"诊断"中。该指令需要使用背景数据块，其基本语法是：

```
Get_Name(LADDR := _hw_iosystem_in_,
           STATION_NR := _uint_in_,
           DONE => _bool_out_,
           BUSY => _bool_out_,
           ERROR => _bool_out_,
           LEN => _dint_out_,
           STATUS => _word_out_,
           DATA := _variant_inout_);
```

该指令有 2 个输入参数、5 个输出参数和 1 个输入 / 输出参数，各参数的含义见表 11-14。

表11-14　Get_Name指令参数定义

名称	类别	数据类型	说明
LADDR	输入	HW_IOSYSTEM	PROFINET 网络的硬件标识符
STATION_NR	输入	UInt	IO 设备的编号
DONE	输出	Bool	1= 指令执行完成
BUSY	输出	Bool	1= 指令正在执行
ERROR	输出	Bool	0= 无错误；1= 有错误，错误信息将在 STATUS 中列出
LEN	输出	DInt	设备名称的长度（字节数）
STATUS	输出	Word	指令执行的状态
DATA	输入 / 输出	Variant	设备名称的存储地址

说明：

① IO 设备的编号可以在硬件组态“设备视图”→“属性”→“PROFINET 接口”中找到；

② 如果设备名称的长度大于 DATA 指定的长度，则只写入 DATA 允许的最大长度；

③ 设备名称的最大长度为 128 字节；

④ 如果 LADDR 和 STATION_NR 的值均为 0，该指令将返回 CPU 的设备名。

举个例子：要求获取当前 PROFINET 系统中设备编号为 1 的 IO 设备的名称。

首先，在硬件组态网络视图中，选中 PROFINET 总线，查看其硬件标识符为 271。

由于该指令属于异步执行指令，不能过于频繁地执行，因此添加循环中断组织块 OB30（Cyclic interrupt），将其时间间隔设置为 1000（ms）。创建全局数据块 DB100（DB100_Global），在其中添加 Get_Name 指令的相关参数，如图 11-49 所示。

DB100_Global

	名称	数据类型	起始值
1	▼ Static		
2	getNameDone	Bool	false
3	getNameBusy	Bool	false
4	getNameError	Bool	false
5	getNameStatus	Word	16#0
6	getNameLen	DInt	0
7	IOName	String[30]	''

图11-49　全局数据块DB100的数据

从“扩展指令”→“诊断”中将 Get_Name 拖放到循环中断组织块 OB30 中，为该指令创建独立的背景数据块。编写代码如图 11-50 所示。

```
2    //循环中断组织块
3    //获取IO设备的设备名
4 □"Get_Name_DB"(LADDR:=271,
5                STATION_NR:=1,
6                DONE=>"DB100_Global".getNameDone,
7                BUSY=>"DB100_Global".getNameBusy,
8                ERROR=>"DB100_Global".getNameError,
9                LEN=>"DB100_Global".getNameLen,
10               STATUS=>"DB100_Global".getNameStatus,
11               DATA:="DB100_Global".IOName);
```

图11-50　Get_Name指令示例

将程序下载后，可以看到DB100中读取的设备名称数据，如图11-51所示。

	名称		数据类型	起始值	监视值
DB100_Global					
1	▼ Static				
2		getNameDone	Bool	false	TRUE
3		getNameBusy	Bool	false	FALSE
4		getNameError	Bool	false	FALSE
5		getNameStatus	Word	16#0	16#0000
6		getNameLen	DInt	0	11
7		IOName	String[30]	''	'IO device_1'

图11-51　Get_Name获取的设备名称数据

1107- 读取
IO 设备信息

11.5.2　读取IO设备信息

GetStationInfo指令可以读取IO设备的信息。这里的信息，主要是指IP地址和MAC地址。该指令位于"扩展指令"→"诊断"中，需要添加背景数据块，其基本语法如下：

```
GetStationInfo(REQ:=_bool_in_,
               LADDR:=_hw_device_in_,
               DETAIL:=_hw_submodule_in_,
               MODE:=_uint_in_,
               DONE=>_bool_out_,
               BUSY=>_bool_out_,
               ERROR=>_bool_out_,
               STATUS=>_word_out_,
               DATA:=_variant_inout_);
```

该指令有4个输入参数、4个输出参数和1个输入/输出参数，其含义见表11-15。

表11-15　GetStationInfo指令参数定义

名称	类别	数据类型	说明
REQ	输入	Bool	请求执行指令，建议使用沿信号触发
LADDR	输入	Hw_Device	IO设备的硬件标识符
DETAIL	输入	Hw_Submodule	该参数未使用，可不赋值
MODE	输入	UInt	要读取的数据类型。1=IP地址；2=MAC地址
DONE	输出	Bool	1=指令执行完成
BUSY	输出	Bool	1=指令正在执行

名称	类别	数据类型	说明
ERROR	输出	Bool	0= 无错误；1= 有错误，错误信息将在 STATUS 中列出
STATUS	输出	Word	指令执行的状态
DATA	输入 / 输出	Variant	IO 设备的信息

说明：

① 建议使用沿信号触发 Req 请求。

② LADDR 为数据类型为 Hw_Device 的硬件标识符，如果该值获取错误状态字会返回 8092 代码。正确的获取方法是双击"PLC 变量"→"显示所有变量"，在"系统常量"选项卡中找到类型为 Hw_Device 的 IO 设备编号，如图 11-52 所示。

③ 要获取 IO 设备的 IP 地址，DATA 数据要使用 IF_CONF_v4 数据类型。

④ 要获取 IO 设备的 MAC 地址，DATA 数据要使用 IF_CONF_MAC 数据类型。

图11-52　获取IO设备的硬件标识符（Hw_Device类型）

举个例子：获取名称为 IO_device_1 的 IO 设备的 IP 地址。

在之前的全局数据块 DB100_Global 中添加新的数据，即 IOdeviceIP、IOdeviceMAC 等，如图 11-53 所示。

图11-53　DB100_Global添加新的数据

在函数块 FB10_Test 中添加代码, 如图 11-54 所示。

```
1  //请求数据的上升沿
2  #reqPos := #req AND NOT #reqPosHF;
3  #reqPosHF := #req;
4  //获取IP地址
5  #GetStationInfo_SFB_Instance(REQ:=#reqPos,
6                               LADDR:=272,
7                               MODE:=1,
8                               DONE=>#tmpDone,
9                               BUSY=>#tmpBusy,
10                              ERROR=>"DB100_Global".GetStationInforError1,
11                              STATUS=>"DB100_Global".GetStationStatus1,
12                              DATA:="DB100_Global".IOdeviceIP);
```

图11-54　获取IO设备的IP地址

在 OB1 中调用 FB10_Test, 给 req 参数上升沿信号, 可以看到 DB100 数据块中获取到的 IP 地址, 如图 11-55 所示。也可以自己编写代码获取 MAC 地址。

DB100_Global

	名称	数据类型	起始值	监视值	保持
	▼ IOdeviceIP	IF_CONF_v4			☐
	■ Id	UInt	30	30	☐
	■ Length	UInt	18	18	☐
	■ Mode	UInt	0	0	☐
	■ ▼ InterfaceAddress	IP_V4			☐
	■ ▼ ADDR	Array[1..4] of Byte			☐
	■ ADDR[1]	Byte	16#0	16#C0	☐
	■ ADDR[2]	Byte	16#0	16#A8	☐
	■ ADDR[3]	Byte	16#0	16#02	☐
	■ ADDR[4]	Byte	16#0	16#0B	☐
	■ ▼ SubnetMask	IP_V4			☐
	■ ▼ ADDR	Array[1..4] of Byte			☐
	■ ADDR[1]	Byte	16#0	16#FF	☐
	■ ADDR[2]	Byte	16#0	16#FF	☐
	■ ADDR[3]	Byte	16#0	16#FF	☐
	■ ADDR[4]	Byte	16#0	16#00	☐
	■ ▼ DefaultRouter	IP_V4			☐
	■ ▼ ADDR	Array[1..4] of Byte			☐
	■ ADDR[1]	Byte	16#0	16#C0	☐
	■ ADDR[2]	Byte	16#0	16#A8	☐
	■ ADDR[3]	Byte	16#0	16#02	☐
	■ ADDR[4]	Byte	16#0	16#0B	☐

图11-55　GetStationInfo指令获取的IP地址

11.5.3　读取IO设备的状态

DeviceStates 指令可以读取 IO 设备的指定状态信息, 这些状态信息包括: IO 设备是否已经组态、是否存在故障、是否存在、是否禁用等。

在指令列表的"扩展指令"→"诊断"中可以找到 DeviceStates 指令, 其基本语法如下:

1108- 读取
IO 设备状态

```
returnValue:=DeviceStates(LADDR:=_hw_iosystem_in_,
                          MODE:=_uint_in_,
                          STATE:=_variant_inout_);
```

该指令有 2 个输入参数和 1 个输入 / 输出参数，其定义见表 11-16。

表11-16 DeviceStates指令参数定义

名称	类别	数据类型	说明
LADDR	输入	HW_IOSYSTEM	PROFINET IO 系统硬件标识符
MODE	输入	UInt	要读取的状态信息的类别，见表 11-17
STATE	输入 / 输出	Variant	状态缓存区

说明：

① LADDR 参数是 PROFINET IO 系统的硬件标识符，在网络视图中查找或者在 PLC 变量表的"系统常量"中查找数据类型为 HW_IOSYSTEM 的数值。

② STATE 一般使用 Bool 数组，数组的第 0 号数据表示组状态，若其值为 1，则表示数组中至少有一个数据满足查询的模式要求；从第 1 号数据开始，表示相应编号的子站是否满足查询要求，1= 满足，0= 不满足。举个例子：查询 PROFINET 系统中有故障的子站，定义 Bool 数组 tmpArray[0..10]，若 tmpArray[0]=1，表明系统中存在有故障的子站；若 tmpArray[3]=1，则表示 IO 设备编号为 3 的子站存在故障。

③ 指令的返回值是整数，表示指令的执行状态。

表11-17 DeviceStates指令MODE定义

MODE 取值	说明
1	已经组态的 IO 设备
2	出现故障的 IO 设备
3	被禁用的 IO 设备
4	存在的 IO 设备
5	出问题的 IO 设备（比如需要维护 / 不可用 / 不可访问）

举个例子：读取当前 PROFINET IO 系统中所有已经组态的 IO 设备。

首先，在全局数据块 DB100_Global 中创建布尔型数组 IODeviceConfiged，Array[0..1023] of Bool 用来存放设备的状态。创建函数块 FB11_Test，编写图 11-56 的代码。

```
2   //获取IO设备状态信息
3   //Mode=1，表示读取已经组态的IO设备
4 □ #tmpReturnValue:=DeviceStates(LADDR:=271,
5                                 MODE:=1,
6                                 STATE:="DB100_Global".IODeviceConfiged);
```

图11-56 DeviceStates指令示例

然后在 OB1 中调用 FB11_Test，可以看到 DB100 中 IO 设备的状态信息，如图 11-57 所示。

可以看到，IODeviceConfiged[0] 的值为 TRUE，表示至少存在一个 IO 设备已经被组态；IODeviceConfiged[1] 的值为 TRUE，表示编号为 1 的 IO 设备已经组态；其他元素的值均为 FALSE，表示相应编号的 IO 设备没有组态。

如果读者觉得 1024 个元素的数组太耗费空间，可以根据实际情况将数组值缩小，不过，指令执行后可能会报 W#16#8452 错误代码。

图11-57 DeviceStates指令的执行结果

11.5.4 读取标识及维护数据

Get_IM_Data 指令可以获取指定模块的标识及维护数据，指令中的"IM"是标识（Identification）和维护（Maintenance）的首字母。

标识（Identification）是设备的只读数据，比如制造商 ID、订货号、序列号等。维护（Maintenance）是可读可写的数据，比如安装日期等。维护数据在组态期间创建并随后写入模块中。

Get_IM_Data 指令可以读取标识及维护数据，它需要背景数据块，其基本语法是：

```
#GET_IM_DATA_Instance(LADDR:=_hw_io_in_,
                    IM_TYPE:=_uint_in_,
                    DONE=>_bool_out_,
                    BUSY=>_bool_out_,
                    ERROR=>_bool_out_,
                    STATUS=>_word_out_,
                    DATA:=_variant_inout_);
```

该指令有 2 个输入参数、4 个输出参数和 1 个输入/输出参数，各参数的含义见表 11-18。

表11-18 Get_IM_Data指令参数定义

名称	类别	数据类型	说明
LADDR	输入	HW_IO	模块的硬件标识符
IM_TYPE	输入	UInt	标识和维护数据的编号
DONE	输出	Bool	指令是否执行完成。1= 完成
BUSY	输出	Bool	指令是否正在执行。1= 正在执行
ERROR	输出	Bool	指令执行是否有错误。1= 有错误
STATUS	输出	Word	指令执行的状态字
DATA	输入 / 输出	Variant	用于存放标识与维护数据的存储区

西门子S7-1200/1500 PLC SCL 语言编程从入门到精通

说明：

① 参数 IM_TYPE 有 4 种可能的取值：0（I&M0 数据）、11（I&M1 数据）、12（I&M2 数据）、13（I&M3 数据）。

② DATA 的数据可以是字节数据，或者指定的数据结构，比如 IM0_Data（其定义见表 11-19）。

③ 如果在 DATA 参数处使用了其他数据类型，STATUS 参数将输出错误代码 8093。

④ STATUS 是指令执行的状态字。

表 11-19　IM0_Data 数据结构

参数	数据类型	字节	说明
Manufacturer_ID	UINT	2	制造商 ID（比如西门子为"42"）
Order_ID	CHAR[20]	20	订货号
Serial_Number	CHAR[16]	16	序列号
Hardware_Revision	UNIT	2	硬件版本
Software_Revision	STRUCT	4	固件版本
Type[①]	CHAR	1	—
Functional[①]	USInt	1	—
Bugfix[①]	USInt	1	—
Internal[①]	USInt	1	—
Revision_Counter	UINT	2	修订计数器
Profile_ID	UNIT	2	配置文件
Profile_Specific_Type	UNIT	2	设备类别
IM_Version	UNIT	2	I&M 版本
I&M_Supported	UNIT	2	设备端支持的 I&M 数据 （I&M0 ～ I&M4）

①此项为 Software_ Revision 的子项。

举个例子：获取当前 CPU 的标识及维护数据（IM0_Data）。

首先，在全局数据块 DB100_Global 添加新的变量，见表 11-20。

表 11-20　在全局数据块 DB100_Global 中添加新变量

名称	数据类型	说明
GetIMDataDone	Bool	指令执行完成
GetIMDataBusy	Bool	指令正在执行
GetIMDataError	Bool	指令执行错误
GetIMDataStatus	Word	指令执行状态字
GetIMData	IM0_Data	指令数据存放区

注意　　GetIMData 的数据类型是 IM0_Data。

在函数块 FB11_Test 中，添加静态变量 statGetIMDone、statGetIMBusy 和 statGetIMError。为了防止指令反复执行，使用 Done 和 Busy 的反馈信号作为启动条件，如图 11-58 所示。

```
 8  //获取CPU的标识及维护数据
 9  //这里为了防止CPU反复执行GET_IM_Data指令,
10  //使用Done和Busy的反馈信号
11  IF NOT #statGetIMDone OR #statGetIMBusy  THEN
12      "GET_IM_DATA_DB"(LADDR := 49,
13                       IM_TYPE := 0,
14                       DONE => #statGetIMDone,
15                       BUSY => #statGetIMBusy,
16                       ERROR => #statGetIMError,
17                       STATUS => "DB100_Global".GetIMDataStatus,
18                       DATA := "DB100_Global".GetIMData);
19
20  END_IF;
21  "DB100_Global".GetIMDataDone := #statGetIMDone;
22  "DB100_Global".GetIMDataBusy := #statGetIMBusy;
23  "DB100_Global".GetIMDataError := #statGetIMError;
```

图11-58　FB11_Test获取CPU标识及维护数据的代码

在 OB1 中调用 FB11_Test，指令执行后，全局数据块中读取的标识及维护数据如图 11-59 所示。

		名称	数据类型	起始值	监视值
15		GetIMDataDone	Bool	false	TRUE
16		GetIMDataBusy	Bool	false	FALSE
17		GetIMDataError	Bool	false	FALSE
18		GetIMDataStatus	Word	16#0	16#0000
19	▼	GetIMData	IM0_Data		
20		Manufacturer_ID	UInt	0	42
21		Order_ID	String[20]	''	'6ES7 214-1AF40-0XB...
22		Serial_Number	String[16]	''	'S V-LNBB5898 '
23		Hardware_Revision	UInt	0	10
24	▼	Software_Revision	IM0_Version		
25		Type	Char	' '	'V'
26		Functional	USInt	0	4
27		Bugfix	USInt	0	3
28		Internal	USInt	0	1
29		Revision_Counter	UInt	0	0
30		Profile_ID	UInt	0	0
31		Profile_Specific_Ty...	UInt	0	1
32		IM_Version	Word	16#0	16#0101
33		IM_Supported	Word	16#0	16#000E

图11-59　读取标识及维护数据

可以扫描二维码（编号：1109）观看 Get_IM_Data 指令的视频教程。

1109- 读取标识及维护数据

第12章

SCL编程进阶实例与技巧

12.1 通用函数库

12.1.1 基本介绍

通用函数库（Library of General Functions，LGF）是西门子官方推出的用于博途环境下 S7-1200/1500 系列 PLC 编程的函数库。该函数库提供了很多实用的函数，包括如下一些类别：

① 位逻辑函数；　　④ 比较函数；　　⑦ 转换函数；
② 日期/定时器函数；　　⑤ 数学函数；　　⑧ 信号发生函数；
③ 计数器函数；　　⑥ 数据处理函数；　　⑨ 工艺处理函数。

通用函数库是博途系统库的延伸，跟随博途版本更新，目前（2021 年）最新的是 LGF v16。通用函数库可以免费下载，并且没有使用次数限制，是博途环境下编程开发的利器。

12.1.2 下载与安装

可以在下面的网址下载最新的 LGF 函数库：

https://support.industry.siemens.com/cs/ww/en/view/109479728

该界面是英文的，不过会提供最新的内容。可以切换成中文版，但内容可能会滞后于英文版。下载完成后，会看到名称类似"109479728_LGF_LIB_TIAV15_1_V5_0_0"的压缩包，将其解压缩即可。

要使用通用函数库，首先要将其添加到当前项目中，方法如下：

打开博途开发环境，单击工具栏菜单"选项"→"全局库"→"打开库"，在弹出的对话框中，定位到刚解压缩的 LGF，如图 12-1 所示。

成功打开库后，单击博途环境右侧的"库"选项卡，在其"全局库"中，可以看到刚刚打开的 LGF 库，如图 12-2 所示。

通用函数库的函数较多，下面以其中三个函数为例进行介绍。

1201-LGF 通用函数库的下载及安装

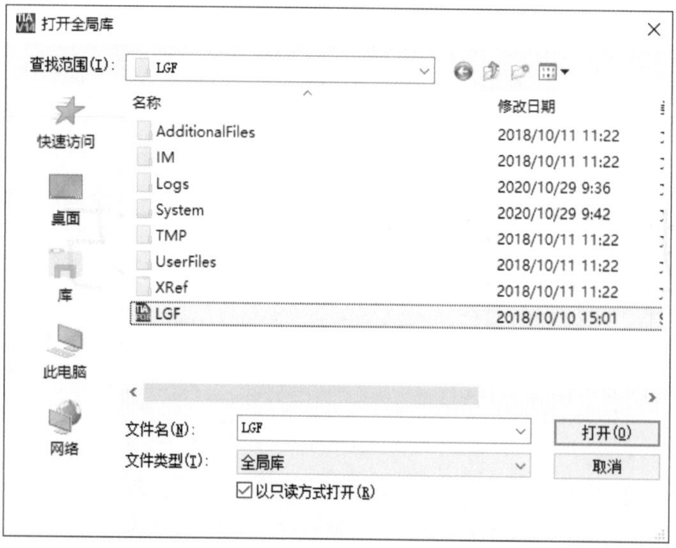

图12-1　打开LGF

图12-2　已经成功添加的LGF库

12.1.3　LGF函数介绍——脉冲继电器

　　LGF_PulseRelay 函数实现了具有翻转控制的双稳态触发器功能。该双稳态触发器能交替输出两种稳定的状态：0 和 1。当第 1 次触发启动信号时，触发器会输出 1 并保持；第 2 次触发启动信号时，触发器会输出 0 并保持；第 3 次触发启动信号时，触发器再次输出 1。如此交替进行，实现了输出信号的翻转。该函数还有置位和复位的输入参数，可以实现输出信号的置位与复位。

在 LGF 函数库的"位逻辑函数（bit logic operations）"中可以找到 LGF_PulseRelay，如图 12-3 所示。

将其拖拽到函数块 FB101_Test 中，系统会提示创建背景数据块。这里选择多重背景数据块，新添加的 LGF_PulseRelay 函数如图 12-4 所示。

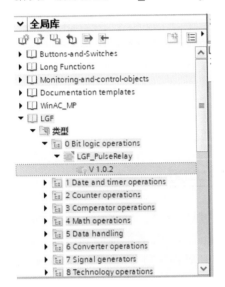

```
3    //
4    #LGF_PulseRelay_Instance(trigger:=false,
5                             set:=false,
6                             reset:=false,
7                             out=>_bool_out_);
```

1202-LGF 脉冲继电器

图12-3 LGF_PulseRelay函数   图12-4 LGF函数的初始添加状态

该函数有 3 个输入参数和 1 个输出参数，各参数的含义见表 12-1。

表12-1 函数参数说明

参数名	类别	数据类型	描述
trigger	输入	布尔型	启动信号，其上升沿可以使输出 out 的值翻转
set	输入	布尔型	置位信号，其上升沿可以使输出 out 的值置位（set to 1）
reset	输入	布尔型	复位信号，其上升沿可以使输出 out 的值复位（reset to 0）
out	输出	布尔型	触发器的输出值

LGF_PulseRelay 函数的时序图如图 12-5 所示。

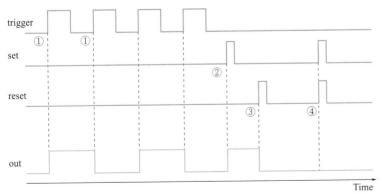

图12-5 LGF_PulseRelay函数的时序图

图 12-5 中，①表示 trigger 信号的每一个上升沿都会使 out 输出值翻转；②表示 set 信号的上升沿使 out 置位；③表示 reset 信号的上升沿使 out 复位；④表示如果 set 和 reset 同时触发，则 reset 优先，out 复位。

举个例子：要求用一个按钮实现电机的启停控制。

假设按钮的输入通道地址为 I1.0，电机继电器线圈的控制电路来自 Q0.7，则可以使用图 12-6 所示的代码实现单按钮控制电机启动和停止。

```
3  //Pulse relay实现电机的单按钮启停控制
4 □#LGF_PulseRelay_Instance(trigger:="StartMotor",
5                            set:=FALSE,
6                            reset:=False,
7                            out=>"Motor");
```

图12-6　单按钮实现电机启停控制

这样，当按钮按下时电机将启动，再次按下按钮时电机将停止。

1203-LGF 频率发生器

12.1.4　LGF函数介绍——频率发生器

LGF_Frequency 函数可以输出指定频率和占空比的脉冲信号。在 LGF 库的"7 Signal generators"（7 信号发生函数）中可以找到 LGF_Frequency，将其拖拽到 FB 中，系统会提示创建背景数据块，这里选择多重背景数据块，初始添加的代码如图 12-7 所示。

```
9  //LGF frequency
10 #LGF_Frequency_Instance(frequency:=0.0,
11                          pulsePauseRatio:=1.0,
12                          clock=>_bool_out_,
13                          countdown=>_time_out_);
```

图12-7　LGF_Frequency指令的初始添加代码

该函数有 2 个输入参数和 2 个输出参数。

输入参数包括：

① frequency：实数，发生器的输出频率，单位为 Hz。脉冲的周期为频率的倒数，假设频率设置为 0.5，则该脉冲的周期为 2s。

② pulsePauseRatio：实数，输出脉冲的占空比，即高电平持续时间与低电平持续时间的比值。假设占空比为 3.0，则高电平持续时间 / 低电平持续时间 =3/1。

输出参数包括：

① clock：布尔型，脉冲输出地址。

② countdown：Time 型，当前状态的剩余时间。

举个例子：假设要输出周期为 20s，占空比为 3/1 的脉冲信号，可以使用图 12-8 所示的代码。

```
9  //LGF frequency
10 □#LGF_Frequency_Instance(frequency:=0.05,
11                          pulsePauseRatio:=3.0,
12                          clock=>"myClock",
13                          countdown=>#tmpCountDown);
```

图12-8　LGF_Frequency示例

监控 myClock（M10.3）的输出，如图 12-9 所示。

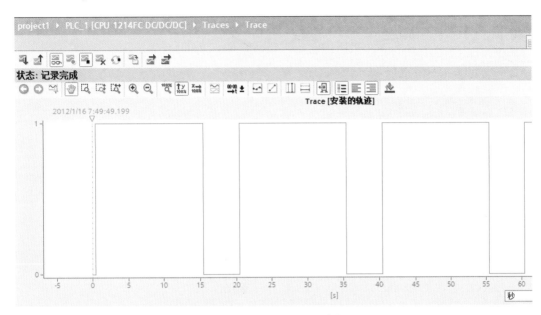

图12-9　LGF_Frequency指令产生的占空比3:1、周期为20s的脉冲信号

12.1.5　LGF函数介绍——环型存储区

LGF_RingBuffer 函数可以将一个数组作为环型存储区使用，新数据添加到数组的第 1 个元素，之前的数据依次向后移动一个位置。当数组满了之后，最早的数据将被覆盖。

在 LGF 库 "5 Data handling"（5 数据处理）中可以找 LGF_RingBuffer 函数，将其拖拽到函数块中，系统会提示创建背景数据块，这里选择多重背景数据块，其初始添加状态如图 12-10 所示。

```
16  //环型缓存区
17  #LGF_RingBuffer_Instance(write:=false,
18                           resetBuffer:=false,
19                           newValue:=16#0,
20                           buffer:=_array_of_word_inout_);
```

1204-LGF 环型存储区函数

图12-10　LGF_RingBuffer函数的初始添加状态

该函数有 3 个输入参数和 1 个输入 / 输出参数。

① write：布尔型，该信号的上升沿会将新数据写入数组的第 1 个元素。在写入之前，会首先将数组中已经存在的数据向后移动一个位置。如果数据已经满了，最早的数据将被覆盖掉。

② resetBuffer：布尔型，该信号的上升沿会将数组中的数据清零。

③ newValue：字型（Word），要添加的新数据。

④ buffer：输入 / 输出参数，字型数组，数据的存储区。

举个例子：首先创建全局数据块 DB200_Global，在其中添加字型数组 dataBuffer 用作环型缓存区，如图 12-11 所示。

		名称	数据类型	起始值
		DB200_Global		
1	◄▮ ▼	Static		
2	◄▮ ▪ ▼	dataBuffer	Array[1..5] of Word	
3	◄▮ ▪	dataBuffer[1]	Word	16#0
4	◄▮ ▪	dataBuffer[2]	Word	16#0
5	◄▮ ▪	dataBuffer[3]	Word	16#0
6	◄▮ ▪	dataBuffer[4]	Word	16#0
7	◄▮ ▪	dataBuffer[5]	Word	16#0

图12-11　全局数据块中创建数组dataBuffer

创建函数块 FB100_Test，在其输入 write、reset、value 三个形参，如图 12-12 所示。

		名称	数据类型	默认值	保持
		FB100_Test			
1	◄▮ ▼	Input			
2	◄▮ ▪	write	Bool	false	非保持
3	◄▮ ▪	reset	Bool	false	非保持
4	◄▮ ▪	value	Word	16#0	非保持
5	◄▮ ▼	Output			
6		<新增>			
7	◄▮ ▼	InOut			
8		<新增>			

图12-12　FB100_Test形参

将 LGF_RingBuffer 函数拖放到 FB100_Test 中，为其参数赋值，如图 12-13 所示。

```
1  //环型存储区函数
2  //LGF_RingBuffer
3  #LGF_RingBuffer_Instance(write:=#write,
4                           resetBuffer:=#reset,
5                           newValue:=#value,
6                           buffer:="DB200_Global".dataBuffer);
7
```

图12-13　LGF_RingBuffer函数示例

在 OB1 中调用 FB100_Test，如图 12-14 所示。

程序段 3： 环型存储区

注释

图12-14　在OB1中调用FB100_Test

由于 OB1 不支持 SCL 语言，而本书的目标是介绍 SCL 语言，所以将函数 LGF_RingBuffer 放到了函数块 FB100_Test。在实际应用中，可以将扩展函数库中的函数直接拖放到 OB1 中，使用 FBD/LAD 语言直接编程。

12.2　自己编程实现沿信号检测

8.1 节介绍了博途环境提供的沿信号检测指令——R_TRIG 和 F_TRIG。其中 R_TRIG 用于上升沿信号检测，F_TRIG 用于下降沿信号检测，这两个指令在使用时都需要添加背景数据块（独立背景数据块或者多重背景数据块），使用起来相对烦琐一些。本节介绍如何自己编程实现沿信号的检测。

沿信号检测指令的关键之处在于要记住之前的信号状态，然后将当前的信号状态与之前的进行比较，从而来判断是否是上升沿或者下降沿。

基于这一原理创建函数块 FB101_EdgeDetect，在其变量声明区声明变量，如表 12-2 和图 12-15 所示。

表 12-2　FB101_EdgeDetect 变量声明

名称	类别	数据类型	描述
request	输入	Bool	要检测的信号
edgeUp	输出	Bool	输出的上升沿信号
edgeDown	输出	Bool	输出的下降沿信号
requestMemory	静态变量	Bool	输入信号的记忆值（上一个扫描周期的状态值）

图 12-15　FB101_EdgeDetect 变量声明

在函数块中添加如图 12-16 所示的代码。

说明：

① 第 19 行检测上升沿信号 edgeUp，其结果是 request 和 requestMemory 取反值的与运算；

② 第 21 行检测下降沿信号 edgeDown，其结果是 request 的取反值和 requestMemory 的与运算；

③ 第 23 行更新记忆信号（必须）。

```
 3  www.founderchip.com
 4  版权所有@CopyRight Reserved
 5  -----------------------------------------------
 6  库文件:           无
 7  功能描述:         上升沿/下降沿信号检测
 8  输入参数:         request
 9  输出参数:         edgeUp/edgeDown;
10  硬件平台:         S7-1200/1500
11  软件平台:         TIA博途V14 SP1
12  -----------------------------------------------
13  版本记录:
14  版本              日期                    作者
15  V1.0(首发)        2021-1-29              北岛李工
16  ===============================================
17  *)
18  //上升沿信号检测
19  #edgeUp := #request AND NOT #requestMemory;
20  //下降沿信号检测
21  #edgeDown := NOT #request AND #requestMemory;
22  //更新记忆信号
23  #requestMemory := #request;
```

图12-16　FB101_EdgeDetect沿信号检测

有如下几点要注意:

① 沿信号只在一个扫描周期内有效（触发）。

② 用于记忆的变量（requestMemory）必须是静态变量或者全局变量，不能是临时变量。

③ 如果只检测上升沿信号，只需要图 12-16 中的第 19 行和第 23 行；同样地，如果只检测下降沿信号，只需要第 21 行和第 23 行。

④ 在实际应用中，不需要创建单独的函数或函数块来检测沿信号，而只需要在已经创建的函数 / 函数块中添加类似上述代码即可。

⑤ 函数（FC）中无法创建静态变量，可以使用全局变量（比如 M）来作记忆变量。

在之前的实例中其实已经用过这种方法，比如 9.1 节的图 9-3 中的第 23 行和第 24 行就是自己编程实现上升沿信号的检测。

12.3　自己编程实现双稳态触发器

双稳态触发器有两个稳定的输出状态: 0 和 1。触发信号的每一个上升沿都使其从一种状态切换到另一种状态，并保持稳定，直到触发信号的下一个上升沿触发使其状态改变。

在 12.1.3 节介绍的 LGF 脉冲继电器函数是具有这个功能的，本节我们来自己编程实现一个这样的函数块。首先创建函数块 FB102_FlipFlop，在其变量声明区声明变量，如表 12-3 和图 12-17 所示。

表12-3　FB102_FlipFlop变量声明

名称	类别	数据类型	描述
trigger	输入	Bool	触发信号
Q	输出	Bool	输出信号
statTriggerUp	静态变量	Bool	触发信号的上升沿变量
statTriggerUpHelpFlag	静态变量	Bool	触发信号的上升沿辅助变量
statOut	静态变量	Bool	输出信号静态变量

西门子 **S7-1200/1500 PLC SCL** 语言编程从入门到精通

		名称	保持	可从HMI/...	从H...	在HMI...	设定值	注释
	FB102_FlipFlop							
1	▼	Input		☐	☐	☐	☐	
2	■	trigger	非保持	☑	☑	☑	☐	触发信号
3	■	<新增>		☐	☐	☐	☐	
4	▼	Output		☐	☐	☐	☐	
5	■	Q	非保持	☑	☑	☑	☐	输出信号
6	■	<新增>		☐	☐	☐	☐	
7	▼	InOut		☐	☐	☐	☐	
8	■	<新增>		☐	☐	☐	☐	
9	▼	Static		☐	☐	☐	☐	
10	■	statTriggerUp	非保持	☑	☑	☑	☐	触发信号上升沿
11	■	statTriggerUpHelpFlag	非保持	☑	☑	☑	☐	触发信号上升沿辅助变量
12	■	statOut	非保持	☑	☑	☑	☐	输出信号静态变量

图12-17　FB102_FlipFlop变量声明

在 FB102_FlipFlop 中添加代码，如图 12-18 所示。

```
1 ⊞ (*...*)
22  //trigger 信号上升沿判断
23  #statTriggerUp := #trigger AND NOT #statTriggerUpHelpFlag;
24  #statTriggerUpHelpFlag := #trigger;
25  //信号翻转
26 ⊟IF #statTriggerUp AND NOT #statOut THEN
27      #statOut := TRUE; //输出1
28  ELSIF #statTriggerUp AND #statOut THEN
29      #statOut := FALSE;//输出0
30  END_IF;
31  //输出
32  #Q := #statOut;
```

图12-18　在FB102_FlipFlop中添加代码

说明：

① 第 23 行和第 24 行代码是检测 trigger 的上升沿信号，这个是 12.2 节例程的又一示例。

② 第 26 ～ 30 行代码，在 trigger 信号的上升沿，依据静态变量 statOut 的值对输出信号进行翻转。如果 statOut 为 TRUE，则将其变为 FALSE；如果 statOut 为 FALSE，则将其变为 TRUE。

③ 第 32 行，将静态变量 statOut 的赋值给输出变量 Q。

在 OB1 中调用 FB102_FlipFlop，如图 12-19 所示。

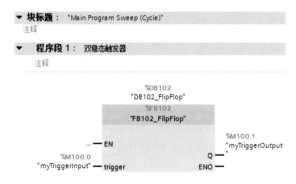

图12-19　在OB1中调用FB102_FlipFlop

12.4 自己编程实现减计数器

实际项目中可能需要对某些过程进行计数，比如：气缸往复运动一定次数后提醒用户进行保养，检测到一定数量的饮料瓶后向机械手发出装箱指令等。类似这些情况，需要用到计数器功能。

可以使用 8.3 节介绍的计数器指令，也可以编写自己的计数器函数。自己编写的好处在于有利于实现程序的标准化，并且可以根据需要增加功能。

本节我们自己编程实现一个减计数器。该计数器在每一个减计数信号后使当前计数值减1，如果计数值小于等于 0，则计数器标志位被触发。在启用计数器之前，可以设置计数器的给定值，也就是计数起始值。

为了实现这个功能，我们创建函数块 FB103_CounterBackwards，声明变量如表 12-4 和图 12-20 所示。

表 12-4 FB103_CounterBackwards 声明变量

名称	类别	数据类型	说明
gate	输入	Bool	控制门信号
countBack	输入	Bool	减计数器信号
set	输入	Bool	设定值信号
normalValue	输入	Int	设定值
counterReached	输出	Bool	计数器触发（实际值≤0）
actualValue	输入 / 输出	Int	实际计数值
statCountBackHelpFlag	静态变量	Bool	减计数信号辅助变量
tmpCounterReached	临时变量	Bool	输出值的临时变量

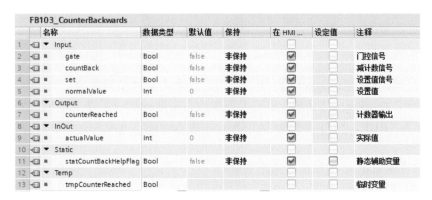

图 12-20 FB103_CounterBackwards 变量声明

说明：

① gate 为计数器的控制信号，其值等于 1 时使能计数器。

② countBack 为减计数信号，其信号的上升沿会使当前计数值减 1。实参不需要上升沿，因为函数块内部会自己检测。

③ set 信号用来设置给定值。所谓给定值，就是减计数器的起始值，计数开始前需要关闭。

④ counterReached 表示计数器已经触发，此时实际计数值小于等于 0。

⑤ statCountBackHelpFlag 用来检测减计数的上升沿信号。

⑥ tmpCounterReached 是临时变量。

在 FB103_CounterBackwards 中添加图 12-21 所示的代码。

```
 1 ⊞ (*...*)
22  #tmpCounterReached := false;//初始化变量
23  //设定值
24 ⊟ IF #set THEN//设定值
25      #actualValue := #normalValue;
26  END_IF;
27 ⊟ IF #gate THEN
28      //减计数
29 ⊟     IF #countBack AND NOT #statCountBackHelpFlag THEN
30          #actualValue -= 1;
31      END_IF;
32      //判断计数器是否触发
33 ⊟     IF #actualValue <= 0 THEN
34          #tmpCounterReached := true;
35      ELSE
36          #tmpCounterReached := false;
37      END_IF;
38  END_IF;
39  //信号同步
40  #statCountBackHelpFlag := #countBack;
41  //输出
42  #counterReached := #tmpCounterReached;
```

图12-21　在FB103_CounterBackwards中添加代码

说明：

① 第 22 行将临时变量 tmpCounterReached 设置为 False。

② 第 24～26 行，如果 set 信号为 TRUE，则将给定值（normalValue）赋值给当前计数值。

③ 第 27～38 行，如果 gate 信号为 TRUE，在 countBack 信号的上升沿对当前计数值减 1。并判断当前计数值的大小，如果小于等于 0，则临时变量 tmpCounterReached 被设置为 TRUE，表示计数器被触发。

④ 第 40 行和第 42 行对信号进行同步，将临时变量赋值给函数块的输出变量。

在 OB1 中调用 FB103_CounterBackwards，如图 12-22 所示。

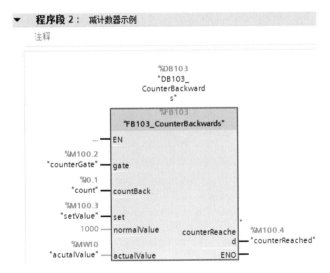

图12-22　在OB1中调用FB103_CounterBackwards

12.5 自己编程实现定时采样

实际项目中会遇到需要定时采样的情况，比如：对心跳计数器的定时采样，以判断通信是否中断；对液体流过体积的定时采样，以判断液体处于流动状态还是静止状态。这些功能都需要定时采样程序来完成。

本节我们自己编程实现一个定时采样程序。该程序可以固定的时间间隔对一个整数进行采样，采样的结果存放到整数变量 data1 和 data2 中。其中：data1 是奇数次采样的结果，data2 是偶数次采样的结果。

为了实现上述功能，将采样过程分为三种状态：

① 奇数次采样期：状态激活后采样存放到 data1 中，并修改状态值为"采样空闲"。

② 偶数次采样期：状态激活后采样存放到 data2 中，并修改状态值为"采样空闲"。

③ 采样空闲期：状态激活后进行空闲计时，当计时时间到了之后，判断之前的采样状态，并切换到另一种状态。

创建函数块 FB104_Sample，声明变量如表 12-5 和图 12-23 所示。

表 12-5　FB104_Sample变量声明

名称	类别	数据类型	说明
active	输入	Bool	激活或取消采样功能。1= 激活
timeInterval	输入	Time	采样间隔时间，默认 5s
sourceData	输入	Int	数据源
data1	输出	Int	奇数次采样结果
data2	输出	Int	偶数次采样结果
statSampleStatus	静态变量	Int	采样状态。1= 第一次采样激活；2= 第 2 次采样激活；其他 = 空闲。默认为 1
statSample1Active	静态变量	Bool	第一次采样激活
statSample2Active	静态变量	Bool	第二次采样激活
statSampleIdle	静态变量	Bool	采样空闲激活
statSampleActualTime	静态变量	Time	采样空闲计时的实际时间
statSampleTimeReached	静态变量	Bool	采样空闲时间到达
IEC_Timer_0_Instance	静态变量	TON_Time	IEC 延时接通定时器 TON

图12-23　FB104_Sample变量声明

函数块 FB104_Sample 的代码如图 12-24 所示。

```
 1 ⊞(*...*)
20  //如果未激活，则退出
21 ⊟IF NOT #active THEN
22      RETURN;
23  END_IF;
24  //采样状态分析
25 ⊟CASE #statSampleStatus OF
26      1://第1次（奇数次）采样
27          #data1 := #sourceData;
28          #statSample1Active := TRUE;
29          #statSample2Active := FALSE;
30          #statSampleIdle := FALSE;
31          #statSampleStatus := 3;
32      2://第2次（偶数次）采样
33          #data2 := #sourceData;
34          #statSample2Active := TRUE;
35          #statSample1Active := FALSE;
36          #statSampleIdle := FALSE;
37          #statSampleStatus := 3;
38      ELSE//空闲
39          #statSampleIdle := TRUE;
40  END_CASE;
41  //采样空闲计时
42 ⊟#IEC_Timer_0_Instance(IN := #statSampleIdle,
43                         PT := #timeInterval,
44                         Q => #statSampleTimeReached,
45                         ET => #statSampleActualTime);
46  //偶数次采样
47 ⊟IF #statSampleTimeReached AND #statSample1Active THEN
48      #statSampleStatus := 2;
49  END_IF;
50  //奇数次采样
51 ⊟IF #statSampleTimeReached AND #statSample2Active THEN
52      #statSampleStatus := 1;
53  END_IF;
```

图12-24 函数块FB104_Sample代码

说明：

① 第 21 ~ 23 行，如果采样未激活，则退出执行。

② 第 25 ~ 40 行，对采样状态进行分析。如果是奇数次采样，则将采样的结果存放到 data1 中，并将状态切换到空闲；如果是偶数次采样，则将采样的结果存放到 data2 中，并将状态切换到空闲。

③ 第 42 ~ 45 行，延时接通定时器在空闲状态进行计时。

④ 第 47 ~ 49 行，如果空闲时间到达并且奇数次采样激活，则将采样状态切换为偶数次。

⑤ 第 51 ~ 53 行，如果空闲时间到达并且偶数次采样激活，则将采样状态切换为奇数次。

在 OB1 中调用 FB104_Sample，将定时取样时间间隔设置为 10s，如图 12-25 所示。

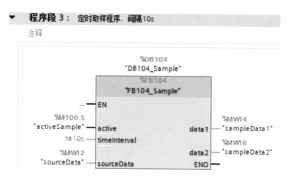

程序段 3: 定时取样程序，间隔10s

注释

图12-25　在OB1中调用FB104_Sample

12.6　自己编程实现数据块复制

实际项目中经常会用到数据块的复制，比如，将数据从缓存数据块复制到实际使用的数据块中。

本节我们自己编程实现数据块复制的函数。它可以从原数据块指定位置开始，将指定长度的数据复制到目标数据块的指定位置。我们创建函数 FC100_DBCopy，声明变量如表 12-6 和图 12-26 所示。

表12-6　FC100_DBCopy变量声明

名称	类别	数据类型	说明
sourceDB	输入	Int	源数据块编号
sourceDBOffset	输入	Int	源数据块起始位置，字节偏移量
targetDB	输入	Int	目标数据块编号
targetDBOffset	输入	Int	目标数据块位置，字节偏移量
length	输入	Int	要复制的字节数量

FC100_DBCopy

		名称	数据类型	默认值	注释
1	▼	Input			
2	■	sourceDB	Int		源数据块编号
3	■	sourceDBOffset	Int		源数据块字节偏移量
4	■	targetDB	Int		目标数据块编号
5	■	targetDBOffset	Int		目标数据字节偏移量
6	■	length	Int		要复制的长度(字节数量)
7	■	<新增>			
8	▼	Output			
9	■	<新增>			

图12-26　FC100_DBCopy变量声明

函数 FC100_DBCopy 的代码如图 12-27 所示。

说明：

① 该函数内部封装了 POKE_BLK 指令，并指定数据存储区类型为数据块（16#84）。

② 本书 8.5.2 节详细介绍了 POKE_BLK 指令，在此不再赘述。

```
1 ⊟(*
2  Copyrights @FDCP(方正智芯)
3  ===========================================================
4  功能: 数据块复制
5  输入:
6       sourceDB/sourceDBOffset/targetDB/targetDBoffset/length
7  输出:
8       无
9  作者: 北岛李工
10 日期: 2021-1-31
11 -----------------------------------------------------------
12 修改日志:
13 2021-1-31 v1.0 版本(首发)          北岛李工
14 ===========================================================
15  *)
16 //数据块复制
17 ⊟POKE_BLK(area_src := 16#84,//数据块
18          dbNumber_src := #sourceDB,//源数据块
19          byteOffset_src := #sourceDBOffset,//偏移
20          area_dest := 16#84,
21          dbNumber_dest := #targetDB,//目标数据块
22          byteOffset_dest := #targetDBoffset,//偏移
23          count := #length);//长度(字节数)
```

图12-27　函数FC100_DBCopy代码

为了测试 FC100_DBCopy,我们创建两个全局数据块 DB501 和 DB502,取消其块优化的选项。在每个数据块中创建一个数组,数组中包含 10 个元素,数据类型为字节。

在 OB1 中调用 FC100_DBCopy,将 DB501 从偏移量 0 开始的 10 个字节复制到 DB502 偏移量 0 开始的 10 个字节中,如图 12-28 所示。

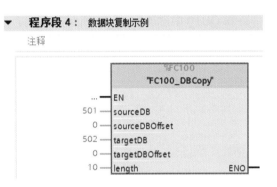

程序段 4:　数据块复制示例

注释

图12-28　在OB1中调用FC100_DBCopy

12.7　自己编程计算设备运行时间

有的项目需要计算设备的开机时间。在 S7-1500 PLC 中,可以使用 LTime 数据类型。首先保存起始时间,然后将当前时间与起始时间相减,就可以计算出实际运行的时间。但是 S7-1200 PLC 不支持 LTime 类型,只支持 Time 类型,而 Time 类型的最大值为 24 天 20 小时 31 分钟 23 秒 647 毫秒,用来计算设备的开机时间不太够用。

本节介绍一种使用日期时间中断组织块(5.2.11 节有详细介绍)计算开机时间的方法。

首先创建全局数据块 DB100_Time,在其中添加用于计时的变量,如图 12-29 所示。

	名称	数据类型	起始值	保持	设定值	注释
DB100_Time						
1	▼ Static					
2	totalRunTime	UDInt	0	☐	☐	设备总的运行时间, 以分钟为单位
3	totalRunTimeDays	Int	0	☐	☐	设备总的运行时间天数
4	totalRunTimeHours	SInt	0	☐	☐	设备总的运行时间小时数
5	totalRunTimeMinutes	SInt	0	☐	☐	设备总的运行时间分钟

图12-29　DB100_Time中的变量

说明：

① totalRunTime 是设备总的运行时间，它在日期时间中断组织块中被加 1；

② 该数值以分钟为单位，阅读起来不太直观，因此将其转成直观的天 - 小时 - 分钟存放在 totalRunTimeDays/totalRunTimeHours/totalRunTimeMinutes 中。

接下来添加日期时间中断组织块（OB10），将其时间中断属性设置为"每分钟"，启动日期时间设置为某个已经过去的时间，比如 2021-1-31-0:00，如图 12-30 所示。

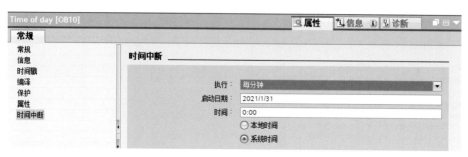

图12-30　日期时间中断组织块的设置

在 OB10 中添加图 12-31 所示的代码。

```
1 ⊟(*
2   日期时间中断组织块，每分钟执行一次将设备的运行时间值+ 1;
3   如果总时间值大于等于10年(5256000),则清零;
4   *)
5   "DB100_Time".totalRunTime += 1;//运行时间+1
6   //如果大于10年，则清零
7 ⊟IF "DB100_Time".totalRunTime >= 5256000 THEN
8       "DB100_Time".totalRunTime := 0;
9   END_IF;
```

图12-31　在日期时间中断组织块OB10中添加的代码

到目前为止，我们已经实现了设备开机运行时间的计时，可以从 DB100_Time.totalRunTime 中读取设备运行的分钟数。但是以分钟显示的数值不直观，因此，需要将其转换成可以直观理解的天 - 小时 - 分钟的格式。

创建函数 FC101_TimeHandle，声明变量如表 12-7 和图 12-32 所示。

表12-7　FC101_TimeHandle变量声明

名称	类别	数据类型	说明
minutesHandle	输入	UDInt	要处理的分钟数
days	输出	Int	转换后的天数
hours	输出	SInt	转换后的小时数
minutes	输出	SInt	转换后的分钟数
tmpDays	临时变量	Int	临时变量 - 天数
tmpTimeLeft	临时变量	Int	临时变量 - 剩余时间
tmpHours	临时变量	Int	临时变量 - 小时数
tmpMinutes	临时变量	Int	临时变量 - 分钟数
constDay	常量	UDInt	1 天 =1440 分钟
constHours	常量	SInt	1 小时 =60 分钟

FC101_TimeHandle				
	名称	数据类型	默认值	注释
1	▼ Input			
2	■ minutesHandle	UDInt		要处理的分钟数
3	▼ Output			
4	■ days	Int		转换后的天数
5	■ hours	SInt		转换后的小时数
6	■ minutes	SInt		转换后的分钟数
7	▼ InOut			
8	■ <新增>			
9	▼ Temp			
10	■ tmpDays	Int		临时变量-天数
11	■ tmpTimeLeft	Int		临时变量-剩余时间
12	■ tmpHours	Int		临时变量-小时数
13	■ tmpMinutes	Int		临时变量-分钟数
14	▼ Constant			
15	■ constDay	UDInt	1440	1天=1440分钟
16	■ constHours	SInt	60	1小时=60分钟
17	▼ Return			
18	■ FC101_TimeHandle	Void		

图12-32　FC101_TimeHandle变量声明

注意这里用到了两个常量：constDay 和 constHours。constDay 的值为 1440，它是 1 天（24 小时）转换成的分钟数（1440 分钟）。constHours 的值为 60，它是 1 小时转换成的分钟数（60 分钟）。在 FC101_TimeHandle 中添加代码，如图 12-33 所示。

```
1 ⊞(*...*)
5 //计算天数值
6 #tmpDays := TRUNC_INT(#minutesHandle / #constDay);
7 //取余数
8 #tmpTimeLeft := UDINT_TO_INT(#minutesHandle MOD #constDay);
9 //获取小时数值
10 #tmpHours := TRUNC_INT(#tmpTimeLeft / #constHours);
11 //获取分钟数值
12 #tmpMinutes := #tmpTimeLeft MOD #constHours;
13 //输出
14 #days := #tmpDays;
15 #minutes := INT_TO_SINT(#tmpMinutes);
16 #hours := INT_TO_SINT(#tmpHours);
```

图12-33　在FC101_TimeHandle中添加代码

在 OB1 中调用 FC101_TimeHandle，如图 12-34 所示。

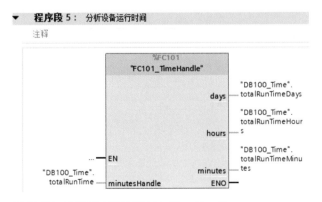

图12-34　在OB1中调用FC101_TimeHandle

12.8　间接寻址

12.8.1　变量的覆盖访问（AT）

变量的覆盖是指在函数块变量声明区某个变量的下方使用 AT 关键字声明一个指向该变量的新变量。新变量的数据类型可以与被指向的变量不同，对新变量的操作等同于对被指向变量的操作。

比如在函数块 FB100_Test 中声明静态变量 statTestByte，数据类型为 Byte。在其下方数据类型栏中输入"AT"关键字并回车，系统会自动创建一个变量 Static_1，该变量指向原来的变量 statTestByte，如图 12-35 所示。

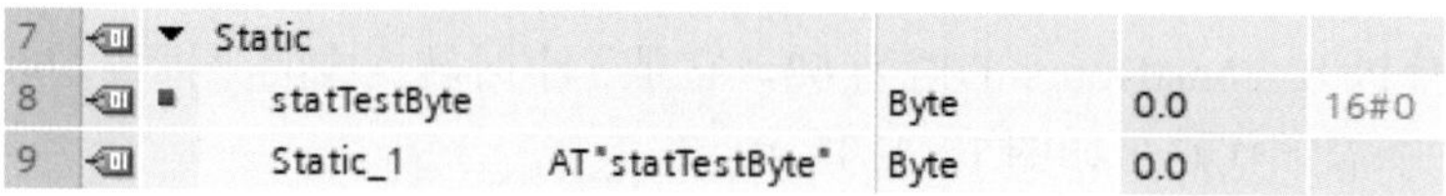

7	▼ Static				
8	statTestByte		Byte	0.0	16#0
9	Static_1	AT"statTestByte"	Byte	0.0	

图12-35　使用AT关键字覆盖原变量

为了提高可阅读性，建议修改新变量的名称，比如修改为 statAtTestByte。

变量的覆盖是为了提高对原变量访问的便捷性，一般需要更改其数据类型。比如，这里将新变量的数据类型修改为布尔型数组（Array[0..7]of Bool），如图 12-36 所示。

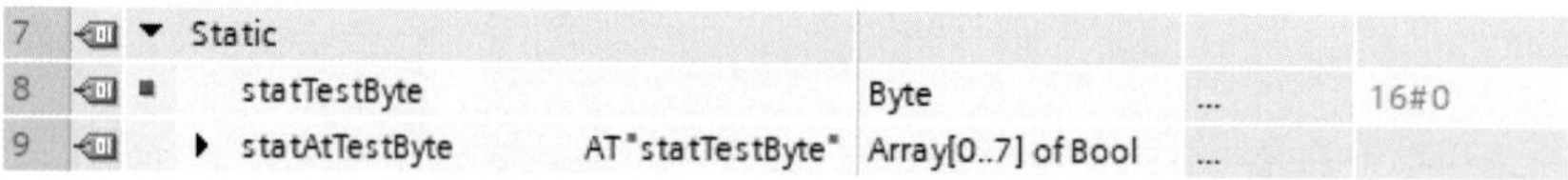

7	▼ Static				
8	statTestByte		Byte	...	16#0
9	▶ statAtTestByte	AT"statTestByte"	Array[0..7] of Bool	...	

图12-36　更改新变量的数据类型

这样通过访问数组中的元素，就实现了对被覆盖变量（statAtTestByte）中某个位的访问。比如代码：

```
#statAtTestByte[0] := TRUE;
```

可以将 statAtTestByte 的第 0 位设置位 TRUE。

使用 AT 关键字进行变量覆盖要注意如下几点：

① 要取消函数或函数块优化的属性；

② 新变量的数据长度要小于等于被覆盖的变量的长度；

③ Variant 变量不能被覆盖。

12.8.2　变量的片段访问（SLICE）

变量的片段访问是指通过特定的语法访问变量中的某个片段，片段的类型包括位、字节、字或双字，其访问语法如表 12-8 所示。

表 12-8 片段访问语法

片段类别	语法
位片段	\<Tag\>.%x\< 位编号 \>
字节片段	\<Tag\>.%b\< 字节编号 \>
字片段	\<Tag\>.%w\< 字编号 \>
双字片段	\<Tag\>.%dw\< 双字编号 \>

说明 所有编号均从 0 开始，位编号的范围是 0 ~ 7。

假设有字节变量 tmpByte，使用片段访问其第 7 位使其置位（TRUE），可以这样写：

```
#tmpByte.%X7 := TRUE;
```

接下来使用片段访问功能编写一个函数 FC5002_BitsToByte，实现 8 个布尔变量存放到一个字节中的功能。

在博途中新建函数 FC5002_BitsToByte，其输入 / 输出参数如表 12-9 所示。

表 12-9 FC5002_BitsToByte 的输入/输出参数

名称	类别	数据类型	说明
bit0	输入	Bool	第 0 位
bit1	输入	Bool	第 1 位
bit2	输入	Bool	第 2 位
bit3	输入	Bool	第 3 位
bit4	输入	Bool	第 4 位
bit5	输入	Bool	第 5 位
bit6	输入	Bool	第 6 位
bit7	输入	Bool	第 7 位
byteQ	输出	Byte	输出的字节
tmpByte	临时变量	Byte	临时变量

在代码区添加代码，如图 12-37 所示。

```
 1 ⊟(*...*)
16 //tmpbyte 为临时变量
17 #tmpByte.%X0 := #bit0;//第0位
18 #tmpByte.%X1 := #bit1;//第1位
19 #tmpByte.%X2 := #bit2;//第2位
20 #tmpByte.%X3 := #bit3;//第3位
21 #tmpByte.%X4 := #bit4;//第4位
22 #tmpByte.%X5 := #bit5;//第5位
23 #tmpByte.%X6 := #bit6;//第6位
24 #tmpByte.%X7 := #bit7;//第7位
25 //输出
26 #byteQ := #tmpByte;
```

图12-37 在FC5002_BitsToByte中添加代码

12.8.3 PEEK/POKE

在 8.5 节已经详细介绍过 PEEK/POKE 指令，本节来举例介绍如何使用 POKE 指令编程实现一个数据块拷贝的函数，这是间接寻址的典型案例，在实际工程中经常使用。

打开博途开发环境，添加设备。在"程序块"中新建函数 FC5001_DBCopy，其输入 / 输出参数如表 12-10 所示。

表12-10　FC5001_DBCopy输入/输出参数

名称	类别	数据类型	说明
sourceDB	输入	Int	源数据块编号
sourceDBOffset	输入	Int	源数据块字节偏移量
targetDB	输入	Int	目标数据块编号
targetDBOffset	输入	Int	目标数据字节偏移量
length	输入	Int	要复制的长度（字节数）

在代码区添加代码，如图 12-38 所示。

```
 1 ⊞(*...*)
16    //数据块复制
17 ⊟POKE_BLK(area_src := 16#84,//数据块
18          dbNumber_src := #sourceDB,//源数据块
19          byteOffset_src := #sourceDBOffset,//偏移
20          area_dest := 16#84,
21          dbNumber_dest := #targetDB,//目标数据块
22          byteOffset_dest := #targetDBOffset,//偏移
23          count := #length);//长度(字节数)
```

图12-38　在FC5001_DBCopy中添加代码

在 OB1 中调用 FC5001_DBCopy，为其参数赋值即可实现数据块中数据的拷贝。比如从 DB101.DBB2 拷贝 20 个字节到 DB102.DBB0，其参数赋值如图 12-39 所示。

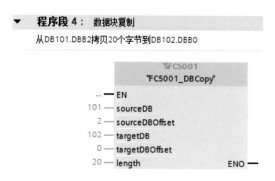

图12-39　在OB1中调用FC5001_DBCopy

 注意　　这里 DB101 和 DB102 均为非优化的数据块。

12.9 SCL源代码操作

可以通过导出函数、函数块、数据块的源代码，实现程序代码或数据的分享。

12.9.1 导出源代码

在"程序块"中选中要导出源代码的函数、函数块或数据块，单击右键，在弹出的对话框中选择"从块生成源"→"仅所选块"，如图12-40所示。

在弹出的对话框中选择要存放的路径，单击"保持"按钮即可导出当前函数/函数块或数据块的源代码，如图12-41所示。

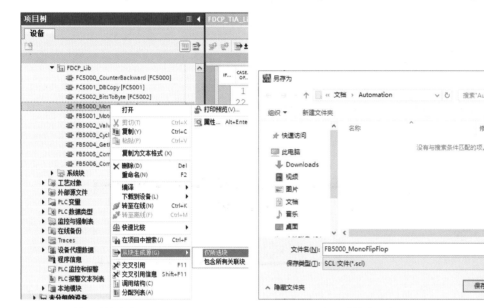

图12-40 从函数块生成源代码　　　图12-41 导出函数块的源代码

12.9.2 导入源代码

当拿到一个外部的函数/函数块或数据块时，可以通过导入源代码的方法得到其代码或数据。方法如下：

在左侧项目树中找到"外部源文件"，双击"添加新的外部文件"，如图12-42所示。

在弹出的对话框中找到外部后缀名为".scl"的文件，比如上一节导出的FB5000_MonoFlipFlop.scl，并单击"打开"按钮，如图12-43所示。

选中SCL源文件并单击右键，在弹出的对话框中选择"从源生成块"，如图12-44所示。

系统会提示如果有重名的块将会被覆盖，如图12-45所示。

如果有重名的块，请注意更名保存。单击"确定"按钮即可从源代码生成函数/函数块或数据块。

图12-42 添加新的外部文件

图12-43 添加外部SCL源代码

图12-44 从SCL源代码生成函数块

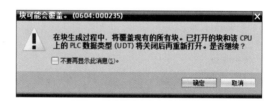

图12-45 系统提示

12.10 SCL程序加密保护

在函数/函数块的"属性"→"保护"选项中可以看到三种不同的保护方式：专有技术保护、写保护和防拷贝保护。通过设置密码可以实现不同的保护。

启用专有技术保护后该块将变为只读并且代码对普通人不可见。如果想查看/修改代码必须输入密码。

启用写保护后代码可见但变为只读，只有输入密码才能修改。

防拷贝保护可以将函数/函数块与存储卡的序列号或CPU的序列号绑定，这样可以防止别人将其拷贝到其他存储卡或在其他CPU中运行。

12.11 创建自己的全局库

博途开发环境具有强大的库管理功能，库中存放了一些常用的函数、数据类型等，可以在不同的项目中重复调用。用户不但可以使用博途开发环境提供的全局库，也可以创建自己的全局库或项目库。通过将项目中的函数 / 函数块、自定义数据类型、数据块或硬件组态等存放到新创建的库中，就可以在其他项目中多次使用，达到事半功倍的效果。本节来介绍如何创建一个自己的全局库。

全局库是一个与项目无关的文件，在博途开发环境右侧选项卡中单击"库"→"全局库"，在其上方的导航图标中单击左侧第一个，创建新的全局库，如图 12-46 所示。

在弹出的对话框中，为新创建的全局库指定名称与路径，然后单击"创建"按钮，如图 12-47 所示。

1205- 创建自己的全局库

图12-46 创建新的全局库　　　　图12-47 为新创建的全局库指定名称和路径

在本例程中，系统会创建一个名称为"FDCP_TIA_Libs"的全局库，如图 12-48 所示。

新创建的全局库是空的，可以通过拖拽的方式将当前项目的函数块、数据块、数据类型等添加到主模板中，如图 12-49 所示。

添加完成后，单击全局库保存图标（左起第三个）对修改进行保存。这样就可以在其他项目中使用全局库中的元素了。

图12-48 新创建的全局库FDCP_TIA_Libs　　　　图12-49 添加新元素到全局库中

第13章

SCL工艺功能及其应用

13.1 高速计数器

13.1.1 高速计数器概述

高速计数器的英文名称为"High Speed Counter"，简写为HSC。顾名思义，高速计数器也是一种计数器，不过与普通计数器不同，它能捕获高速脉冲输入信号。普通计数器的输入信号受PLC扫描周期的影响，不能准确地对高速脉冲进行计数。而高速计数器不受扫描周期的影响，可用于高速脉冲计数。工业现场常见的高速脉冲信号包括：编码器脉冲、流量计脉冲等。

对于S7-1200系列PLC而言，其高速计数器集成在CPU本体或信号板，最多可组态6个高速计数器。

对于S7-1500系列PLC而言，需要使用专门的高速计数器模块，比如TM Count 2×24V，详细内容请参见13.1.4节。

13.1.2 S7-1200的高速计数器

从固件版本V4.0开始，S7-1200全系列CPU最多支持6个单相高速计数器。默认情况下，高速计数器处于未激活状态。可以根据需要，选择某个高速计数器将其激活。高速计数器的物理输入通道也可以根据需要在硬件组态中选择，比如图13-1所示是高速计数器1（HSC1）的硬件组态配置，在其"硬件输入"选项卡中，时钟发生器输入通道默认是I0.0，可以点击右侧的按钮更改输入通道，具有很大的灵活性。

图13-1　高速计数器1的硬件组态配置

如果 CPU 本体的 IO 通道已经用完，也可以使用信号板输入通道作为高速计数器的硬件输入通道。信号板可以插入 CPU 本体中央的预留区域（参考第 1 章 1.2.2 节），包括数字量输入 / 输出和模拟量输入 / 输出等类别。对于高速计数器而言，需要使用数字量输入信号板，比如 SB 1221 DI4×24V DC 或者 SB 1221 DI4×5V DC，两者最大支持 200kHz 的脉冲输入，有 4 路输入通道，区别在于前者的额定电压为 24V DC，后者的额定电压为 5V DC。

　　在使用高速计数器之前，还需要对相应硬件输入通道的滤波时间进行设置。默认情况下，数字量输入通道的滤波时间为 6.4ms，能检测的最大频率为 78Hz，这对于检测高速脉冲信号是不够的。

　　可以在 CPU 属性"数字量输入"选项卡中，选择要使用的高速计数器通道，在其"输入滤波器"中选择相应的滤波时间，如图 13-2 所示。

图13-2　数字量输入通道的滤波时间

　　滤波器时间和可检测到的最大输入频率的关系如表 13-1 所示。

表13-1　S7-1200 CPU 输入滤波器时间和可检测到的最大输入频率的关系

输入滤波器时间	可检测到的最大输入频率
0.1μs	1MHz
0.2μs	1MHz
0.4μs	1MHz
0.8μs	625kHz
1.6μs	312kHz
3.2μs	156kHz
6.4μs	78kHz
10μs	50kHz
12.8μs	39kHz
20μs	25kHz
0.05 ms	10kHz
0.1ms	5kHz
0.2ms	2.5kHz
0.4ms	1.25kHz
0.8ms	625Hz
1.6ms	312Hz
3.2ms	156Hz

输入滤波器时间	可检测到的最大输入频率
6.4ms	78Hz
10ms	50Hz
12.8ms	39Hz
20ms	25Hz

S7-1200 高速计数器的工作方式包括四种：

① 计数：用于高速脉冲的计数。

② 周期：用于测量脉冲的周期。

③ 频率：用于测量脉冲的频率。

④ 运动控制：监控 PTO 脉冲串输出，用于运动控制。

S7-1200 的高速计数器支持的脉冲信号类型包括四种：

① 单相位：单相位脉冲信号用于脉冲的计数，配合计数方向信号使其成为加计数器或者减计数器。计数方向信号可以来自软件内部，也可以是外部硬件输入信号。

② 两相位：两相位脉冲信号的一路用于加计数器，另外一路用于减计数器。换句话说，一路使计数器值增加，另外一路使计数器值减小。

③ A/B 相：包括 A 相和 B 相两路脉冲输入信号，两者之间有 90°的相位差。仅使用其中一路作为脉冲计数信号，用两者之间的相位差来判断电机正转还是反转。

④ A/B 相四倍频：与 A/B 相类似，不同之处在于将输入的脉冲信号进行了四倍频（即乘以4）输出。

S7-1200 高速计数器的测量值为双整数（DInt）类型，数值范围为：-2147483648 ～ +2147483647。每个高速计数器都有其过程输入映像区存储地址，比如 HSC1 的默认地址为 ID1000，HSC2 的默认地址为 ID1004 等，这个地址可以在硬件组态中进行修改。由于受扫描周期的限制，从 CPU 的过程输入映像区中读取的高速计数器测量值，并不是当前的实际值。因此，要获取当前实际的测量值，应该直接从外设读取，也就是在过程输入映像区地址的后面加上":P"。比如，要读取 HSC1 的当前实际值，要使用地址"ID1000:P"。

S7-1200 高速计数器还具有中断功能，在下面 3 种情况下可以激活中断事件：

① 计数器当前值等于预设值。

② 外部复位信号。

③ 带有方向控制的计数器，方向信号发生改变。

13.1.3　S7-1200的高速计数器指令

当在硬件组态中使能、配置高速计数器并下载到 CPU 后，就可以通过其地址获取计数器的数值。如果想在程序执行过程中对高速计数器的参数进行更改，比如修改计数器的方向、参考值、当前值等，可以使用 CTRL_HSC 指令或者 CTRL_HSC_EXT 指令。

（1）CTRL_HSC 指令

在指令列表的"工艺"→"计数"→"其它"中可以找到 CTRL_HSC 指令，如图 13-3 所示。

将 CTRL_HSC 指令拖放到函数块 FB100_HSCTest 中，系统会提示创建背景数据块，这里选择使用多重背景数据块，指令的初始添加状态如图 13-4 所示。

图13-3 CTRL_HSC指令

```
2    //计数器控制指令
3    //
4    #CTRL_HSC_0_Instance(HSC:=_hw_hsc_in_,
5                         DIR:=_bool_in_,
6                         CV:=_bool_in_,
7                         RV:=_bool_in_,
8                         PERIOD:=_bool_in_,
9                         NEW_DIR:=_int_in_,
10                        NEW_CV:=_dint_in_,
11                        NEW_RV:=_dint_in_,
12                        NEW_PERIOD:=_int_in_,
13                        BUSY=>_bool_out_,
14                        STATUS=>_word_out_);
```

图13-4 CTRL_HSC指令的初始添加状态

该指令有 9 个输入参数和 2 个输出参数，其含义见表 13-2。

表13-2 CTRL_HSC参数定义

参数名	类别	数据类型	说明
HSC	输入	HW_HSC	高速计数器的硬件标识符
DIR	输入	Bool	该信号为 TRUE 时启用新的计数方向（计数方向来自参数 NEW_DIR）
CV	输入	Bool	该信号为 TRUE 时启用新的计数值（计数值来自参数 NEW_CV）
RV	输入	Bool	该信号为 TRUE 时启用新的参考值（参考值来自参数 NEW_RV）
PERIOD	输入	Bool	该信号为 TRUE 时启用新的频率周期（频率周期来自参数 NEW_PERIOD）
NEW_DIR	输入	Int	新的方向。1= 加计数；−1= 减计数
NEW_CV	输入	DInt	新的当前值
NEW_RV	输入	DInt	新的参考值
NEW_PERIOD	输入	Int	新的频率测量周期
BUSY	输出	Bool	指令是否正在执行
STATUS	输出	Word	指令执行的状态

说明：

① 只有在硬件组态中配置计数方向通过用户程序内部控制时，才可以 DIR 信号更改计数方向。

② SCL 指令参数中有一个隐含的参数，即 EN，可以在编程时自己添加上。只有当 EN=TRUE 时，指令才会执行。

③ 该指令为异步执行指令，不要在指令执行过程中再次调用。

④ STATUS 表示指令执行的状态，其定义见表 13-3。

表13-3 STATUS定义

编码（十六进制）	说明
0	无错误
80A1	高速计数器的硬件标识符无效
80B1	计数方向 （NEW_DIR） 无效
80B2	计数值 （NEW_CV） 无效
80B3	参考值 （NEW_RV） 无效
80B4	频率测量周期 （NEW_PERIOD） 无效
80C0	多次访问高速计数器
80D0	CPU 硬件配置中没有启用高速计数器 （HSC）

举个例子：通过内部程序使用 CRTL_HSC 指令控制 HSC1 的代码如图 13-5 所示。

```
2    //计数器控制指令
3    //示例
4  ⊟#CTRL_HSC_0_Instance(EN:="enHSC",
5                         HSC:=257,
6                         DIR:="changeDir",
7                         CV:="changeCV",
8                         RV:="changeRV",
9                         PERIOD:="changePeriod",
10                        NEW_DIR:=#tmpNewDirection,
11                        NEW_CV:=#tmpNewCV,
12                        NEW_RV:=#tmpNewRV,
13                        NEW_PERIOD:=#tmpNewPeriod,
14                        BUSY=>#statBusy,
15                        STATUS=>#statStatus);
```

图13-5　CTRL_HSC指令控制HSC1的代码

说明：

① 当 enHSC 的值为 TRUE 时，指令才会执行。

② 257 为 HSC1 的硬件标识符。

③ 如果 changeDir 的值为 TRUE，则改变计数方向。新的方向取决于 tmpNewDirection（+1 为加计数，-1 为减计数）。

④ 如果 changeCV 的值为 TRUE，则重新加载当前计数值。新值来自 tmpNewCV。

⑤ 如果 changeRV 的值为 TRUE，则重新加载参考值。新值来自 tmpNewRV。

⑥ 如果 changePeriod 的值为 TRUE，则重新加载周期时间。新值来自 tmpNewPeriod。

（2）CTRL_HSC_EXT 指令

CTRL_HSC_EXT 是高速计数器的扩展控制指令，在指令列表的"工艺"→"计数"中可以找到它，如图 13-3 所示。该指令也需要背景数据块，其初始添加状态如图 13-6 所示。

```
17   //计数器扩展控制指令
18   //
19   #CTRL_HSC_EXT_Instance(HSC:=_hw_hsc_in_,
20                          DONE=>_bool_out_,
21                          BUSY=>_bool_out_,
22                          ERROR=>_bool_out_,
23                          STATUS=>_word_out_,
24                          CTRL:=_variant_inout_);
```

图13-6　CTRL_HSC_EXT指令的初始添加状态

该指令有 1 个输入参数、4 个输出参数和 1 个输入 / 输出参数，各参数的含义见表 13-4。

表13-4　CTRL_HSC_EXT指令参数定义

参数名	类别	数据类型	说明
HSC	输入	HW_HSC	高速计数器的硬件标识符
DONE	输出	Bool	指令是否执行完成，TRUE 表示完成
BUSY	输出	Bool	指令是否正在执行，TRUE 表示正在执行

续表

参数名	类别	数据类型	说明
ERROR	输出	Bool	指令执行是否出错，TRUE 表示出错
STATUS	输出	Word	指令执行的状态（表 13-5）
CTRL	输入 / 输出	Variant	指令的控制参数

说明：

① CTRL 参数用于计数器的控制，其数据类型可以是 HSC_Count 或者 HSC_Period：HSC_Count 用于计数控制，HSC_Period 用于周期测量控制。

② 该指令有隐含参数 EN，当其值为 TRUE 时，指令才会执行。

③ 该指令为异步执行指令，不要在指令执行过程中再次调用。

表13-5　CTRL_HSC_EXT指令执行的状态

编码（十六进制）	说明
0	无错误
80A1	高速计数器的硬件标识符无效
80C0	多次访问高速计数器
80D0	CPU 硬件配置中没有启用高速计数器 （HSC）

举个例子：创建全局数据块 DB101_Global，在其内部添加变量 HSC1Count，其数据类型为 HSC_Count，如图 13-7 所示。

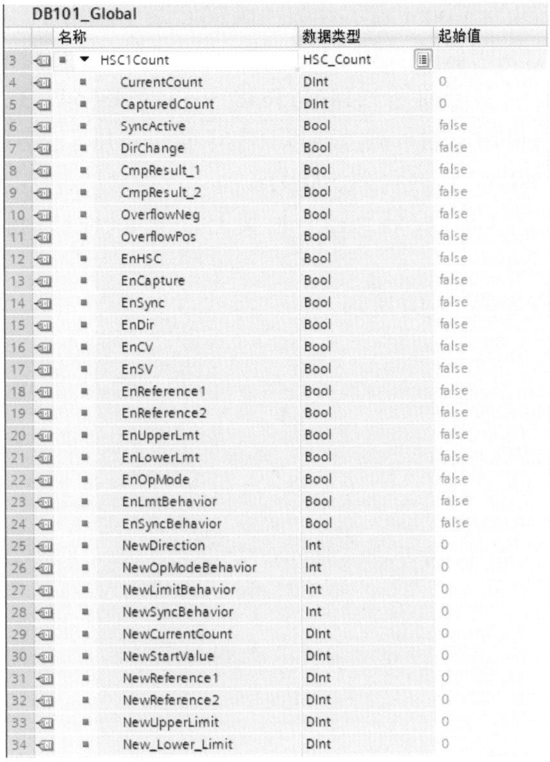

DB101_Global

	名称	数据类型	起始值
3	HSC1Count	HSC_Count	
4	CurrentCount	DInt	0
5	CapturedCount	DInt	0
6	SyncActive	Bool	false
7	DirChange	Bool	false
8	CmpResult_1	Bool	false
9	CmpResult_2	Bool	false
10	OverflowNeg	Bool	false
11	OverflowPos	Bool	false
12	EnHSC	Bool	false
13	EnCapture	Bool	false
14	EnSync	Bool	false
15	EnDir	Bool	false
16	EnCV	Bool	false
17	EnSV	Bool	false
18	EnReference1	Bool	false
19	EnReference2	Bool	false
20	EnUpperLmt	Bool	false
21	EnLowerLmt	Bool	false
22	EnOpMode	Bool	false
23	EnLmtBehavior	Bool	false
24	EnSyncBehavior	Bool	false
25	NewDirection	Int	0
26	NewOpModeBehavior	Int	0
27	NewLimitBehavior	Int	0
28	NewSyncBehavior	Int	0
29	NewCurrentCount	DInt	0
30	NewStartValue	DInt	0
31	NewReference1	DInt	0
32	NewReference2	DInt	0
33	NewUpperLimit	DInt	0
34	New_Lower_Limit	DInt	0

图13-7　全局数据块DB101_Global的HSC1Count变量

在函数块中调用 CTRL_HSC_EXT 指令，如图 13-8 所示。

```
17   //计数器扩展控制指令
18 ⊟#CTRL_HSC_EXT_Instance(EN:="enHSCExt",
19                          HSC:="Local~HSC_1",//257
20                          DONE=>#statCtrlHSCExtDone,
21                          BUSY=>#statCtrlHSCExtBusy,
22                          ERROR=>#statCtrlHSCExtError,
23                          STATUS=>#statCtrlHSCExtStatus,
24                          CTRL:="DB101_Global".HSC1Count);
```

图13-8　CTRL_HSC_EXT指令示例

说明：

① 当 enHSCExt 的值为 TRUE 时，该指令被调用执行。

② 参数 HSC 为 HSC1 的硬件标识符，此处使用的变量名。

③ 指令的执行状态分别输出到相应的静态变量中。

④ 指令的控制参数来自全局数据块 DB101_Global 的 HSC1Count 变量。

13.1.4　S7-1500的高速计数器模块

S7-1500 CPU 本体没有集成高速计数器，需要使用独立的高速计数器模块。可以使用的计数模块包括 ET200MP 的 TM Count 2×24V 模块和 ET200SP 的 TM Count 1×24V 模块。

（1）TM Count 2×24V（ET200MP）模块

TM Count 2×24V 模块是具有两组脉冲信号输入的高速计数器模块。名称中的"TM"是"Technology Module"的缩写，即"工艺模块"。Count 表示计数，因此它是一种用于计数的工艺模块。模块的每一组输入都支持增量型编码器的 A 相、B 相和 Z 相（零脉冲）信号；有三路数字量输入通道和两路数字量输出通道；计数范围为 $-2147483648 \sim +2147483647$（32位）；每个通道都支持断线诊断及硬件中断；可以组态输入滤波器以抑制干扰；可用于运动控制的定位输入检测；通道默认测量频率为 200kHz，最高可到 500kHz。

TM Count 2×24V 模块可以与 S7-1500 系列 CPU 安装到同一机架上，也可以安装到 ET 200MP 分布式系统中，其外观如图 13-9 所示。

TM Count 2×24V 模块打开前盖的内部结构如图 13-10 所示。

图13-9　TM Count 2×24V模块外观

图13-10　TM Count 2×24V模块打开前盖的内部结构

从图 13-10 中可以看出，TM Count 2×24V 模块前连接器的左侧是两组输入信号的接线端子，每一组信号有 8 个输入通道。通道 0（CH0）的输入端子编号为 1 ～ 8，通道 1（CH1）的信号输入端子编号为 11 ～ 18。

以通道 0 为例：

① 1 ～ 3 号端子分别是脉冲信号的 A 相、B 相和 Z 相；

② 4 ～ 6 号端子是 3 路数字量输入；

③ 7 ～ 8 号端子是 2 路数字量输出。

对于 A/B 正交增量型编码器，端子 1 接 A 相，端子 2 接 B 相，如果编码器还有零脉冲信号（Z 相），则连接到端子 3；对于脉冲＋方向的计数器信号，端子 1 接脉冲信号，端子 2 接方向信号；如果仅有脉冲信号，将其连接到端子 1 即可，端子 2、端子 3 可忽略；对于具有加 / 减信号的计数器，端子 1 接加计数信号，端子 2 接减计数信号。

3 路数字量输入信号可用于门控信号，即计数的启动 / 停止或者同步；2 路数字量输出信号可以通过某种方式置位，比如用于计数值的比较（计数值大于比较值或者计数值小于比较值）或者用户自己定义。

9 号、10 号端子可向外提供 24V 电源，其中 9 号为正极，10 号为负极。其电能来自 TM Count 2×24V 模块的供电。关于前连接器的更多内容，请参见 1.9.3 节。

TM Count 2×24V 模块需要专用电源端子供电（1.9.4 节有详细介绍）。电源端子插接到前连接器的下方，有四个接线柱，编号从左到右是 41 ～ 44，其中 41、42 内部相连，43、44 内部相连。实际应用中，可以将 41 接 24V 电源正极，44 接电源负极；42 和 43 引出线给其他模块供电，如图 13-11 所示。

TM Count 2×24V 模块连接 2 路增量型编码器（带零脉冲信号）的接线图如图 13-12 所示。

图 13-12 中，①为电气隔离；②为前端连接器

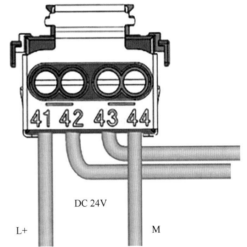

图13-11　TM Count 2×24V模块电源端子

屏蔽支架；③为工艺和背板总线接口；④为输入滤波器；⑤为电源连接器；⑥为等电位连接；⑦为增量型编码器。

（2）工艺对象

在 S7-1500 系列 PLC 中，可以使用工艺对象对高速计数器进行组态和调试。在博途开发环境左侧项目树的"工艺对象"中，双击"新增对象"，如图 13-13 所示。

在弹出的对话框中，选择"计数和测量"→"High_Speed_Counter"，单击"确定"按钮，就添加了一个工艺对象，如图 13-14 和图 13-15 所示。

新添加的工艺对象包括组态、调试和诊断三大功能。

双击"组态"功能选项，在"基本参数"中，首先选择该工艺对象使用的硬件，如图 13-16 和图 13-17 所示。

假设选择本地模块 TM Count 2×24V，并使用其第 0 个通道，然后在"扩展参数"中设置输入信号的类型，可选择的类型包括：

① 增量型编码器 A、B、相位；　　　④ 脉冲；

② 增量型编码器 A、B、N；　　　　⑤ 加计数 / 减计数。

③ 脉冲＋方向；

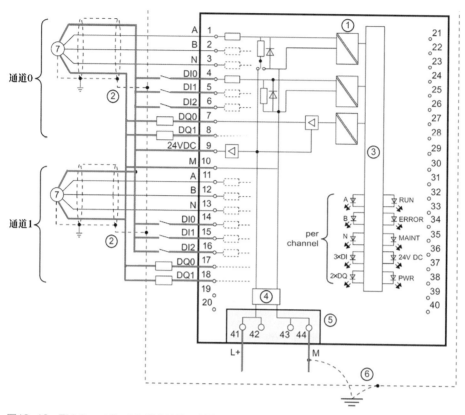

图13-12　TM Count 2×24V模块连接2路增量型编码器接线图

图13-13　新增工艺对象

图13-14　新增工艺对象对话框

西门子**S7-1200/1500 PLC SCL**语言编程从入门到精通

图13-15　新添加的工艺对象

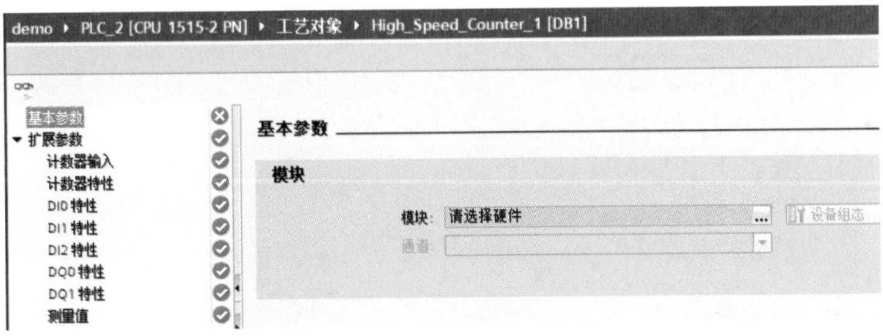

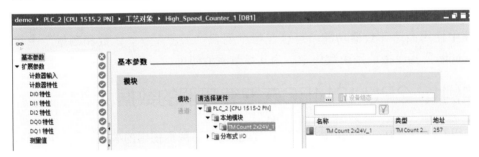

图13-16　选择工艺对象的硬件

图13-17　选择高速计数器的硬件

还可以设置滤波等附加参数，如图 13-18 所示。

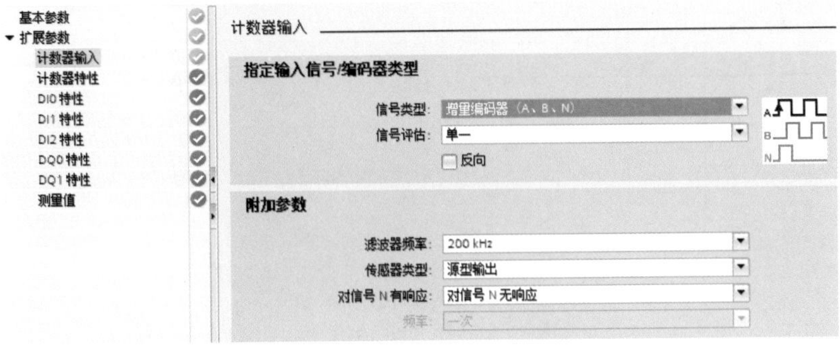

图13-18　计数器附加参数

可以在 DI0 ～ DI2 特性参数中设置各数字量输入通道的功能，比如作为启动信号、停止信号或者同步、捕获信号。可以在 DQ0 ～ DQ1 特性参数中设置各数字量输出通道的功能，比如在何种条件下将数字量输出通道激活等。

参数组态完成后，双击"调试"功能选项，可以在线测试模块的功能，比如手动使能软件门（SwGate）、检查计数信号值（CountValue）或测量值（MeasuredValue）等，如图 13-19 所示。

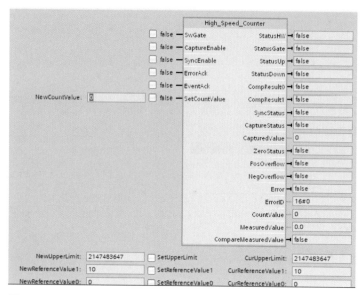

图13-19　工艺对象的调试功能

要想在程序中使用高速计数器功能，可以在指令列表"工艺"→"计数和测量"中将"High_Speed_Counter"指令拖放到函数块中，为其参数赋值即可。

13.1.5　实例1：CPU 1214FC获取编码器的数据

本节例程使用 CPU 1214FC 来获取增量型编码器的数值。例程使用的编码器为 NPN 型，有四条线，即电源正（VCC）、电源负（GND）、A 相信号线及 B 相信号线，如图 13-20 所示。

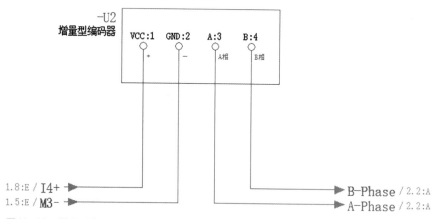

图13-20　增量型编码器接线图

编码器是 NPN 型，因此需要将 CPU 的输入端子接成源型输入方式（关于源型输入的更多内容，请参见 1.3.1 节）。CPU 1214FC 的电气原理图如图 13-21 所示。

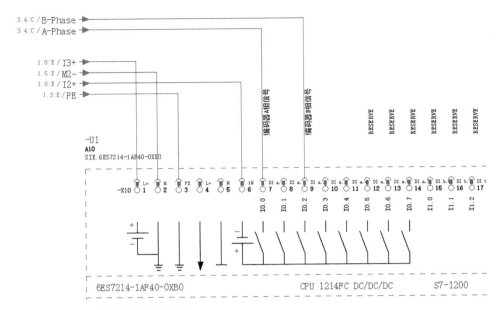

1301- 编码
器 - 高速计数
器电气图纸
讲解

图13-21　CPU 1214FC电气原理图

　　接下来在博途环境中创建新项目，在 CPU 硬件组态中，启用高速计数器 1（HSC1），并将其计数类型（工作方式）设置为"计数"，将其工作模式（脉冲信号）设置为"A/B 计数器"，如图 13-22 所示。

图13-22　高速计数器HSC1的设置

　　更改硬件输入，A 相信号输入通道为 I0.0，B 相信号输入通道为 I0.2，如图 13-23 所示。

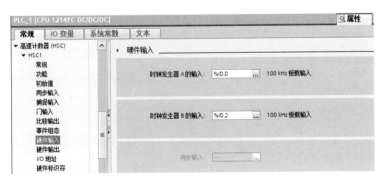

图13-23　高速计数器硬件输入设置

然后在 CPU 属性中找到数字量输入，设置通道 0 和通道 2 的滤波时间为 20μs（该数值应根据实际使用的编码器或其他脉冲发生器的频率进行更改），如图 13-24 所示。

图13-24　设置数字量输入通道的滤波时间

至此，硬件组态相关内容设置完成，接下来编程获取编码器的数值。

创建函数块 FB100_Encoder，在其变量声明区声明变量，如表 13-6 和图 13-25 所示。

表13-6　FB100_Encoder变量声明

名称	类别	数据类型	描述
pulseNumber	输入	DInt	高速计数器的脉冲数
factor	输入	DInt	计数因子
distance	输出	Real	编码器计算的距离

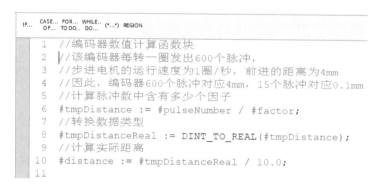

图13-25　FB100_Encoder变量声明区

在函数块 FB100_Encoder 中添加代码，如图 13-26 所示。

```
1   //编码器数值计算函数块
2   //该编码器每转一圈发出600个脉冲，
3   //步进电机的运行速度为1圈/秒，前进的距离为4mm
4   //因此，编码器600个脉冲对应4mm，15个脉冲对应0.1mm
5   //计算脉冲数中含有多少个因子
6   #tmpDistance := #pulseNumber / #factor;
7   //转换数据类型
8   #tmpDistanceReal := DINT_TO_REAL(#tmpDistance);
9   //计算实际距离
10  #distance := #tmpDistanceReal / 10.0;
11
```

图13-26　在FB100_Encoder中添加代码

这里要说明的是：计数因子 factor 表示 0.1mm 的脉冲数。本例程使用的编码器旋转一圈会发出 600 个脉冲，步进电机的运行速度为 1 圈 /s，因此，发送脉冲的频率为 600 脉冲 /s。步进电机每转一圈前进 4mm，600 个脉冲对应 4mm，那么 150 个脉冲对应 1mm，即 15 个脉冲相当于 0.1mm，计数因子为 15。使用高速计数器检测到的脉冲数除以计数因子，再除以 10 就得出实际的运行距离，单位为毫米（mm）。

在 OB1 中调用函数块 FB100_Encoder，如图 13-27 所示。

图13-27　在OB1中调用函数块FB100_Encoder

1302- 编码器例程程序讲解

说明：

① 参数 pulseNumber 为高速计数器检测的脉冲数，从其组态地址获取。HSC1 默认地址为 ID1000，可以在组态中修改。为了排除扫描周期的影响，可以直接从外设读取数值，方法是在地址后面加上 ":P"，即 ID1000:P。

② 计数因子 factor 的值为 15。

③ 输出距离 distance 存放在全局数据块 DB101_Global 的 encoderDistance 变量中。

13.1.6　实例2：高速计数器当前值的断电保存

增量型编码器的数值在断电后不能自动保存，为了使设备在断电重启后能够恢复之前的状态，需要手动编写高速计数器数值断电保持的程序。

程序实现的思路如下：

① 将高速计数器的当前值保存到可断电保持的数据块中。

② CPU 每次启动时，在启动 OB（OB100）中将保存的数据恢复到高速计数器中。

1303- 保存高速计时器当前值

可以使用 CTRL_HSC 指令或者 CTRL_HSC_EXT 指令，本节例程以 CTRL_HSC_EXT 指令为例进行介绍。

首先在全局数据块 DB101_Global 中创建变量 HSC1Value，数据类型为 DInt，并勾选 "保持" 选项；然后创建变量 HSC1Count，数据类型为 HSC_Count，如图 13-28 所示。

	名称		数据类型	起始值	保持
	DB101_Global				
1	▼	Static			☐
2	■	encoderDistance	Real	0.0	☐
3	■	HSC1Value	DInt	0	☑
4	■ ▶	HSC1Count	HSC_Count		☐

图13-28　创建变量HSC1Value和HSC1Count

添加启动组织块 Startup（OB100），在其中编写代码将高速计数器 1 的保存值恢复到新的当前值，并置位 EnCV 和 EnHSC。另外在全局数据块 DB101_Global 中添加变量 HSC1EnableCtrl，该变量用来控制 CTRL_HSC_EXT 指令的执行，在这里也需要将其置位，如图 13-29 所示。

在 OB1 中添加代码，如图 13-30 所示。

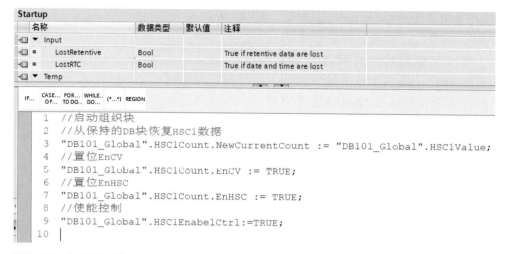

图13-29 启动组织块代码

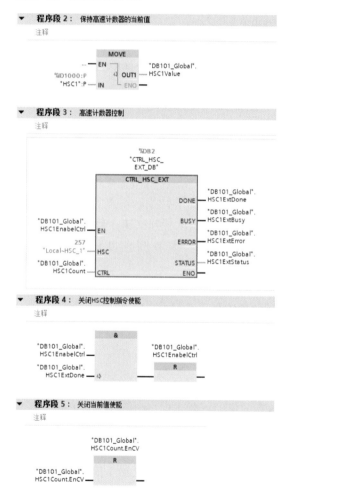

图13-30 在OB1中添加代码

说明：

① 程序段2将高速计数器1的当前值拷贝到全局数据块 DB101_Global 的 HSC1Value 变

量中，达到保存当前值的目的。

② 程序段 3 使用 CTRL_HSC_EXT 指令设置高速计数器 1，该指令的使能 DB101_Global.HSC1EnableCtrl 在启动组织块 OB100 中置位。

③ 程序段 4，当 CTRL_HSC_EXT 指令执行完成后，将其使能复位。

④ 程序段 5，复位当前值的使能控制。

13.2   脉宽调制（PWM）

13.2.1   脉宽调制概述

脉宽调制全称为"脉冲宽度调制"，简写为 PWM。通过脉宽调制技术，可以使脉冲发生器输出一种周期固定、脉冲宽度可调的脉冲信号。所谓脉冲宽度，是指脉冲中高电平持续的时间与脉冲周期的比值，因此，脉冲宽度的调节范围为：0% ～ 100%。

图 13-31 所示是不同脉冲宽度调节的示意图。

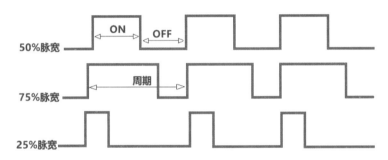

图13-31   不同脉冲宽度调节示意图

13.2.2   S7-1200的PWM资源

从固件版本 V4.0 开始，S7-1200 系列 CPU 最多支持 4 路 PWM 脉冲输出。1.2.1 节曾介绍过，S7-1200 系列 CPU 分为晶体管输出型和继电器输出型。晶体管型 CPU 本体的输出通道可以输出 PWM 脉冲，因为继电器本身的机械特性，不能够迅速地对高频脉冲信号做出响应，所以不应使用继电器型 CPU 本体集成的数字量输出通道来输出 PWM 脉冲信号，但是可以通过添加数字量输出信号板的方式来使其输出 PWM 脉冲信号。

S7-1200 全系列 CPU 集成的 PWM 资源如表 13-7 所示。

表13-7   S7-1200全系列CPU集成的PWM资源

S7-1200 系列 CPU		PWM 的总资源数量	CPU 本体上的 PWM 数量	添加 SB 卡后的最大 PWM 数量
			固件：V4.0 以上	
CPU 1211C	DC/DC/DC	4	4	4
	DC/DC/Relay		0	4
	AC/DC/Relay			

续表

S7-1200 系列 CPU		PWM 的总资源数量	CPU 本体上的 PWM 数量	添加 SB 卡后的最大 PWM 数量
			固件：V4.0 以上	
CPU 1212C	DC/DC/DC	4	4	4
	DC/DC/Relay		0	4
	AC/DC/Relay			4
CPU 1214C	DC/DC/DC	4	4	4
	DC/DC/Relay		0	4
	AC/DC/Relay			4
CPU 1215C	DC/DC/DC	4	4	4
	DC/DC/Relay		0	4
	AC/DC/Relay			4
CPU 1217C	DC/DC/DC	4	4	4

使用数字量输出信号板并不能增加 CPU 支持的 PWM 资源总数，不过可以将 PWM 输出从 CPU 本体集成的输出通道转移到信号板上，从而节省 CPU 本体的资源。可以使用的信号板包括数字量输出型和数字量输入 / 输出型，如表 13-8 所示。

表 13-8　S7-1200 可以使用的信号板

信号板类型		脉冲频率	高速脉冲输出通道个数
数字量输出 /DO	4×24 V DC	200kHz	可提供 4 个高速脉冲输出通道
	4×5 V DC		
数字量输入 / 输出 DI/DO	2DI / DO 2×24 V DC		可提供 2 个高速脉冲输出通道
	2DI / DO 2×5 V DC		
	2DI / DO 2×24 V DC	30kHz	

13.2.3　S7-1200 PWM的组态与控制

要使用 S7-1200 CPU 的 PWM 功能，首先需要在其硬件组态 "脉冲发生器" 中激活 PWM 功能，如图 13-32 所示。

图 13-32　激活PWM功能

然后在 "参数分配" 中设置脉冲信号的类型、时基、脉宽格式、循环时间（周期）、初始脉冲宽度，如图 13-33 所示。

脉宽的格式包括：百分之一、千分之一、万分之一和 S7 模拟量格式。百分之一就是将脉冲周期平均分成 100 等份，以 1% 作为基本单位来度量高电平持续的时间；千分之一则表示将脉冲周期均分成 1000 等份，以 1‰作为基本单位来度量高电平的持续时间；万分之一与之类似；S7 模拟量格式表示将脉冲周期平均分成 27648 等份，以 1/27648 为基本单位来度量高电平的持续时间。

图13-33　脉冲信号参数配置

脉冲宽度是某种脉宽格式下，高电平所占的比例。比如，假设设置脉宽格式为百分之一，脉冲宽度为 50，则表示高电平占整个脉冲周期的 50%（百分之五十）；如果设置脉宽格式为千分之一，脉冲宽度为 50，则表示高电平占整个脉冲周期的 50‰（千分之五十）。

接下来在"硬件输出"设置脉冲的输出通道，PWM1 的默认输出通道为 Q0.0，可以根据实际情况进行修改，如图 13-34 所示。

图13-34　PWM的输出通道

IO 地址是 CPU 为 PWM 分配的输出映像区地址。默认情况下在程序运行过程中，可以修改 PWM 的脉冲宽度，但不能修改 PWM 的脉冲周期。这种情况下 CPU 会给该 PWM 分配 2 个字节的存储空间，比如假设 PWM1 的 IO 地址起始为 1000，则通过更改 QW1000 的值，就可以在程序运行过程中修改输出脉冲的宽度。

如果还需要在运行过程中修改脉冲的周期，则应勾选图 13-33 的选项"允许对循环时间进行运行时修改"。勾选该选项后，CPU 将为该 PWM 分配 6 个字节的存储空间，其中前两个字节是脉冲的宽度，后面四个字节是脉冲的周期。以 PWM1 为例，勾选该选项后，其 IO 起始地址变为 1008，则 QW1008 为其脉冲宽度，QD1010 为其脉冲周期。通过修改这两个值，就可以达到在运行过程中修改 PWM 脉冲宽度和脉冲周期的目的。

在程序运行过程中，可以通过指令控制 PWM 脉冲输出。

指令列表中的"扩展指令"→"脉冲"的 CTRL_PWM 指令可以启用或禁止 PWM 脉冲输出。该指令需要使用背景数据块，其初始添加状态如图 13-35 所示。

```
1  //PWM控制指令
2  //
3  #CTRL_PWM_Instance(PWM:=_hw_pwm_in_,
4                     ENABLE:=_bool_in_,
5                     BUSY=>_bool_out_,
6                     STATUS=>_word_out_);
```

图13-35 CTRL_PWM指令的初始添加状态

CTRL_PWM 指令有 2 个输入参数和 2 个输出参数，其含义见表 13-19。

表 13-9　CTRL_PWM 的参数含义

名称	类别	数据类型	说明
PWM	输入	HW_PWM	PWM 脉冲发生器的硬件标识符
ENABLE	输入	Bool	TRUE 表示启用脉冲输出；FALSE 表示禁止脉冲输出
BUSY	输出	Bool	指令的处理状态
STATUS	输出	Word	指令执行的状态字

STATUS 状态字的含义见表 13-10。

表 13-10　STATUS 状态字含义

编码（十六进制）	说明
0	无错误
80A1	脉冲发生器的硬件标识符无效
80D0	具有指定硬件标识符的脉冲发生器未激活。请在 CPU 属性的"脉冲发生器（PTO/PWM）"中，激活该脉冲发生器

关于 PWM 组态与控制指令的使用例程，请参见 13.2.6 节。

13.2.4　S7-1500的PWM资源

在 S7-1500 系列 PLC 中，只有紧凑型 CPU 1511C-1PN 和 CPU 1512C-1PN 可以输出 PWM 脉冲信号。除此之外，没有其他 CPU 或者 ET 200MP 的模块支持输出 PWM 信号。

CPU 1511C-1PN 和 CPU 1512C-1PN 的 PWM 资源是相同的，都最多支持 4 路 PWM 脉冲输出，下面以 CPU 1511C-1PN 为例进行介绍。

13.2.5　S7-1500 PWM的组态与控制

1304-PWM
组态及程序
讲解

13.2.5.1　S7-1500 PWM的组态

CPU 1511C-1PN 模块为紧凑型，除了 CPU 功能外，还集成了模拟量输入 / 输出（中间部分，编号 X10）和数字量输入 / 输出（右侧部分，编码 X11）。X11 模块包括 16 路数字量输入和 16 路数字量输出。其中：

① 数字量输入可用于高速脉冲输入。

② 数字量输出可用于本节介绍的 PWM 脉冲及后续讲解的 PTO 脉冲输出。

数字量输出的 16 路通道编号为 DQ0 ~ DQ15。其中：

① DQ0 ~ DQ7 可在硬件组态中选择激活"高速输出"。如果激活该选项，则最高输出

的脉冲频率为100kHz，最大输出电流为0.1A，支持源型和漏型两种输出方式；如果不激活"高速输出"选项，则最高输出的脉冲频率为10kHz，最大输出电流为0.5A。

② DQ8～DQ15的输出频率最高为100kHz，最大输出电流为0.5A。

CPU 1511C-1PN 最多支持输出 4 路 PWM 脉冲信号，其输出通道编号与默认输出地址如表 13-11 所示。

表13-11　CPU 1511C-1PN的PWM编号与输出通道编号/默认输出地址

PWM 编号	输出通道（X11 模块）	默认输出地址
PWM1	DQ0 或 DQ8[①]	Q4.0 或 Q5.0
PWM2	DQ2 或 DQ10	Q4.2 或 Q5.2
PWM3	DQ4 或 DQ12	Q4.4 或 Q5.4
PWM4	DQ6 或 DQ14	Q4.6 或 Q5.6

① PWM 的输出通道可以在硬件组态中选择，如图 13-36 所示。

图13-36　CPU 1511C-1PN的PWM脉冲输出通道选择

在"参数"选项中，可以设置脉冲的输出格式、脉冲最短持续时间及周期持续时间，如图 13-37 所示。

图13-37　CPU 1511C-1PN PWM脉冲输出的参数

其中：

① 脉冲的输出格式与13.2.3节介绍的 S7-1200 的 PWM 是一样的，包括：每 100（百分之一）、每 1000（千分之一）、每 10000（万分之一）和 S7 模拟量格式。这里翻译有所不同，

但意思一样。

② 脉冲最短持续时间与周期持续时间都是以 μs 为单位，如果经过控制接口设置的实际输出时间小于组态设置的最短时间，则以组态设置的时间为准。

在"IO 地址"选项中，可以设置 PWM 的输入及输出地址。输入地址占用 4 个字节，是 PWM 通道的状态反馈；输出地址占用 12 个字节，是 PWM 的控制接口。

CPU 1511C-1PN PWM1 的默认地址如图 13-38 所示。

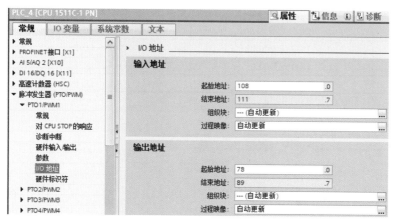

图13-38　CPU 1511C-1PN PWM1的默认地址

13.2.5.2　S7-1500 PWM的控制

对于 S7-1500 PLC 而言，没有专用指令来控制其 PWM 脉冲输出，因此，只能通过其控制接口来改变 PWM 的输出信号。这个控制接口，就是 PWM 组态时的输出地址。以图 13-38 为例，PWM1 的控制接口就是 QB78 ～ QB89，总共 12 个字节。控制接口的定义见表 13-12。

表13-12　CPU 1511C/CPU 1512C 的控制接口

字节	bit7	bit6	bit5	bit4	bit3	bit2	bit1	bit0
0								
1	OUTPUT_VALUE							
2	PWM 脉冲占空比（高电平持续的时间占脉冲周期的比例），在 PWM 脉冲应用中，仅用到字节 2 和字节 3							
3								
4								
5	SLOT							
6	PWM 的周期，范围：10 ～ 10000000μs							
7								
8	预留 =0		MOD_SLOT		LD_SLOT			
9	预留 =0			SET_DQA	预留 =0	TM_CTRL_DQ	SW_ENABLE	
10	预留 =0						RES_ER ROR	
11	预留 =0							

说明：

① OUTPUT_VALUE：对于 PWM 信号而言，该值为脉冲的占空比（数据类型 Int），即高电平持续的时间与脉冲周期的比例。比例的格式取决于图 13-37 设置的输出格式。

② SLOT：脉冲周期（数据类型 UDInt），单位为微秒。脉冲周期可以使用硬件组态中的设置值，也可以在运行过程中修改。

③ MOD_SLOT：工作模式（数据类型 Bool）。0= 单次更新模式；1= 循环（多次）更新。

④ LD_SLOT：加载 SLOT。0= 不更改 SLOT 值；1= 加载新的 SLOT 值。

⑤ SW_ENABLE：使能输出（数据类型 Bool）。

⑥ TM_CTRL_DQ：控制通道的输出方式（数据类型 Bool）。1=PWM 方式输出，0= 手动控制输出，取决于 SET_DQA 的值。如果 SET_DQA=1，则通道输出 1；如果 SET_DQA=0，则通道输出 0。

⑦ SET_DQA：通道的手动控制输出值。

⑧ RES_ERROR：复位反馈接口的错误寄存器 ERR_LD。

举个例子：假设 PWM1 硬件配置中设置的脉冲输出格式为"百分之一"，脉冲最短持续时间为 0μs，周期持续时间为 1000000μs，输出起始地址为 QB78。

如果想输出占空比为 20% 的 PWM 脉冲，则设置：

① QD78=20。注释：OUTPUT_VALUE，占空比 =20。

② Q87.1=TRUE。注释：TM_CTRL_DQ=1。

③ Q87.0=TRUE。注释：SW_ENABLE=1。

这样，脉冲的宽度 =1000000μs×20%=200000μs。

要监控 PWM 的实际输出情况及是否有错误，可以使用反馈接口。反馈接口的地址是硬件组态中的输入地址，总共 4 个字节，其定义如表 13-13 所示。

表 13-13　PWM 反馈接口的定义

字节	bit7	bit6	bit5	bit4	bit3	bit2	bit1	bit0
0	ERR_SLOT_VALUE	ERR_OUT_VALUE			ERR_PULSE	ERR_LD		ERR_PWR
1			STS_SW_ENABLE	STS_READY		STS_LD_SLOT		
2							STS_DQA	STS_ENABLE
3								

说明：

① STS_ENABLE：脉冲输出使能状态（STS 是英文 STATUS 的缩写）。1= 激活；0= 未激活。

② STS_DQA：通道手动输出状态。1= 手动输出；0=PWM 输出。

③ STS_LD_SLOT：SLOT 单次更新的确认位。

④ STS_READY：通道是否就绪。1= 就绪；0= 未就绪。

⑤ STS_SW_ENABLE：软件使能状态。1= 软件使能；0= 未使能。

⑥ ERR_PWR：供电故障。

⑦ ERR_LD：单次更新加载值出错。

⑧ ERR_PULSE：脉冲错误。

⑨ ERR_OUT_VALUE：OUT_VALUE 值无效。

⑩ ERR_SLOT_VALUE：SLOT 值无效。

13.2.6　SCL实例：CPU 1214FC使用PWM实现电机调速

本节例程使用 CPU 1214FC 的 PWM1 来实现直流电机的调速。直流电机的转速公式为：

$$n=（U-IR）/K\phi$$

式中，n 为电机转速；U 为电枢电压；I 为电枢电流；R 为电枢回路总电阻；K 为电动机结构参数；ϕ 为每极磁通量。

由上述公式可以看出直流电机的调速方案一般有下列三种方式：

① 改变电枢电压；

② 改变磁通量；

③ 改变电枢回路电阻。

本例程采用改变直流电机电枢电压的方式实现电机的调速。通过 PWM 输出占空比不同的电压方波信号，来达到改变电枢电压的目的。一个 10% 占空比的方波，会有 10% 的高电平时间和 90% 的低电平时间；而一个 80% 占空比的方波，则具有 80% 的高电平时间和 20% 的低电平时间。占空比越大，高电平持续的时间越长，输出的电压越高。如果占空比为 0%，则意味着高电平持续的时间为 0，即没有电压输出；如果占空比为 100%，则意味着高电平在整个周期持续输出，即全电压输出。

例程使用的直流电机额定电压为 DC 24V，额定功率为 6W，因此可以直接连接到 CPU 的输出通道，电机接线原理图如图 13-39 所示。

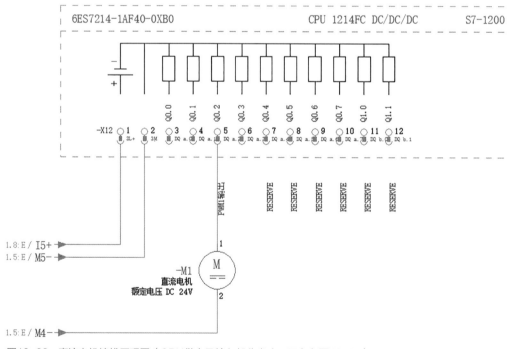

1305-EPLAN
电气图纸讲解

图13-39　直流电机接线原理图（CPU供电及输入部分省略，可参考图13-21）

在博途开发环境中新建项目，添加 CPU 1214FC，在 CPU 属性"脉冲发生器"→"PTO1/PWM1"中启用脉冲发生器，如图 13-40 所示。

图13-40　启用PWM1脉冲发生器

在"参数分配"选项卡中，设置信号类型为"PWM"，时基为"微秒"，脉宽格式为"千分之一"，循环时间为"1000μs"，如图 13-41 所示。

图13-41　PWM1参数设置

在"硬件输出"选项卡中，设置脉冲输出的地址为 Q0.2，如图 13-42 所示。

图13-42　PWM1硬件输出地址设置

I/O 输出地址采用默认值，如图 13-43 所示。

创建函数块 FB100_PWM，在其变量声明区声明变量，如表 13-14 和图 13-44 所示。

图13-43　PWM1 I/O输出地址

表13-14　FB100_PWM变量声明

名称	类型	数据类型	描述
ioAddress	输入	DInt	PWM 的脉冲地址
hardwareID	输入	HW_PWM	PWM 通道的硬件标识符
start	输入	Bool	启动 PWM 输出
stop	输入	Bool	停止 PWM 输出
pulseWidth	输入	Word	PWM 脉冲宽度
busy	输出	Bool	指令是否正在执行
status	输出	Word	PWM 指令执行的状态
tmpEnablePWM	临时变量	Bool	PWM 使能

		名称	数据类型	默认值	保持	设定值	注释
1	◀ ▼	Input					
2	◀ ■	ioAddress	DInt	0	非保持	☐	PWM的脉冲地址
3	◀ ■	hardwareID	HW_PWM	0	非保持	☐	PWM的硬件标识符
4	◀ ■	start	Bool	false	非保持	☐	启用PWM脉冲输出
5	◀ ■	stop	Bool	false	非保持	☐	停止PWM脉冲输出
6	◀ ■	pulseWidth	Word	16#0	非保持	☐	PWM脉冲宽度
7	◀ ▼	Output					
8	◀ ■	busy	Bool	false	非保持	☐	PWM指令是否正在执行
9	◀ ■	status	Word	16#0	非保持	☐	PWM指令执行的状态
10	◀ ▶	InOut					
11	◀ ▼	Static					
12	◀ ▶	CTRL_PWM_Instance	CTRL_PWM			☐	
13	◀ ▼	Temp					
14	◀	tmpEnablePWM	Bool			☐	使能PWM

图13-44　FB100_PWM变量声明区

在 FB100_PWM 代码区添加代码，如图 13-45 所示。

```
 1 ⊞(*...*)
18  //PWM 使能
19  #tmpEnablePWM := #start AND NOT #stop;
20  //将脉冲宽度数值写入到PWM地址
21 ⊟POKE(area:=16#82,
22      dbNumber:=0,
23      byteOffset:=#ioAddress,
24      value:=#pulseWidth);
25  //控制PWM脉冲输出
26 ⊟#CTRL_PWM_Instance(PWM:=#hardwareID,
27              ENABLE:=#tmpEnablePWM,
28              BUSY=>#busy,
29              STATUS=>#status);
30
```

图13-45　在FB100_PWM中添加代码

说明：

① POKE 指令实现间接寻址，将形参的地址 ioAddress 写入实际输出缓冲区中。8.5.2 节对该指令有详细的介绍。

② CTRL_PWM 控制 PWM 脉冲输出，这里使用多重背景数据块。13.2.3 节对该指令有详细的介绍。

在 OB1 中调用函数块 FB100_PWM，如图 13-46 所示。

由于编者实验台上目前没有 S7-1200 的触摸屏，只有一个 SMART LINE 触摸屏，该触摸屏配合 S7-200 SMART CPU 使用。实际应用中，为了使用触摸屏演示本例程更改 PWM 脉冲宽度信号，编者在程序中增加了 CPU 1214FC 与 S7-200 SMART CPUST20 的 S7 通信代码。关于 S7 通信的更详细内容，请参见 14.3.2 节。

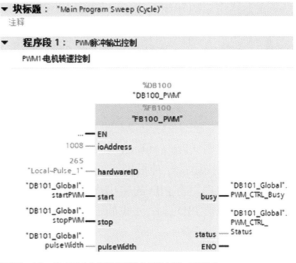

图13-46　在OB1中调用函数块FB100_PWM

1306-PWM
控制电机调
速－实际延时

13.3　PID控制

13.3.1　开环系统与闭环系统

工业自动化控制系统可以分为开环控制系统和闭环控制系统两大类。

开环控制系统简称开环系统，它的特点是系统的输出受系统输入和扰动的影响，但输出不会影响输入，即没有任何反馈。

烤箱烤面包的过程可以视为一个开环系统。当把面包胚放到烤箱中之后，设定好时间后开始加热烘烤。如果时间设定得过短，可能时间到达后面包还没烤熟。如果设定的时间过长，可能时间到达后面包已经被烤煳了。这种烤箱没有温度传感器将温度值反馈给系统，只能靠时间来控制，是典型的开环系统。

图 13-47 所示是开环系统工作原理的示意图。

闭环控制系统简称闭环系统，也称为反馈系统。

顾名思义，闭环系统的输出会反馈给输入，根据反馈值的大小来改变系统输入值，并且能消除扰动对系统的影响，使系统的输出跟随给定值。图 13-48 所示是闭环系统工作原理的示意图。

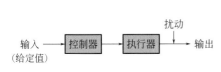

图13-47　开环系统工作原理图

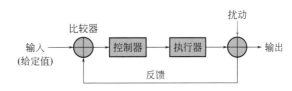

图13-48　闭环系统工作原理示意图

在上述烤箱的开环系统中，如果增加温度传感器对温度信号进行检测，当温度达到某个设定值时，系统停止加热；当温度值低于设定值时，重新再启动加热。这种把系统的输出（温度）反馈给输入（加热器）的系统就是闭环系统。

13.3.2　PID控制器

对于闭环系统的反馈可以有很多不同的算法，其中，应用最广泛的一种算法称为PID算法。

PID是比例（Proportional）、积分（Integral）、微分（Derivative）三个英文单词的首字母，PID算法描述了一种根据系统误差计算系统输出量的方法。通常为了便于计算机或可编程控制器的处理，将PID的输出离散化，使其由三部分的和构成，即比例部分 + 积分部分 + 微分部分。经典PID算法公式如下：

$$u(t) = K_p e(t) + K_i \int_0^t e(t)\mathrm{d}t + K_d \frac{\mathrm{d}e(t)}{\mathrm{d}t}$$

上式表示系统在某个时间 t 的PID输出，其中：

① u 是系统的输出。

② e 是系统误差，它是设定值与反馈值的差值。比如设定温度为60℃，温度传感器检测到的温度（反馈值）为35℃，则系统误差 e=60℃ −35℃ =25℃。

③ K_p 是比例增益，也称为比例因子。K_p 与误差的乘积构成PID的比例部分。比如，假设 K_p=0.5，某时刻 t 的系统误差 e=25℃，则比例部分 =0.5×25℃ =12.5℃。

④ K_i 是积分增益，也称为积分因子。K_i 与误差在 0 ～ t 时间内的积分构成PID的积分部分。比如，假设 K_i=0.2，误差在 0 ～ t 时间内的积分为10℃，则积分部分 =0.2×10℃ =2℃。如果系统进入稳态后存在稳态误差，则必须引入积分部分加以消除。积分部分是误差对时间的积分，即使误差很小，随着时间的增加，误差也会越来越大。PID输出引入积分部分可以增大输出值，从而消除稳态误差。

⑤ K_d 是微分增益，也称为微分因子。K_d 与误差在 t 时刻的微分的乘积构成PID的微分部分。误差变化越快，微分的绝对值越大。误差增大时，其微分为正数；误差减小时，其微分为负数；误差为常数时，其微分为0。因此，微分部分能预测变化的趋势来提前抑制误差。

在实际应用中，PID算法通常被封装成一个函数块或者指令，只需要调用它并赋予相应的参数即可。比如S7-1200/1500的PID_Compact指令、PID_Temp指令、PID_3Step指令都是封装的PID算法，下一节对其进行详细介绍。

13.3.3　S7-1200/1500 PID指令介绍

1307–PID 指令及其组态

使用PID指令前需要先添加循环中断组织块，然后将PID指令添加到该组织块中。循环中断组织块的周期即为PID的采样周期。

博途开发环境下，PID指令位于指令列表的"工艺"→"PID控制"，如图13-49所示。S7-1200/1500 PID指令共有三种：PID_Compact指令、PID_3Step指令和PID_Temp指令。

PID_Compact是通用的PID控制指令，可以用于工业现场温度、压力、流量等物理量的PID控制。从指令列表中添加该指令时系统会提示创建背景数据块，该数据块可以在工艺对象中设置相关参数。

PID_3Step 指令可用于带积分特性的阀门或执行机构（比如西门子的电动三通温控阀），采用该指令可以简单快速地完成 PID 回路的三步控制，典型应用是通过控制两路输入支路的流量比例，达到控制输出支路温度的目的。

PID_Temp 指令用于对温度过程的 PID 控制（名称中的 Temp 是 Temperature 的简写），可用于纯加热过程或者加热 - 制冷过程。

下面我们着重介绍 PID_Temp 指令。PID_Temp 需要添加到循环中断组织块中，并且需要背景数据块，其初始添加状态如图 13-50 所示。

图13-49　PID控制指令

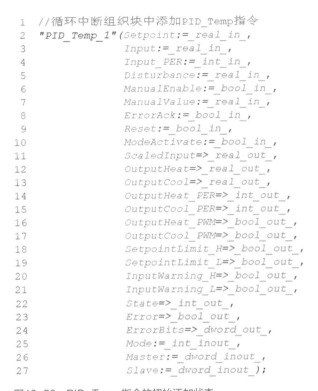

```
 1    //循环中断组织块中添加PID_Temp指令
 2    "PID_Temp_1"(Setpoint:=_real_in_,
 3                    Input:=_real_in_,
 4                    Input_PER:=_int_in_,
 5                    Disturbance:=_real_in_,
 6                    ManualEnable:=_bool_in_,
 7                    ManualValue:=_real_in_,
 8                    ErrorAck:=_bool_in_,
 9                    Reset:=_bool_in_,
10                    ModeActivate:=_bool_in_,
11                    ScaledInput=>_real_out_,
12                    OutputHeat=>_real_out_,
13                    OutputCool=>_real_out_,
14                    OutputHeat_PER=>_int_out_,
15                    OutputCool_PER=>_int_out_,
16                    OutputHeat_PWM=>_bool_out_,
17                    OutputCool_PWM=>_bool_out_,
18                    SetpointLimit_H=>_bool_out_,
19                    SetpointLimit_L=>_bool_out_,
20                    InputWarning_H=>_bool_out_,
21                    InputWarning_L=>_bool_out_,
22                    State=>_int_out_,
23                    Error=>_bool_out_,
24                    ErrorBits=>_dword_out_,
25                    Mode:=_int_inout_,
26                    Master:=_dword_inout_,
27                    Slave:=_dword_inout_);
```

图13-50　PID_Temp指令的初始添加状态

该指令的参数也非常多，其输入参数说明见表 13-15，输出参数说明见表 13-16，输入 / 输出参数说明见表 13-17。

表13-15　PID_Temp指令输入参数

参数名称	数据类型	说明
Setpoint	Real	PID 控制器在自动模式下的设定值
Input	Real	PID 控制器的反馈值（工程值）
Input_PER	Int	PID 控制器的反馈值（外设模拟量）
Disturbance	Real	扰动变量或预控制值
ManualEnable	Bool	使能手动模式（上升沿有效）
ManualValue	Real	手动模式下的输出值
ErrorAck	Bool	故障复位确（上升沿有效）
Reset	Bool	重新启动控制器
ModeActivate	Bool	激活保存的模式（上升沿有效）

表13-16 PID_Temp指令输出参数

参数名称	数据类型	说明
ScaledInput	Real	转换后的过程值
OutputHeat	Real	PID 的输出值（Real 形式），用于加热
OutputCool	Real	PID 的输出值（Real 形式），用于制冷
OutputHeat_PER	Int	PID 的输出值（模拟量），用于加热
OutputCool_PER	Int	PID 的输出值（模拟量），用于制冷
OutputHeat_PWM	Bool	PID 的输出值（PWM 形式），用于加热
OutputCool_PWM	Bool	PID 的输出值（PWM 形式），用于制冷
SetpointLimit_H	Bool	如果该值为 TRUE，则说明过程值已经达到设定值的上限
SetpointLimit_L	Bool	如果该值为 TRUE，则说明过程值已达到设定值的下限
InputWarning_H	Bool	如果该值为 TRUE，则说明过程值已达到或超出警告上限
InputWarning_L	Bool	如果该值为 TRUE，则说明过程值已达到或低于警告下限
State	Int	PID 控制器的当前工作模式
Error	Bool	如果该值为 TRUE，则至少有一条错误消息处于未确认状态
ErrorBits	DWord	ErrorBits 参数显示了处于未决状态的错误消息，通过 Reset 或 ErrorAck 的上升沿来复位 ErrorBits

表13-17 PID_Temp指令输入/输出参数

参数名称	数据类型	说明
Mode	Int	PID 控制器的工作模式
Master	DWord	级联控制接口 - 主控制器
Slave	DWord	级联控制接口 - 从控制器

说明：

① Mode 参数为输入 / 输出型（可读可写），用来指定 PID 控制器的工作模式，包括如下几种模式：0= 未激活，1= 预调节，2= 精确调节，3= 自动模式，4= 手动模式。对于预调节和精确调节，通过 Heat.EnableTuning 和 Cool.EnableTuning 指定针对加热还是制冷进行调节。工作模式由以几种方式激活：ModeActivate 的上升沿、Reset 的下降沿、ManualEnable 的下降沿。

② 级联控制接口用于主控制器与从控制器之间的数据交换，比如：在 SCL 中通过主控制器"PID_Temp_1"调用从控制器"PID_Temp_2"，代码如下。

```
"PID_Temp_2"(Master := "PID_Temp_1".Slave, Setpoint := "PID_Temp_1".OutputHeat);
```

13.3.4 PID工艺对象

前面介绍 PID 指令在使用时系统会自动添加一个背景数据块，其中存放了指令相关的参数。PID 指令的背景数据块会自动添加到项目树的工艺对象中，如图 13-51 所示。

工艺对象包括两部分：组态和调试。

双击"组态"可以对 PID 的控制参数进行设置，包括"功能视野"和"参数视图"两种视图，可设置的参数包括控制器类型、Input/Output 参数、过程值设置、PID 参数及控制器结构等，如图 13-52 和图 13-53 所示。

关于工艺对象的详细使用介绍，请参见 13.3.5 节。

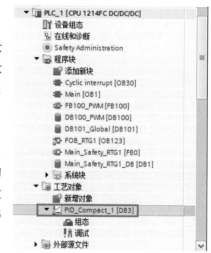

图13-51 PID指令的工艺对象

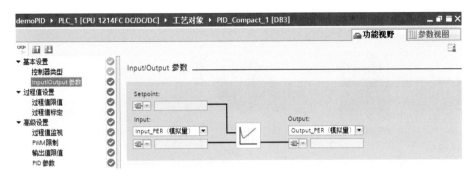

图13-52　PID工艺对象-输入/输出参数

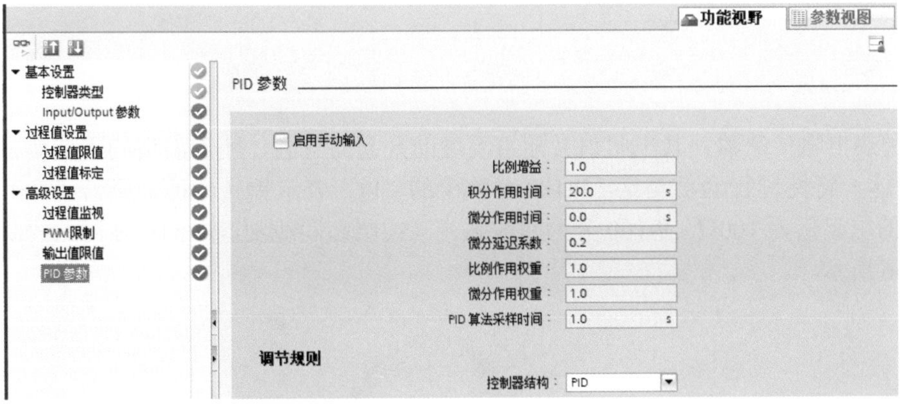

图13-53　PID工艺对象-PID参数

13.3.5　实例：CPU 1214C使用PID控制水罐的温度

本节例程采用 PID 算法来控制水罐的温度，使用的硬件如下：

① CPU 1214C 晶体管输出型；

② SM 1231 AI4×RTD；

③ 固态继电器（单相 220V）；

④ 电加热器；

⑤ 热电阻（Pt100）。

控制思路如下：CPU 1214C 发送 PWM 脉冲信号连接固件继电器的控制回路，固态继电器的主回路与单相加热器相连，用于给水罐加热。水罐上连接 Pt100 热电阻，将温度信号反馈给模拟量模块 SM 1231 AI4×RTD，如图 13-54 所示。

固态继电器是一种依靠半导体（晶闸管）的特性实现负载电路接通与断开的元器件。与传统的机械式继电器相比，固态继电器器最大的优点是可频繁启停、快速切换、无火花、无机械噪声，因此特别适用于 PWM 控制的场合。固态继电器使用过程频繁启停会产生大量热量，要注意一定要配合散热片一起使用。图 13-55 所示是欧姆龙 G3PE-215B 型固态继电器，后面金属部分是其散热器。

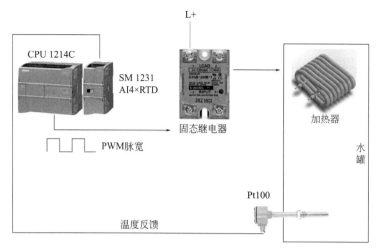

图13-54　PID控制示意图

Pt100 是一种热电阻传感器，其电阻值会随着温度的升高而变大，随着温度的降低而减小，工业上利用这一特性进行温度测量。Pt100 名称中的"Pt"表示铂（一种金属），"100"表示它在 0℃时的电阻值为 100Ω。Pt100 分为两线制、三线制和四线制，本例程使用三线制产品，如图 13-56 所示。

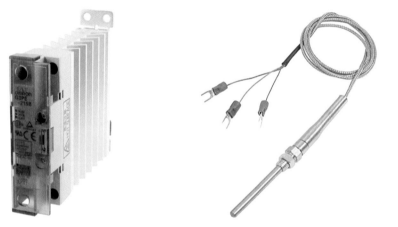

图13-55　欧姆龙G3PE-215B型固态继电器　　图13-56　Pt100热电阻（三线制）

SM 1231 AI4×RTD 是具有 4 路热电阻输入通道的模拟量模块，它的检测值可以是电阻或者温度。温度的输出单位可以是摄氏度或者华氏度，输出的温度值是实际值的 10 倍。比如，实际温度为 26.5℃，输出值为 265。

本例程电气原理图如图 13-57 和图 13-58 所示。

在博途环境下创建项目 demoPID，在硬件组态中添加 CPU 1214C 和模拟量模块 SM 1231 AI4×RTD。设置模拟量模块 SM 1231 AI4×RTD 通道 0 的测量类型为热敏电阻（三线制），注意其通道地址为 IW96，后面组态工艺对象时要使用，如图 13-59 所示。

在项目树的 PLC 变量中添加新的变量表 PID_Variable，在其中添加变量，如图 13-60 所示。

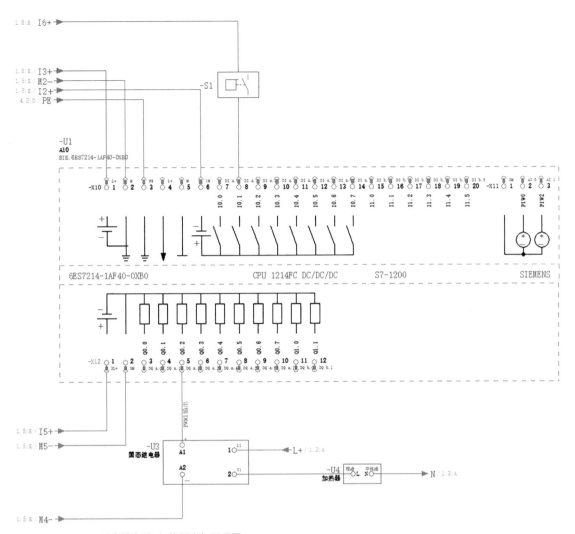

图13-57 CPU-固态继电器-加热器电气原理图

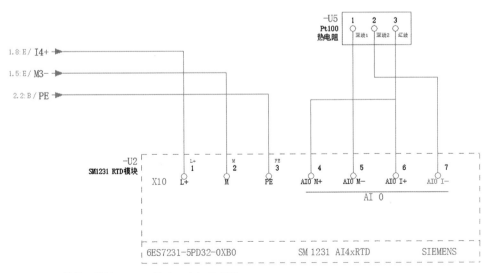

图13-58 模拟量模块及Pt100热电阻电气原理图

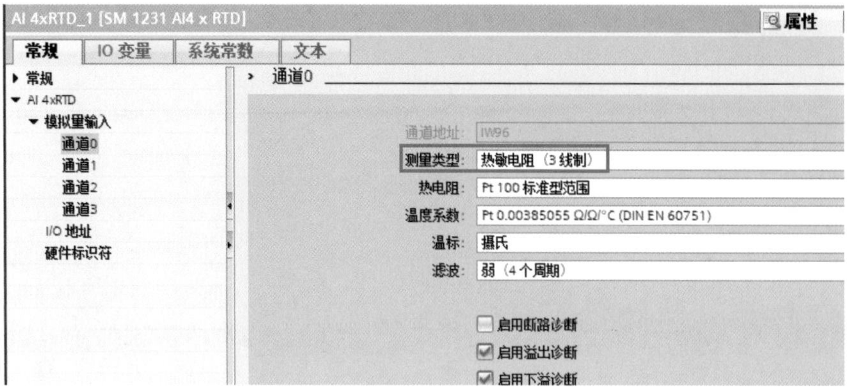

图13-59　SM 1231硬件组态

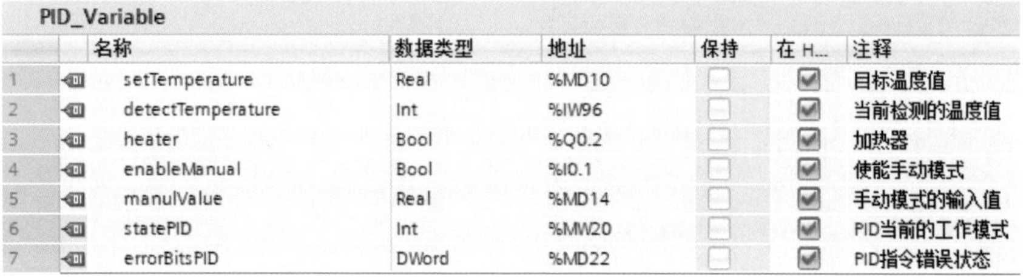

		名称	数据类型	地址	保持	在 H...	注释
1		setTemperature	Real	%MD10		✓	目标温度值
2		detectTemperature	Int	%IW96		✓	当前检测的温度值
3		heater	Bool	%Q0.2		✓	加热器
4		enableManual	Bool	%I0.1		✓	使能手动模式
5		manulValue	Real	%MD14		✓	手动模式的输入值
6		statePID	Int	%MW20		✓	PID当前的工作模式
7		errorBitsPID	DWord	%MD22		✓	PID指令错误状态

PID_Variable（标题行）

图13-60　PID变量表

　　添加循环中断组织块 OB30，在属性中将其循环时间修改为 20ms；将 PID_Temp 指令拖放到 OB30 中，默认创建背景数据块 PID_Temp_1；将鼠标定位到指令的背景数据块位置，在其属性框中会重新组态面板，如图 13-61 所示。

图13-61　PID_Temp指令的组态（1）

在 Input/Output 参数中，单击 Setpoint 左侧图标选择"指令"，在其右侧数值处选择变量 "setTemperature"，如图 13-62 所示。

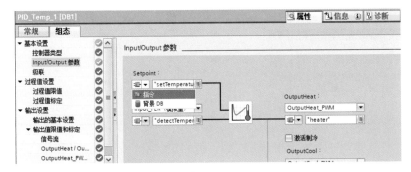

图13-62　PID_Temp指令的组态（2）

温度检测值选择变量"detectTemperature"，输出加热器选择变量"heater"，如图 13-63 所示。

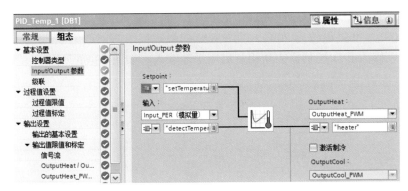

图13-63　PID_Temp指令的组态（3）

过程值限值设置为 0 ～ 100℃，过程值标定的设置如图 13-64 所示。

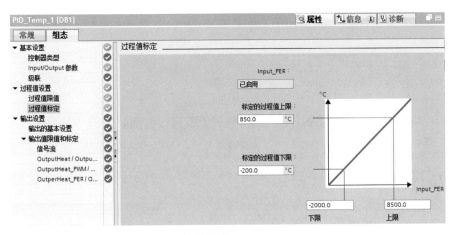

图13-64　PID_Temp指令的组态−过程值标定

其他设置选择默认值。

指令组态后，会看到 OB30 中指令发生变化，一些没有使用的默认参数被省略，只留下更改的参数。为了进行手动控制，我们在指令中修改参数 ManualEnable 和 ManualValue 的值，如图 13-65 所示。

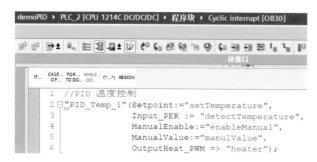

图13-65　OB30中PID_Temp指令

这样，当手动控制信号 enableManual（I0.1）为 TRUE 时，就可以使用手动值来控制 PWM 的输出。比如将手动值设置为 0.5，则 PWM 就会输出占空比为 50% 的脉冲。

编程窗口只能进行基本的指令组态，可以在 PID 工艺对象中进行高级组态。比如，将过程值监视值的上限更改为 80℃，下限更改为 20℃；将 PWM 的最短接通时间改为 0.1s，最短关闭时间改为 0.1s。还可以修改 PID 控制器的结构及启用手动输入，如图 13-66 所示。

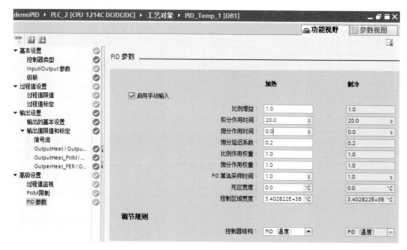

图13-66　PID工艺参数高级设置

指令配置完成后，将其编译下载到 CPU 中，使用调试面板进行调试。

13.4 运动控制

13.4.1 运动控制概述

运动控制是指利用步进或伺服系统对机械传动的位置、速度、力矩等物理量进行控制的过程。比如，控制机床的传送带及刀具以完成准确的工件切割。运动控制系统由运动控制器、步进或伺服驱动器、步进或伺服电机及编码器等部件组成。运动控制器是具有运动控制功能的 PLC 的 CPU 模块或专门的运动控制模块。步进或伺服驱动器用来接收运动控制器的命令，并完成对步进或伺服电机的控制。步进或伺服电机是执行机构，用来带动运动轴进行运动。通常，步进电机没有编码器，多用于开环运动控制；而伺服电机则内置编码器，可以将电机的位置反馈给伺服驱动器或运动控制器，从而形成闭环控制。当然，步进电机也可以通过在运动轴上安装编码器的方式而形成闭环。

对于西门子 S7-1200/1500 系列 PLC 而言，实现运动控制主要有三种方式：PROFIdrive 通信方式、PTO 方式及模拟量信号方式。

13.4.1.1 基于PROFIdrive通信的运动控制

PROFIdrive 是一种基于 PROFIBUS 或 PROFINET 总线的驱动技术标准，收录于国际标准 IEC 61800-7 中。PROFIdrive 定义了一个运动控制模型，其中包含多种设备。设备之间通过预设的接口及报文进行数据交换。报文有不同的类型，包括标准报文和西门子专用报文，以不同的编号来区分。比如，标准报文 1 是用于速度控制的，包括两部分：PZD01 和 PZD02。PZD01 是 16 位无符号整数，PZD02 是 16 位整数。对于控制器而言，PZD01 是发送的控制字（STW1），PZD02 是发送的速度设定值（NSOLL_A）；对于驱动器而言，PZD01 是其反馈的状态字（ZSW1），PZD02 是其实际速度值（NACT_A），如表 13-18 所示。

表13-18 PROFIdrive标准报文1的结构

来源	PZD01	PZD02
控制器	控制字（STW1）	速度设定值（NSOLL_A）
驱动器	状态字（ZSW1）	实际速度值（NACT_A）

PROFIdrive 是一种标准协议，任何符合该协议标准的控制器和驱动器都可以基于 PROFIdrive 报文进行通信。西门子 SINAMICS S120 是其运动控制的旗舰产品，图 13-67 所示是 S7-1200 通过 PROFIdrive 控制 SINAMICS S120 驱动器及伺服电机的示意图。

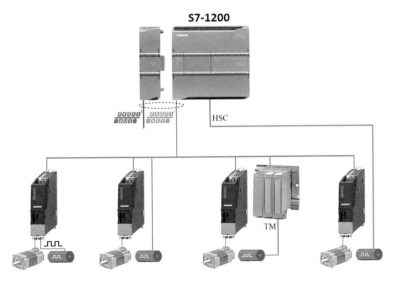

图13-67 基于PROFIdrive通信协议的运动控制

13.4.1.2 基于PTO脉冲的运动控制

PTO 是英文"Pulse Train Output"的缩写，也就是"脉冲串输出"，它是一种占空比为50% 的脉冲信号。运动控制器通过发送 PTO 脉冲串给步进或伺服驱动器，从而控制步进或伺服电机的运动距离或转速。

PTO 脉冲有两路输出，包括四种不同的类型：

①脉冲信号 + 方向信号；

②加计数信号 + 减计数信号；

③A 相脉冲信号 +B 相脉冲信号；

④A 相脉冲信号 +B 相脉冲信号（四倍频）。

脉冲信号 + 方向信号是指运动控制器的一路输出发送指定的脉冲数，另一路输出用于指示电机运行的方向，如图 13-68 所示。

加计数信号 + 减计数信号是指运动控制器的一路输出加脉冲信号，另一路输出减脉冲信号。加脉冲信号可以使电机正向运行指定的距离，减脉冲信号可以使电机反向运行指定的距离，如图 13-69 所示。

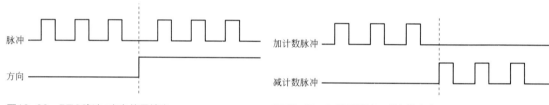

图13-68　PTO脉冲+方向信号输出　　　　图13-69　加计数脉冲+减计数脉冲

A 相脉冲信号 +B 相脉冲信号是指运动控制器的一路输出 A 相脉冲，另一路输出 B 相脉冲。A 相和 B 相的脉冲数相同，但是相位不同。A 相超前 B 相，表示电机正转，计数脉冲增加；B 相超前 A 相，表示电机反转，计数脉冲减少，如图 13-70 所示。

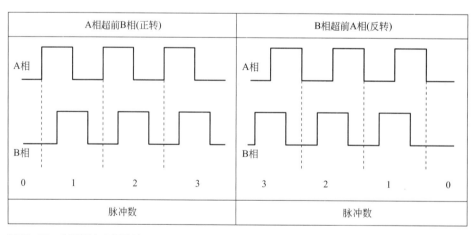

图13-70　A相脉冲+B相脉冲

A 相脉冲信号 +B 相脉冲信号（四倍频）与上述的 A 相脉冲 +B 相脉冲类似，只不过在 A 相信号的上升沿 / 下降沿及 B 相信号的上升沿 / 下降沿都进行计数，其脉冲数是之前的 4 倍，因此称为四倍频，如图 13-71 所示。

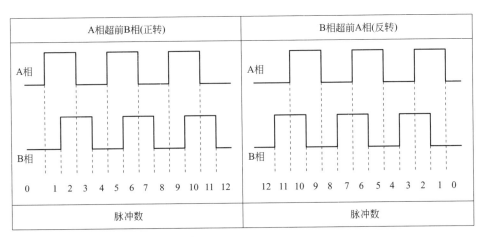

A相超前B相(正转)	B相超前A相(反转)

图13-71　A相脉冲+B相脉冲（四倍频）

S7-1200 基于 PTO 脉冲控制步进 / 伺服驱动器的示意图如图 13-72 所示（虚线框表示可以增加编码器组成闭环控制）。

13.4.1.3　基于模拟量信号的运动控制

该方式以模拟量信号作为步进 / 伺服驱动器的给定信号，通过模拟量信号变化来控制步进 / 伺服电机的转速或位置。以西门子 SINAMICS V90 为例，它可以接收 ±10V 的速度给定信号。运动控制器通过模拟量模块输出 ±10V 的电压信号，将该信号连接到 SINAMICS V90 的信号给定通道，就可以用模拟量的方式来进行运动控制。

模拟量运动控制通常是开环控制，也可以通过增加编码器的方式构成闭环控制。S7-1200 基于模拟量的运动控制示意图如图 13-73 所示。

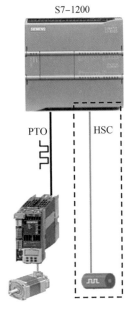

图13-72　基于PTO脉冲的运动控制

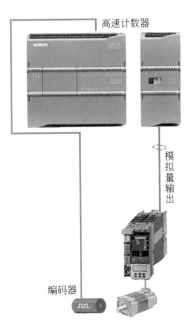

图13-73　基于模拟量的运动控制

说明　　S7-1200 固件版本 V4.1 及以上才支持基于 PROFIdrive 和模拟量的运动控制，该版本以下的固件仅支持基于 PTO 脉冲的运动的控制。

13.4.2　S7-1200的PTO资源

S7-1200 晶体管输出型 CPU 模块最多支持输出 4 组 PTO 脉冲信号，最大输出频率为 100kHz，输出信号支持 13.4.1.2 节介绍的四种类型。从固件版本 V4.0 开始，PTO 实际输出通道可以从硬件组态中灵活选择，不局限于某个通道。

由于每组 PTO 信号需要两路输出通道，而 CPU 1211C 模块本身仅集成了 4 路数字量输出通道，因此，对于 CPU 1211C 而言，最多组态 2 路 PTO 输出信号（控制 2 个运动轴）。类似地，CPU 1212C 模块本身集成了 6 路数字量输出通道，因此它最多组态 3 路 PTO 输出信号（控制 3 个运动轴）。如果有更多运动轴控制的需求，可以通过增加信号板来解决。

增加信号板不能改变 S7-1200 CPU 输出 PTO 脉冲的总数（最多还是 4 路），但是可以将 PTO 输出通道由 CPU 模块本身转移到信号板上。对于 CPU1211 和 CPU1212C 来说，信号板可以最大限度地发挥 CPU 4 路 PTO 脉冲输出的能力。

13.4.3　S7-1500/ET 200MP的TM PTO4模块

S7-1500/ET 200MP 的工艺模块 TM PTO4 最多可以输出 4 组 PTO 信号，可以控制 4 个运动轴。输出 PTO 信号的类型与 13.4.1.2 节描述的四种 PTO 类型相同，该模块输出信号的电气类型包括 24V、RS422 及 5V TTL 信号，其外观如图 13-74 所示。

打开模块前面的盖板，可以看到前连接器，其外观如图 13-75 所示。

图13-74　S7-1500/ET 200MP TM PTO4模块外观　　　图13-75　TM PTO4模块前连接器外观

前连接器有 40 个接线端子，其中端子编号 1 ～ 9 号属于通道 0，10 ～ 18 号属于通道 1，21 ～ 29 号属于通道 2，30 ～ 38 号属于通道 3。每个通道都包括两个脉冲输出通道、两个数字量输入通道和一个数字量输入 / 输出通道，各通道的端子定义见表 13-19。

表13-19 S7-1500/ET 200MP工艺模块PTO4前连接器针脚定义

端子号	名称	24V	RS422	5V TTL
通道 0				
1	CH0.P/A		脉冲 P/ 脉冲 A	脉冲 P/ 脉冲 A
2	/CH0.P/A		反向 - 脉冲 P/ 脉冲 A	—
3	CH0.D/B		方向 / 脉冲 B	方向 / 脉冲 B
4	/CH0.D/B		反向 - 方向 / 脉冲 B	—
5	DQ0.0	脉冲 P/ 脉冲 A	数字量输出 DQ0	数字量输出 DQ0
6	DQ0.1	方向 D/ 脉冲 B		
7	DI0.0		数字量输入 DI0	
8	DI0.1		数字量输入 DI1	
9	DI/DQ0.2		数字量输入 / 输出 DI/DQ2	
通道 1				
10	CH1.P/A		脉冲 P/ 脉冲 A	脉冲 P/ 脉冲 A
11	/CH1.P/A		反向 - 脉冲 P/ 脉冲 A	—
12	CH1.D/B		方向 / 脉冲 B	方向 / 脉冲 B
13	/CH1.D/B		反向 - 方向 / 脉冲 B	—
14	DQ1.0	脉冲 P/ 脉冲 A	数字量输出 DQ0	数字量输出 DQ0
15	DQ1.1	方向 D/ 脉冲 B		
16	DI1.0		数字量输入 DI0	
17	DI1.1		数字量输入 DI1	
18	DI/DQ1.2		数字量输入 / 输出 DI/DQ2	
通道 2				
21	CH2.P/A		脉冲 P/ 脉冲 A	脉冲 P/ 脉冲 A
22	/CH2.P/A		反向 - 脉冲 P/ 脉冲 A	—
23	CH2.D/B		方向 / 脉冲 B	方向 / 脉冲 B
24	/CH2.D/B		反向 - 方向 / 脉冲 B	—
25	DQ2.0	脉冲 P/ 脉冲 A	数字量输出 DQ0	数字量输出 DQ0
26	DQ2.1	方向 D/ 脉冲 B		
27	DI2.0		数字量输入 DI0	
28	DI2.1		数字量输入 DI1	
29	DI/DQ2.2		数字量输入 / 输出 DI/DQ2	
通道 3				
30	CH3.P/A		脉冲 P/ 脉冲 A	脉冲 P/ 脉冲 A
31	/CH3.P/A		反向 - 脉冲 P/ 脉冲 A	—
32	CH3.D/B		方向 / 脉冲 B	方向 / 脉冲 B
33	/CH3.D/B		反向 - 方向 / 脉冲 B	—
34	DQ3.0	脉冲 P/ 脉冲 A	数字量输出 DQ0	数字量输出 DQ0
35	DQ3.1	方向 D/ 脉冲 B		
36	DI3.0		数字量输入 DI0	
37	DI3.1		数字量输入 DI1	
38	DI/DQ3.2		数字量输入 / 输出 DI/DQ2	
39			数字量输入 / 输出 / 脉冲信号的接地端	
40				

工艺模块 TM PTO4 需要单独的电源端子供电，具体请参见 1.9.4 节。

工艺模块 TM PTO4 的接线原理图如图 13-76 所示。

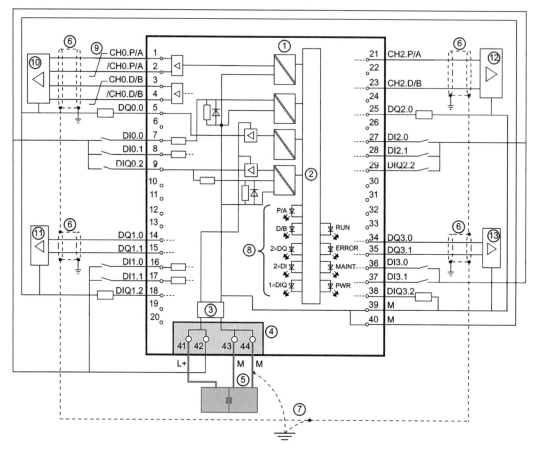

图13-76 TM PTO4模块的接线原理图

图 13-76 中, ①为电气隔离; ②为背板总线接口; ③为电源电压输入滤波器; ④为电源接线端子; ⑤为电源模块; ⑥为屏蔽层连接; ⑦为等电位连接; ⑧为各通道 LED 灯; ⑨为双绞线; ⑩为有 RS422 接口的驱动器; ⑪、⑫为有 24V 脉冲信号接口的驱动器; ⑬为有 5V TTL 脉冲信号接口的驱动器。

13.4.4 S7-1200/1500的运动轴与工艺对象

运动轴是一个逻辑概念, 它将控制信号、驱动器 / 驱动电机、编码器、传感器(比如限位开关、零点开关)等组合到一起形成一个模块化的控制对象, 从而简化控制任务。

运动轴的控制信号可以是 PTO 信号、模拟量信号或者 PROFIdrive 报文。驱动器 / 驱动电机可以是步进驱动器 / 步进电机, 也可以是伺服驱动器 / 伺服电机。伺服电机本身带有编码器, 如果使用步进电机, 可以增加同轴编码器以构成闭环控制。

1308- 运动轴
工艺对象介绍

在博途开发环境下, 可以通过添加工艺对象来直观地组态和管理运动轴, 如图 13-77 所示。

双击图 13-77 中的"工艺对象"→"新增对象", 在弹出的对话框中选择"轴", 单击"确定"按钮, 如图 13-78 所示。

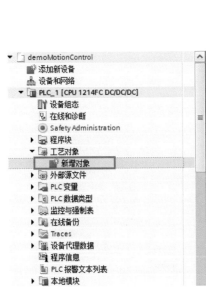

图13-77　添加工艺对象　　　　　图13-78　定位轴工艺对象

　　在定位轴"常规"参数中，可以选择驱动器的类型（PTO、模拟量、PROFIdrive）及测量单位，如图 13-79 所示。

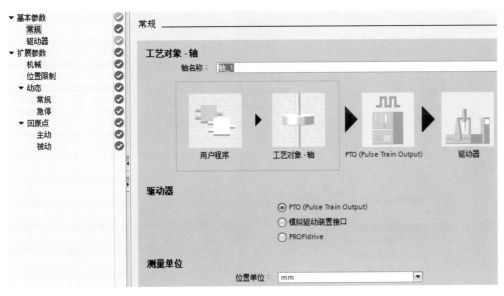

图13-79　定位轴-常规参数设置

　　在"驱动器"参数中，根据驱动器类型的不同，可以设置硬件接口信息，如图 13-80 所示。比如，如果驱动器类型选择 PTO 脉冲，则可以设置脉冲发生器、信号类型等；如果驱动器类型选择 PROFIdrive，则需要设置驱动器、通信报文及编码器等信息。

　　在扩展参数中，可以设置机械装置的参数，比如：电机每转一圈需要的脉冲数，电机每转一圈移动的距离等；还可以设置运动轴的左右限位，包括硬件限位及软件限位，如图 13-81 和图 13-82 所示。

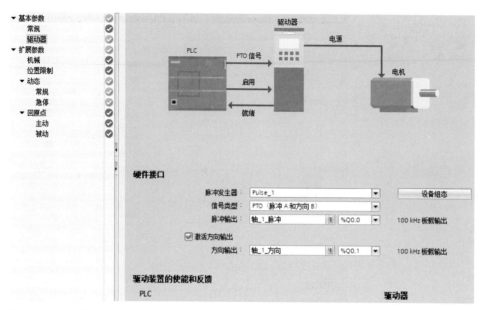

图13-80 定位轴-驱动器参数设置

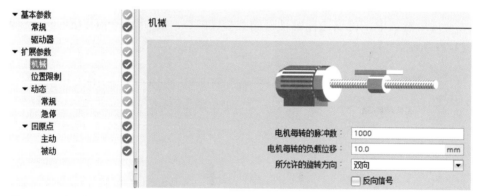

图13-81 定位轴-扩展参数设置-机械

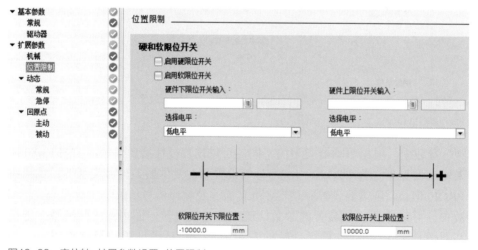

图13-82 定位轴-扩展参数设置-位置限制

西门子S7-1200/1500 PLC SCL 语言编程从入门到精通

在"动态"参数中，可以设置电机运行的启停速度、最大速度、紧急减速的速度等参数。

在"回原点"参数中，可以设置运动轴原点开关及运动轴回原点的两种方式：主动和被动。主动回原点是运动轴主动查找并逼近原点；被动回原点是运动轴在运行过程中，路过原点开关时，顺便将轴的当前位置更新为 MC_Home 指令中 Position 参数的值。更详细的内容请参见 13.4.5.2 节。"回原点"工艺参数设置如图 13-83 所示。

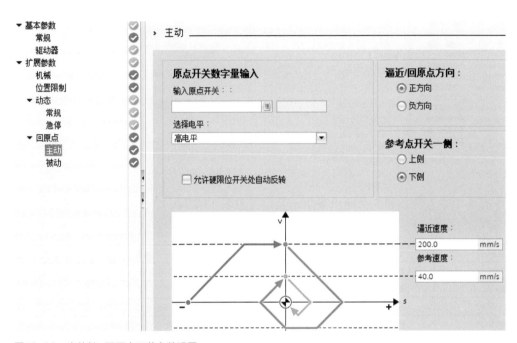

图13-83　定位轴−回原点工艺参数设置

13.4.5　S7-1200/1500的运动控制指令

运动轴组态完成后，可以通过调试面板测试硬件接线及工艺对象的组态是否正确（将在 13.4.6 节实例中介绍）。当调试成功后，接下来就应该根据工艺来编写程序，这就需要使用运动控制指令。

在指令列表的"工艺"→"Motion Control"（运动控制）中可以看到所有的运动控制指令，如图 13-84 所示。

13.4.5.1　MC_Power指令

MC_Power 指令用来使能或禁用运动轴，名称中的"MC"是"Motion Control"的缩写，即表示"运动控制"。MC_Power 指令需要在程序中一直调用，并且在其他运动控制指令之前调用。

从指令列表中将该指令拖放到函数块中，系统会提示创建背景数据块，可以选择单独背景、多重背景或者参数背景。这里选择单独背景数据块，其初始添加状态如图 13-85 所示。

图13-84 运动控制指令

```
1   //MC Power
2   //
3   "MC_Power_DB"(Axis:=_param_fb_in_,
4                  Enable:=_bool_in_,
5                  StartMode:=_int_in_,
6                  StopMode:=_int_in_,
7                  Status=>_bool_out_,
8                  Busy=>_bool_out_,
9                  Error=>_bool_out_,
10                 ErrorID=>_word_out_,
11                 ErrorInfo=>_word_out_);
```

图13-85 MC_Power指令的初始添加状态

该指令有 4 个输入参数和 5 个输出参数，其定义见表 13-20。

表13-20 指令 MC_Power 参数定义

名称	类别	数据类型	说明
Axis	输入	TO_Axis	工艺对象中轴的名称
Enable	输入	Bool	TRUE 表示使能轴；FALSE 表示禁用 / 停止轴
StartMode	输入	Int	轴的启动模式
StopMode	输入	Int	轴的停止模式
Status	输出	Bool	轴的使能状态，TRUE 表示已经使能
Busy	输出	Bool	执行状态，TRUE 表示指令正在执行
Error	输出	Bool	错误状态，TRUE 表示发生错误
ErrorID	输出	Word	错误的编号
ErrorInfo	输出	Word	错误的描述

说明：

① 当 Enable 从 0 变为 1 时，运动轴被使能，此时驱动器接通电源。

② StartMode 主要用于 PROFIdrive 驱动模式，0 表示启用位置不受控的定位轴，1 表示启用位置受控的定位轴。在 PTO 模式下运动轴会忽略该参数。

③ StopMode 包括三种模式：0 表示紧急停止，按照轴工艺对象参数中的"急停"速度停止轴；1 表示立即停止，PLC 立即停止发脉冲；2 表示带有加速度变化率控制的紧急停止。如果用户组态了加速度变化率，则轴在减速时会把加速度变化率考虑在内，减速曲线变得平滑。

④ TO_Axis 是 Technical Object Axis 的缩写，即轴工艺对象。

举个例子：首先定义 MC_Power 指令的变量，如表 13-21 所示。

表13-21 MC_Power 指令的变量表

名称	数据类型	地址	注释
enableAxis1	Bool	%M100.0	使能运动轴 1
statusAxis1	Bool	%M100.1	运动轴 1 的指令状态

名称	数据类型	地址	注释
busyAxis1	Bool	%M100.2	运动轴 1 指令是否繁忙
erroAxis1	Bool	%M100.3	运动轴 1 是否出错
startModeAxis1	Int	%MW102	运动轴 1 的启动模式
stopModeAxis1	Int	%MW104	运动轴 1 的停止模式
errorIDAxis1	Word	%MW106	运动轴 1 的错误 ID
errorInfoAxis1	Word	%MW108	运动轴 1 的错误信息

运动轴使能指令 MC_Power 的示例如图 13-86 所示。

```
1   //MC Power
2   //运动轴使能控制示例
3   ⊟"MC_Power_DB"(Axis:="Axis_1",
4                  Enable:="enableAxis1",
5                  StartMode:="startModeAxis1",
6                  StopMode:="stopModeAxis1",
7                  Status=>"statusAxis1",
8                  Busy=>"busyAxis1",
9                  Error=>"erroAxis1",
10                 ErrorID=>"errorIDAxis1",
11                 ErrorInfo=>"errorInfoAxis1");
```

图13-86　MC_Power指令示例

13.4.5.2　MC_Home指令

MC_Home 指令可以更新坐标轴的原点数值，将轴坐标与实际物理驱动器位置匹配。该指令需要使用背景数据块，其初始添加状态如图 13-87 所示。

```
13  //MC Home-运动轴回原点
14  //
15  "MC_Home_DB"(Axis:=_param_fb_in_,
16              Execute:=_bool_in_,
17              Position:=_real_in_,
18              Mode:=_int_in_,
19              Done=>_bool_out_,
20              Busy=>_bool_out_,
21              CommandAborted=>_bool_out_,
22              Error=>_bool_out_,
23              ErrorID=>_word_out_,
24              ErrorInfo=>_word_out_,
25              ReferenceMarkPosition=>_real_out_);
```

图13-87　MC_Home指令的初始添加状态

该指令有 4 个输入参数和 7 个输出参数，其定义见表 13-22。

表13-22　指令MC_Home参数定义

名称	类别	数据类型	说明
Axis	输入	TO_Axis	工艺对象中轴的名称
Execute	输入	Bool	执行回原点指令，请使用上升沿触发
Position	输入	Real	轴的位置
Mode	输入	Int	回原点的模式

名称	类别	数据类型	说明
Done	输出	Bool	TRUE= 指令已执行完成
Busy	输出	Bool	执行状态，TRUE= 指令正在执行
CommandAborted	输出	Bool	指令在执行过程中被另一指令中止
Error	输出	Bool	错误状态，TRUE= 发生错误
ErrorID	输出	Word	错误的编号
ErrorInfo	输出	Word	错误的描述
ReferenceMarkPosition	输出	Real	显示工艺对象的参考位置

说明：

① 在运动轴进行绝对定位之前，要执行一次 MC_Home 指令。

② Mode 表示运动轴回原点的模式，有如下几种：

a. 绝对式直接回原点（Mode=0）：该模式下更改坐标轴的当前值，将其设置为参数 Position 的数值，重新构建坐标轴的绝对位置。该模式下运动轴不运行，也不会寻找硬件参考点（原点）。

假设之前的运动轴坐标系如图 13-88 所示。

图13-88　之前的运动轴坐标系（绝对）

当运动轴运动到 A 点位置，即当前位置 =200.0mm，执行 MC_Home 指令并设置 Mode=0/Position=100.0，则 A 点位置 = 当前位置 =100.0mm，于是 B 点位置 =0.0mm，O 点位置 =-100.0mm，C 点位置 =250.0mm，如图 13-89 所示。

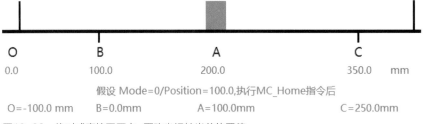

图13-89　绝对式直接回原点-更改坐标轴当前位置值

b. 相对式直接回原点（Mode=1）：该模式下更改坐标轴的当前值，将当前值加上参数 Position 的值作为新的当前值，重新构建坐标轴的绝对位置。该模式下运动轴不运行，也不会寻找硬件参考点（原点）。

假设之前的运动轴坐标系如图 13-90 所示。当运动轴运动到 A 点位置，即当前位置 =200.0mm，执行 MC_Home 指令并设置 Mode=1/Position=50.0，则 A 点位置 = 当前位置 =200mm+50mm=250.0mm，于是 B 点位置 =150.0，O 点位置 =50.0，C 点位置 =400.0mm，如图 13-89 所示。

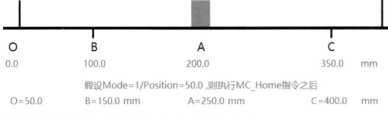

O   B   A   C
0.0   100.0   200.0   350.0   mm

假设Mode=1/Position=50.0,则执行MC_Home指令之后
O=50.0   B=150.0 mm   A=250.0 mm   C=400.0   mm

图13-90　相对式直接回原点-更改坐标轴当前位置值

c．被动回原点（Mode=2）：指运动轴在运行过程中遇到原点开关时，将轴的当前位置更新为 MC_Home 指令中 Position 参数的值。被动回原点需要原点开关的信号，这个是在工艺对象中组态的，被动回原点是在轴运行过程中顺便执行的，在整个过程中轴不会停止运动，也不会更改运行的速度。

d．主动回原点（Mode=3）：运动轴主动寻找原点开关，并安装工艺对象中组态的速度和逼近的方法去接近原点。运动轴最终停留在原点位置。

e．绝对编码器相对调节（Mode=6）：将运动轴的当前位置值加上 Position 参数的值作为新的当前值，并计算出绝对偏差保存在工艺对象 <Axis name>.StatusSensor.AbsEncoderOffset 中。

f．绝对编码器绝对调节（Mode=7）：将运动轴的当前位置值更新为 Position 参数的值，并计算出绝对偏差保存在工艺对象 <Axis name>.StatusSensor.AbsEncoderOffset 中。

> 说明　　Mode=6 和 Mode=7 仅适用于带模拟量接口的驱动器或支持 PROFIdrive 协议的驱动器。

13.4.5.3　MC_MoveAbsolute指令

MC_MoveAbsolute 指令可以使运动轴进行绝对定位，也就是运动到某个绝对坐标。该指令需要使用背景数据块，其在函数块中的初始添加状态如图 13-91 所示。

```
13  //MC  MoveAbsolute
14  //
15  "MC_MoveAbsolute_DB"(Axis:=_param_fb_in_,
16                       Execute:=_bool_in_,
17                       Position:=_real_in_,
18                       Velocity:=_real_in_,
19                       Direction:=_int_in_,
20                       Done=>_bool_out_,
21                       Busy=>_bool_out_,
22                       CommandAborted=>_bool_out_,
23                       Error=>_bool_out_,
24                       ErrorID=>_word_out_,
25                       ErrorInfo=>_word_out_);
```

图13-91　MC_MoveAbsolute指令的初始添加状态

该指令有 5 个输入参数和 6 个输出参数，其定义见表 13-23。

表 13-23　指令 MC_MoveAbsolute 参数定义

名称	类别	数据类型	说明
Axis	输入	TO_Axis	工艺对象中轴的名称
Execute	输入	Bool	执行移动指令，请使用上升沿触发
Position	输入	Real	绝对定位的目标位置
Velocity	输入	Real	轴的运动速度
Direction	输入	Int	轴的运动方向
Done	输出	Bool	TRUE= 指令已执行完成
Busy	输出	Bool	执行状态，TRUE= 指令正在执行
CommandAborted	输出	Bool	指令在执行过程中被另一指令中止
Error	输出	Bool	错误状态，TRUE= 发生错误
ErrorID	输出	Word	错误的编号
ErrorInfo	输出	Word	错误的描述

说明：

① 轴的运动方向包括如下几种：Direction=0，运行方向取决于速度（Velocity）参数的符号；Direction=1，正方向，忽略 Velocity 的符号；Direction=2，负方向，忽略 Velocity 的符号；最短距离，该参数仅在工艺对象"模数"已启用的情况下才评估，对于 PTO 脉冲轴将忽略该参数。

② 在调用 MC_MoveAbsolute 指令之前，必须调用一次 MC_Home 指令以确定绝对坐标系。

③ 在实验中发现，执行 MC_Home 指令主动回原点（Mode=3）后，再执行 MC_MoveAbsolute 指令。设置 Direction=0，则首次启动的 Velocity 的方向必须是回原点的方向，并且目标位置也需要在正方向。比如，速度为 4.0mm/s，目标位置是 20.0mm。执行完成后，可以更改速度方向及目标位置，具体请看视频编号"1313"。

举个例子：使用绝对定位指令，使运动轴以 4.0mm/s 的速度运动到坐标轴 100.0mm 处，可以使用图 13-92 的代码。

```
13  //MC_MoveAbsolute绝对定位示例
14  //上升沿信号-触发定位指令
15  #statExcutePositive := #excute AND NOT #statExcutePositiveHF;
16  #statExcutePositiveHF := #excute;
17  //绝对定位，目标100.0，速度4.0mm/s
18  "MC_MoveAbsolute_DB"(Axis:="Axis_1",
19                       Position:=100.0,
20                       Execute:=#statExcutePositive,
21                       Velocity:=4.0,
22                       Direction:=0,
23                       Done=>"moveDone",
24                       Busy=>"moveBusy",
25                       Error=>"moveError",
26                       CommandAborted=>"commandAbort",
27                       ErrorID=>"errorIDAxis1",
28                       ErrorInfo=>"errorInfoAxis1");
```

图 13-92　指令 MC_MoveAbsolute 示例

13.4.5.4　MC_MoveRelative指令

MC_MoveRelative 指令可以使运动轴进行相对定位，也就是运动到某个相对位置。该指令需要使用背景数据块，其在函数块中的初始添加状态如图 13-93 所示。

```
29  //MC_MoveRelative
30  "MC_MoveRelative_DB"(Axis:=_param_fb_in_,
31                       Execute:=_bool_in_,
32                       Distance:=_real_in_,
33                       Velocity:=_real_in_,
34                       Done=>_bool_out_,
35                       Busy=>_bool_out_,
36                       CommandAborted=>_bool_out_,
37                       Error=>_bool_out_,
38                       ErrorID=>_word_out_,
39                       ErrorInfo=>_word_out_);
```

图13-93　MC_MoveRelative指令的初始添加状态

该指令有 4 个输入参数和 6 个输出参数，其定义见表 13-24。

表13-24　指令MC_MoveRelative参数定义

名称	类别	数据类型	说明
Axis	输入	TO_Axis	工艺对象中轴的名称
Execute	输入	Bool	执行移动指令，请使用上升沿触发
Position	输入	Real	相对定位的目标位置
Velocity	输入	Real	轴的运动速度
Done	输出	Bool	TRUE= 指令已执行完成
Busy	输出	Bool	执行状态。TRUE= 指令正在执行
CommandAborted	输出	Bool	指令在执行过程中被另一指令中止
Error	输出	Bool	错误状态。TRUE= 发生错误
ErrorID	输出	Word	错误的编号
ErrorInfo	输出	Word	错误的描述

说明：相对定位指令不需要先调用 MC_Home 指令。

举个例子：使用相对定位指令，使运动轴以 10.0mm/s 的速度运动向前运行 50.0mm，可以使用图 13-94 所示的代码。

```
30  //MC_MoveRelative相对定位示例
31  //上升沿信号-触发定位指令
32  #statExcutePositive := #excute AND NOT #statExcutePositiveHF;
33  #statExcutePositiveHF := #excute;
34  //相对定位，目标50.0 ，速度10.0mm/s
35  "MC_MoveRelative_DB"(Axis:="Axis_1",
36                       Execute:=#statExcutePositive,
37                       Distance:=50.0,
38                       Velocity:=10.0,
39                       Done=>"moveDone",
40                       Busy=>"moveBusy",
41                       CommandAborted=>"commandAbort",
42                       Error=>"moveError",
43                       ErrorID=>"errorIDAxis1",
44                       ErrorInfo=>"errorInfoAxis1");
```

图13-94　MC_MoveRelative指令示例

13.4.5.5　MC_MoveVelocity指令

MC_MoveVelocity 指令可以使运动轴以预设的速度连续运行。该指令需要使用背景数据块，其在函数块中的初始添加状态如图 13-95 所示。

```
45  //Move Velocity
46  "MC_MoveVelocity_DB"(Axis:=_param_fb_in_,
47                       Execute:=_bool_in_,
48                       Velocity:=_real_in_,
49                       Direction:=_int_in_,
50                       Current:=_bool_in_,
51                       PositionControlled:=_bool_in_,
52                       InVelocity=>_bool_out_,
53                       Busy=>_bool_out_,
54                       CommandAborted=>_bool_out_,
55                       Error=>_bool_out_,
56                       ErrorID=>_word_out_,
57                       ErrorInfo=>_word_out_);
```

图13-95　MC_MoveVelocity指令的初始添加状态

该指令有 6 个输入参数和 6 个输出参数，其定义见表 13-25。

表13-25　指令MC_MoveVelocity参数定义

名称	类别	数据类型	说明
Axis	输入	TO_Axis	工艺对象中轴的名称
Execute	输入	Bool	执行运动指令，请使用上升沿触发
Velocity	输入	Real	轴的运动速度
Direction	输入	Int	轴的运动方向
Current	输入	Bool	是否保持当前速度
PositionControlled	输入	Bool	位置控制还是速度控制
InVelocity	输出	Bool	是否已经达到预设速度
Busy	输出	Bool	执行状态。TRUE= 指令正在执行；FALSE= 未执行或已经完成
CommandAborted	输出	Bool	TRUE= 指令在执行过程中被另一指令中止
Error	输出	Bool	错误状态。TRUE= 有错误发生；FALSE= 无错误
ErrorID	输出	Word	错误的编号
ErrorInfo	输出	Word	错误的描述

说明：

① Velocity 表示轴的运动速度，可以是正数或负数，符号表示运行方向。若 Velocity=0.0，则执行该指令后运动轴以组态的减速度停止运行。

② 轴的运动方向 Direction 有三种选择：Direction=0，运行方向取决于速度 Velocity 的符号；Direction=1，正方向运行，忽略速度 Velocity 参数的符号；Direction=2，负方向运行，忽略速度 Velocity 参数的符号。

③ Current 参数表示运动轴是否以当前速度运行：a.Current=1，保持当前速度，忽略 Velocity 和 Direction 的值；b.Current=0，以 Velocity 和 Direction 参数的值运行。

④ PositionControlled 参数表示运动轴进行速度控制还是位置控制：1= 位置控制；0= 速度控制；PTO 脉冲轴忽略该参数。

⑤ InVelocity 表示轴的当前速度是否已经达到预设的速度。

举个例子：控制运动轴使其以 10.0mm/s 的速度反向连续运行，可以使用图 13-96 所示的代码。

```
45  //Move Velocity
46  //上升沿信号-触发连续运动指令
47  #statExcutePositive := #excute AND NOT #statExcutePositiveHF;
48  #statExcutePositiveHF := #excute;
49  //连续运动，方向：反向 ，速度10.0mm/s
50  "MC_MoveVelocity_DB"(Axis:="Axis_1",
51                       Execute:=#statExcutePositive,
52                       Velocity:=-10.0,
53                       Direction:=0,
54                       Current:=FALSE,
55                       PositionControlled:=FALSE,
56                       InVelocity=>"inVelocityAxis1",
57                       Busy=>"moveBusy",
58                       CommandAborted=>"commandAbort",
59                       Error=>"moveError",
60                       ErrorID=>"errorIDAxis1",
61                       ErrorInfo=>"errorInfoAxis1");
```

图13-96　MC_MoveVelocity指令示例

13.4.5.6　MC_MoveJog指令

MC_MoveJog 指令以点动的方式控制运动轴以设定的速度运行。所谓"点动"，可以理解为按下并保持按钮则运动轴运行，松开按钮则运动轴停止。MC_MoveJog 指令需要背景数据块，其在函数块中的初始添加状态如图 13-97 所示。

```
62  //Move Jog点动
63  "MC_MoveJog_DB"(Axis:=_param_fb_in_,
64                  JogForward:=_bool_in_,
65                  JogBackward:=_bool_in_,
66                  Velocity:=_real_in_,
67                  PositionControlled:=_bool_in_,
68                  InVelocity=>_bool_out_,
69                  Busy=>_bool_out_,
70                  CommandAborted=>_bool_out_,
71                  Error=>_bool_out_,
72                  ErrorID=>_word_out_,
73                  ErrorInfo=>_word_out_);
```

图13-97　MC_MoveJog指令的初始添加状态

该指令有 5 个输入参数和 6 个输出参数，其定义见表 13-26。

表13-26　指令MC_MoveJog参数定义

名称	类别	数据类型	说明
Axis	输入	TO_Axis	工艺对象中轴的名称
JogForward	输入	Bool	正向点动

名称	类别	数据类型	说明
JogBackward	输入	Bool	反向点动
Velocity	输入	Real	轴的运动速度
PositionControlled	输入	Bool	位置控制还是速度控制
InVelocity	输出	Bool	是否已经达到预设速度
Busy	输出	Bool	执行状态。TRUE= 指令正在执行；FALSE= 未执行或已经完成
CommandAborted	输出	Bool	TRUE= 指令在执行过程中被另一指令中止
Error	输出	Bool	错误状态。TRUE= 有错误发生；FALSE= 无错误
ErrorID	输出	Word	错误的编号
ErrorInfo	输出	Word	错误的描述

说明：

① 正向点动和反向点动都需要保持状态：信号保持为 1 则动，变为 0 则停；不使用沿信号触发。

② 正向点动和反向点动不能同时触发，编程时需使用逻辑互锁。

举个例子，假设有如下控制要求：当按下并保持按钮 I1.0（btnJogForward）时，运动轴正向运动，松开后停止；当按下并保持按钮 I1.1（btnJogBackward）时，运动轴反向运动，松开后停止；运动速度为 10.0mm/s。

则控制指令代码如图 13-98 所示。

```
63  //Move Jog点动指令示例
64  #statJogForward := "btnJogForward";//正向点动静态变量
65  //反向点动静态变量
66  #statJogBackward := "btnJogBackward" AND NOT #statJogForward;
67  //点动，速度10.00mm/s
68  "MC_MoveJog_DB"(Axis:="Axis_1",
69                 JogForward:=#statJogForward,
70                 JogBackward:=#statJogBackward,
71                 Velocity:=10.0,
72                 PositionControlled:=false,
73                 InVelocity=>"inVelocityAxis1",
74                 Busy=>"moveBusy",
75                 CommandAborted=>"commandAbort",
76                 Error=>"moveError",
77                 ErrorID=>"errorIDAxis1",
78                 ErrorInfo=>"errorInfoAxis1");
```

图13-98　MC_MoveJog指令示例

示例中对正向和反向点动进行了优先级处理，若同时按下按钮 I1.0 和 I1.1，则运动轴会向正向运动。

13.4.5.7　MC_Halt指令

MC_Halt 指令可以使运动轴以组态的减速度停止运行。该指令需要添加背景数据块，其在函数块中的初始添加状态如图 13-99 所示。

```
79   //MC_Halt
80   "MC_Halt_DB"(Axis:=_param_fb_in_,
81                Execute:=_bool_in_,
82                Done=>_bool_out_,
83                Busy=>_bool_out_,
84                CommandAborted=>_bool_out_,
85                Error=>_bool_out_,
86                ErrorID=>_word_out_,
87                ErrorInfo=>_word_out_);
```
图13-99　MC_Halt指令的初始添加状态

该指令有 2 个输入参数和 6 个输出参数，其定义见表 13-27。

表13-27　指令MC_Halt参数定义

名称	类别	数据类型	说明
Axis	输入	TO_Axis	工艺对象中轴的名称
Execute	输入	Bool	启动执行，上升沿信号有效
Done	输出	Bool	指令状态。TRUE= 运动轴已经停止（速度为零）；FALSE= 未停止
Busy	输出	Bool	执行状态。TRUE= 指令正在执行；FALSE= 未执行或已经完成
CommandAborted	输出	Bool	TRUE= 指令在执行过程中被另一指令中止
Error	输出	Bool	错误状态。TRUE= 有错误发生；FALSE= 无错误
ErrorID	输出	Word	错误的编号
ErrorInfo	输出	Word	错误的描述

举个例子：excute 的上升沿信号控制运动轴的停止，可以使用图 13-100 所示的代码。

```
80   //MC_Halt
81   //上升沿信号-触发停止指令
82   #statExcutePositive := #excute AND NOT #statExcutePositiveHF;
83   #statExcutePositiveHF := #excute;
84   //执行停止指令
85   "MC_Halt_DB"(Axis:="Axis_1",
86                Execute:=#statExcutePositive,
87                Done=>"haltDone",
88                Busy=>"haltBusy",
89                CommandAborted=>"commandAbort",
90                Error=>"haltError",
91                ErrorID=>"errorIDAxis1",
92                ErrorInfo=>"errorInfoAxis1");
```
图13-100　MC_Halt指令示例

13.4.5.8　MC_Reset指令

MC_Reset 指令可用于复位运动轴出现的运行错误和组态错误。该指令需要使用背景数据块，其在函数块中的初始添加状态如图 13-101 所示。

该指令有 3 个输入参数和 5 个输出参数，其定义见表 13-28。

```
93   //MC_Reset-复位运动轴错误指令
94   "MC_Reset_DB"(Axis:=_param_fb_in_,
95                 Execute:=_bool_in_,
96                 Restart:=_bool_in_,
97                 Done=>_bool_out_,
98                 Busy=>_bool_out_,
99                 Error=>_bool_out_,
100                ErrorID=>_word_out_,
101                ErrorInfo=>_word_out_);
```
图13-101　MC_Reset指令的初始添加状态

表13-28　指令MC_Reset参数定义

名称	类别	数据类型	说明
Axis	输入	TO_Axis	工艺对象中轴的名称
Execute	输入	Bool	启动执行，上升沿信号有效
Restart	输入	Bool	确认错误或重新装载
Done	输出	Bool	指令状态。TRUE=运动轴已经停止（速度为零）
Busy	输出	Bool	执行状态：TRUE=指令正在执行；FALSE=未执行或已经完成
Error	输出	Bool	错误状态。TRUE=有错误发生；FALSE=无错误
ErrorID	输出	Word	错误的编号
ErrorInfo	输出	Word	错误的描述

说明：

① Restart=FALSE，表示对运动轴的错误进行复位。

② Restart=TRUE，表示重新将轴的组态从装载存储器下载到工作存储器（注意：只能在轴禁用后才能执行该命令）。

举个例子：excute 的上升沿信号复位运动轴的错误，可以使用图 13-102 所示的代码。

```
93   //MC Reset-复位运动轴错误指令
94   //上升沿信号-触发复位
95   #statExcutePositive := #excute AND NOT #statExcutePositiveHF;
96   #statExcutePositiveHF := #excute;
97   //执行复位指令
98   "MC_Reset_DB"(Axis:="Axis_1",
99                Execute:=#statExcutePositive,
100               Restart:=FALSE,
101               Done=>"resetDone",
102               Busy=>"resetBusy",
103               Error=>"resetError",
104               ErrorID=>"errorIDAxis1",
105               ErrorInfo=>"errorInfoAxis1");
```

图13-102　MC_Reset指令示例

13.4.6　实例：CPU 1214FC控制步进电机进行绝对定位

本节例程介绍如何使用运动控制指令来控制步进电机进行绝对定位。例程控制任务如下：

① 首次按下黄色按钮运动轴使能，再次按下可使其禁用（依次翻转）；

② 按下蓝色按钮，运动轴自动查找参考点（绝对定位）；

③ 按下绿色按钮，运动轴运行到 -20.0mm 的位置；

④ 按下红色按钮，运动轴减速停止。

本例程使用的主要硬件（图 13-103）如下：

① CPU 1214FC DC/DC/DC ；

② 步进驱动器；

③ 步进电机滑台套件（由步进电机、丝杆、原点开关、限位开关等组成）；

④ 按钮盒。

控制思路及硬件属性介绍：CPU 1214FC 通过发送 PTO 脉冲信号给步进驱动器来控制步进电机运行。步进驱动器的细分驱动设置为 1600，也就是每转一圈需要 1600 个脉冲。丝杆的螺纹间距为 4mm，也就是步进电机每旋转一圈丝杆移动 4mm。滑台上有 3 个 NPN 型接近开关，中间的是原点开关，左右两侧为限位开关。

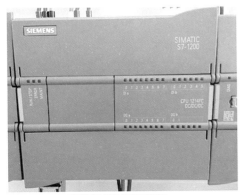

CPU 1214FC DC/DC/DC

步进驱动器

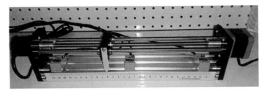

步进电机滑台套件

按钮盒

图13-103　本例程使用的主要硬件

本例程的 IO 点检表如表 13-29 所示。

表13-29　运动控制示例IO点检表

地址	变量名	描述
I0.0	swOriginalPoint	原点接近开关
I0.1	swLeftLimit	左限位开关
I0.2	swRightLimit	右限位开关
I0.3	btnEnable	运动轴使能按钮（黄色）
I0.4	btnOriginal	查找参考点按钮（蓝色）
I0.5	btnMove	启动按钮（绿色）
I0.6	btnStop	停止按钮（红色，常闭）
Q0.0	axisPulse	PTO 脉冲
Q0.1	axisDirection	PTO 方向
Q0.2	axisEnable	运动轴使能

由于例程涉及元器件较多，可将电气原理图分成CPU（图 13-104）、步进驱动器及步进电机（图 13-105）、接近开关（图 13-106）及按钮盒（图 13-107）四部分，各元件之间以中断点的设备标识符相互联系（箭头为中断点）。

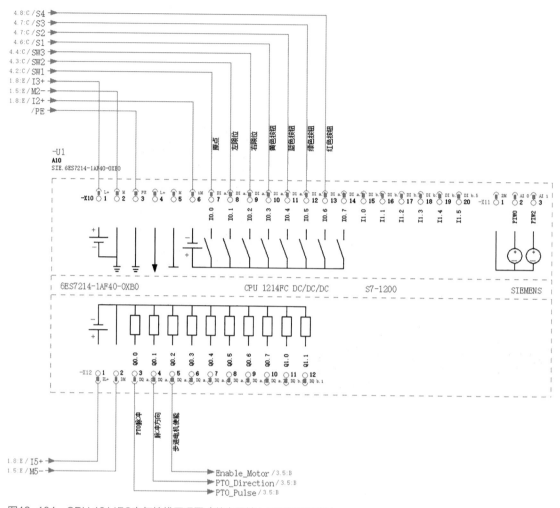

图13-104　CPU 1214FC电气接线原理图（数字量输入采用源型接线）

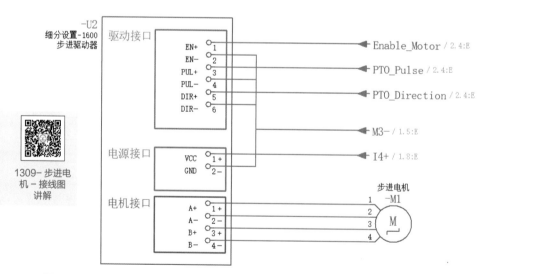

图13-105　步进驱动器及步进电机电气接线原理图

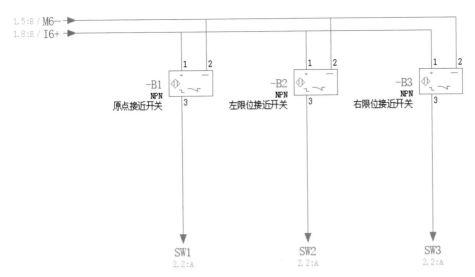

图13-106　接近开关（NPN型）电气接线原理图

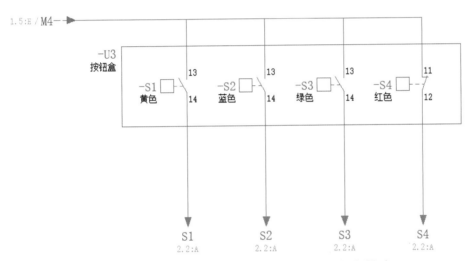

图13-107　按钮盒电气接线原理图（注意公共端连接的是负极，红色按钮为常闭）

限于篇幅电源图纸并未列出（可以在视频讲解中观看）。图纸中"In+"表示 24V 电源正极（n=2/3/4/5/6），"Mn−"表示 24V 电源负极（n=2/3/4/5/6）。

 说明　　CPU 1214FC 的数字量输入部分采用源型输入接线方式，关于源型 / 漏型输入接线，请参见第 1 章 1.3.1 节。

硬件组态：

在 CPU 1214FC 的"属性"→"常规"中启用脉冲发生器 PTO/PWM1，将输出信号的类型更改为"PTO（脉冲 A+ 方向 B）"，将硬件输出的地址改为 Q0.0 和 Q0.1（方向），如图 13-108 和图 13-109 所示。

图13-108　PTO信号类型配置

图13-109　硬件输出通道设置

1310- 步进电
机运动控制 –
工艺对象讲解

　　工艺对象组态：双击项目树"工艺对象"的"新增对象"添加定位轴对象
"Axis1"，在其"基本参数"→"常规"属性中，选择驱动类型为"PTO（Pulse Train
Output）"，选择测量单位为"mm"，如图 13-110 所示。

图13-110　工艺对象–基本参数–常规属性设置

　　在"基本参数"→"驱动器"属性中，选择脉冲发生器为"Pulse_1"，信号类型为"PTO
（脉冲 A+ 方向 B）"；脉冲输出地址为"Q0.0"，方向输出地址为"Q0.1"，如图 13-111 所示。
　　在"扩展参数"→"机械"中设置电机每转的脉冲数为"1600"，电机每转的负载位移
为"4.0mm"，允许双向旋转，如图 13-112 所示。请注意这里的参数来自运动轴的机械特性，
请根据实际情况设置。

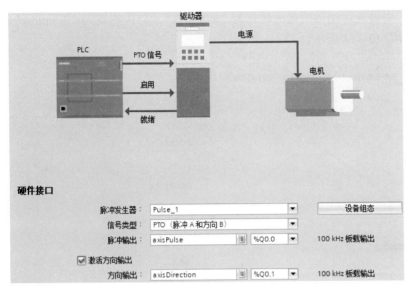

图13-111 工艺对象-基本参数-驱动器属性设置

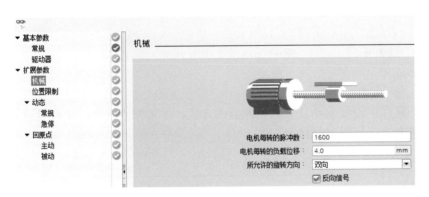

图13-112 工艺对象-扩展参数-机械参数设置

在图13-112中如果勾选"反向信号",可以调换运转轴的正负方向。

在"扩展参数"→"位置限制"中启用硬件限位和软件限位,如图13-113所示。

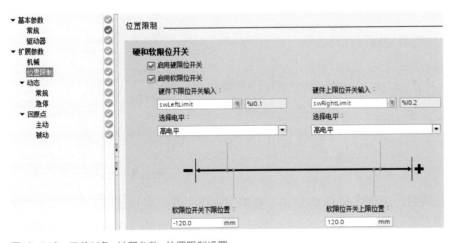

图13-113 工艺对象-扩展参数-位置限制设置

在"动态"→"常规"中设置运动轴的最大转速为"8.0mm/s",启停速度为"2.5mm/s",加速度为"3.0mm/s²",如图13-114所示。

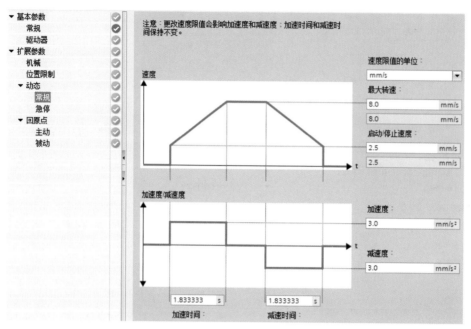

图13-114 工艺对象–动态–常规设置

1311-步进电
机控制 –
回原点

在"回原点"属性中设置主动及被动回原点的方式,添加原点开关、设置逼近/回原点的方向、速度等,如图13-115所示。

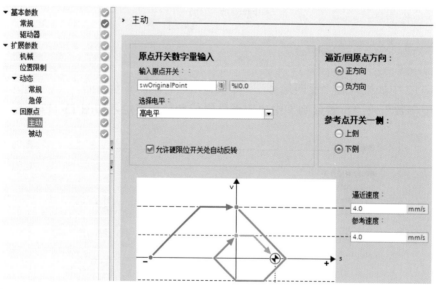

图13-115 工艺对象–回原点设置

工艺对象组态完成后,编译下载到CPU中。在编写程序之前,可以使用工艺对象的"调试"功能来测试组态及接线是否正确。

程序编写:创建函数块FB100_AxisControl,声明其参数变量,如表13-30所示。

表13-30　FB100_AxisControl参数变量

名称	类别	数据类型	说明
axis	输入	TO_PositioningAxis	运动轴
enable	输入	Bool	使能
home	输入	Bool	运动轴回原点按钮
start	输入	Bool	启动按钮 - 定位
stop	输入	Bool	停止按钮
speed	输入	Real	运行的速度
position	输入	Real	目标位置
axisDone	输出	Bool	指令执行完成
axisBusy	输出	Bool	指令正在执行
axisError	输出	Bool	运动轴错误
axisStatus	输出	Bool	运动轴状态
axisErrorID	输出	Word	错误 ID
axisErrorInfo	输出	Word	错误信息 ID
axisMarkPosition	输出	Real	参考位置

首先使用 MC_Power 指令控制运动轴使能，代码如图 13-116 所示。

```
 1 ⊞ (*...*)
18   //运动轴使能
19 ⊟ #MC_Power_Instance(Axis:=#axis,
20                       Enable:=#enable,
21                       StartMode:=0,
22                       StopMode:=1,
23                       Status=>#statAxisStatus,
24                       Busy=>#statAxisBusy,
25                       Error=>#statAxisError,
26                       ErrorID=>#statAxisErrorID,
27                       ErrorInfo=>#statAxisErrorInfo);
```

图13-116　MC_Power指令控制运动轴使能

在进行绝对定位之前，需要首先建立绝对坐标系。使用 MC_Home 指令建立绝对坐标系，参数 Mode 设置为 3，表示自动回原点。参数 Execute 需要使用沿信号触发，如图 13-117 所示。

```
28   //运动轴回原点
29   //为绝对定位做准备
30   //home上升沿信号
31   #statHomeUp := #home AND NOT #statHomeUpHF;
32   #statHomeUpHF := #home;
33 ⊟ #MC_Home_Instance(Axis:=#axis,
34                      Execute:=#statHomeUp,
35                      Position:=0.0,
36                      Mode:=3,
37                      Done=>#statAxisDone,
38                      Busy=>#statAxisBusy,
39                      Error=>#statAxisError,
40                      ErrorID=>#statAxisErrorID,
41                      ErrorInfo=>#statAxisErrorInfo,
42                      ReferenceMarkPosition=>#statReferenceMarkPosition);
```

图13-117　MC_Home指令建立绝对坐标系及运动轴回原点

接下来使用 MC_MoveAbsolute 指令进行绝对位置定位，如图 13-118 所示。

```
43  //绝对定位
44  //上升沿信号
45  #statStartUp := #start AND NOT #statStartUpHF;
46  #statStartUpHF := #start;
47  #MC_MoveAbsolute_Instance(Axis:=#axis,
48                            Execute:=#statStartUp,
49                            Position:=#position,
50                            Velocity:=#speed,
51                            Direction:=0,
52                            Done=>#statAxisDone,
53                            Busy=>#statAxisBusy,
54                            Error=>#statAxisError,
55                            ErrorID=>#statAxisErrorID,
56                            ErrorInfo=>#statAxisErrorInfo);
```

图13-118　MC_MoveAbsolute指令进行绝对位置定位

MC_Halt 指令可以使运动轴在运行过程中停止，如图 13-119 所示。

```
57  //停止运动轴运行
58  //停止信号上升沿
59  #statStopUp := #stop AND NOT #statStopUpHF;
60  #statStopUpHF := #stop;
61  #MC_Halt_Instance(Axis:=#axis,
62                    Execute:=#statStopUp,
63                    Done=>#statAxisDone,
64                    Busy=>#statAxisBusy,
65                    Error=>#statAxisError,
66                    ErrorID=>#statAxisErrorID,
67                    ErrorInfo=>#statAxisErrorInfo);
```

图13-119　运动轴停止运行指令

将函数块的静态变量进行输出，如图 13-120 所示。

```
69  //将运动轴状态输出
70  #axisDone := #statAxisDone;
71  #axisBusy := #statAxisBusy;
72  #axisError := #statAxisError;
73  #axisStatus := #statAxisStatus;
74  #axisErrorID := #statAxisErrorID;
75  #axisErrorInfo := #statAxisErrorInfo;
76  #axisMarkPosition := #statReferenceMarkPosition;
```

图13-120　函数块静态变量输出

在 OB1 中调用 FB100_AxisControl，如图 13-121 所示。

　西门子**S7-1200/1500 PLC SCL** 语言编程从入门到精通

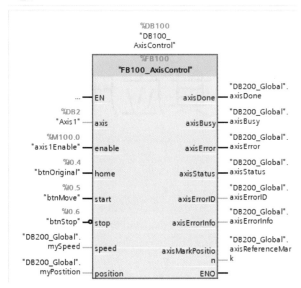

程序段 3： 运动轴控制

注释

图13-121　在OB1中调用FB100_AxisControl

 提示　　　实际演示中为了操作方便，还增加了点动控制的代码。可以扫描二维码 1312 观看本节例程程序讲解的视频教程，扫描二维码 1313 观看本例程的实际演示。

1312- 步进电机运动控制 – 程序讲解　　　1313- 步进电机运动控制 – 实例演示

第14章

SCL通信功能及其应用

14.1 串行通信

14.1.1 串行通信概述

串行通信是与并行通信相对应的。所谓"串行通信"，是指数据一位接着一位、按照顺序进行传输。所谓"并行通信"，是指数据可以多位并排传输。串行通信好比是单车道，车辆只能一辆跟着一辆地跑。并行通信好比是多车道，车辆可以并排地跑。比如8位数据并行，就需要8条数据线，加上用于信号控制的就更多了，而串行通信需要2条或3条用于数据（根据接口类型的不同，可能也需要控制线）。并行通信的传输速度快，多用于控制器内部的通信（比如CPU芯片与存储器芯片的数据交换）。串行通信多用于控制器与外围设备/传感器的通信，使用通信线的数量少，可以减少布线成本。

串行通信中有如下几个基本概念：

① 波特率：每秒传输的位（bit）的个数，单位是bps。比如，设置波特率为9600，表示每秒传输9600位数据。

② 起始位：串行通信在空闲的时候，总线上的电平为高电平，开始传输数据时，要先把总线上的电平拉低一个时间单位，称为1个起始位。起始位总是1bit，不能修改。

③ 数据位：表示传输的数据的位数，范围5～8，通常设置为8位。

④ 校验位：校验是数据传送时采用的一种校正数据错误的一种方式，通常分为奇校验和偶校验。串行通信中可以有如下几种校验位的选择：

a. 奇校验（Odd）：数据在传输过程中，值为1的位的总数应为奇数。若不是奇数，则校验位=1；若是，则校验位=0。

b. 偶校验（Even）：数据在传输过程中，值为1的位的总数应为偶数。若不是偶数，则校验位=1；若是，则校验位=0。

c. 空位校验（Space）：校验位=0。

d. 标记校验（Mark）：校验位=1。

e. 无校验（No Parity）：不使用校验位。

⑤ 停止位：当一个字符的数据传输完成后，要把总线的电平拉高。停止位也是以时间长度来衡量的，通常可以选择1、1.5、2。以1.5为例，它表示停止位的高电平要保持1.5个时间单位的长度（取决于波特率）。停止位之后总线就转入空闲状态，等待下次的起始信号。

串行通信的接口简称为串口，根据电气特性的不同，串口分为很多种类，常见的有RS232C、RS422、RS485 接口。

RS232C 是美国电子工业协会（EIA）颁布的一种串行接口标准，名称中的"RS"是"Recommend Standard"的缩写，即"推荐标准"；232 是标识号；C 表示 C 版本（第 3 版）。现在我们使用的 RS232 都是 C 版本，因此有时候会把"C"省略，直接说成 RS232。

RS232 是一种低速率、近距离、点对点通信的接口标准，最高传输速率为 20kbps，最大传输距离为 15m（与波特率有关）。RS232 有 9 芯和 25 芯两种接口，目前使用最多的是 9 芯D 型接口（14.1.2 节有其接口定义）。RS232 支持全双工通信模式，所谓"全双工通信"，是指通信的双方可以同时发送和接收数据。RS232 接收、发送的信号是相对于公共地而言的，即接收、发送信号线相对公共地线的电压。在不考虑流控制的情况下可以使用三条线（发送 - 接收 - 公共地）完成数据传输。RS232 采用的是不平衡传输，抗干扰能力较差，为了提高抗干扰能力，美国电子工业协会又推出了 RS422 接口标准。

RS422 弥补了 RS232 通信距离短、传输速率低、抗干扰能力差的缺点，它采用差分信号传输（平衡传输）的方式，提高了抗干扰能力与传输距离，最大传输距离可达 1200m（速率低于 100kbps），最大传输速率可达 10Mbps。RS422 支持全双工通信模式（同时发送和接收数据），典型的通信由两条双绞线和一条地线组成。一条双绞线用来发送数据（TxD），另一条双绞线用来接收数据（RxD）。每一条双绞线都由正负两条线组成，比如发送数据的双绞线 TxD 包括 TxD+ 和 TxD−，接收数据的双绞线 RxD 包括 RxD+ 和 RxD−。甲乙双方通信时，将甲方的 TxD 和乙方的 RxD 相连（TxD+ 接 RxD+/TxD− 接 RxD−），甲方的 RxD 和乙方的 TxD 相连（RxD+ 接 TxD+/RxD− 接 TxD−），然后公共地线相连，这种接线方式跟RS232 其实是类似的。

采用双绞线的差分传输可以有效地抑制共模干扰，这是 RS422 抗干扰能力强的原因。RS422 不但可以进行点对点的传输，还可以组建线型总线网络，网络中最多支持 10 个节点。如果网络的距离比较长（大于 300m），需要在网络终端（远端）连接电阻。电阻的阻值应与电缆的特性阻抗匹配，RS422 网络一般选择 100Ω 终端电阻。

RS485 从 RS422 发展而来，也采用差分信号传输方式，有两线制和四线制两种接线模式。四线制 RS485 支持全双工通信模式，但只能进行点对点传输，目前已经很少使用。两线制 RS485 支持半双工通信模式（接收 / 发送不能同时进行），但是可以组建线型总线网络，网络中最多支持 32 个节点，如果网络比较长，两端都要匹配终端电阻，典型的电阻值为 120Ω。目前 RS485 使用最多的是两线制，其中一条称为 A 线，一条称为 B 线。通常情况下 A 线为正极（RS485+），B 线为负极（RS485−），但西门子的产品 A 线为负极，B 线为正极，这个在接线时要注意。正确的接线是将甲、乙双方的 RS485+ 相连，RS485− 相连。A、B 两线之间的电压差为 +2 ～ +6V 表示逻辑"1"，电压差为 −6 ～ −2V 表示逻辑"0"。

早期的个人计算机一般都配备 RS232 接口，目前基本没有该接口了。如今的个人计算机一般都配置很多 USB 接口，我们可以买一条 USB 转串口线进行串口通信。虽然目前的个人计算机一般没有串口，但是在工控机、PLC 中串口的使用依然很广泛。PLC 的串口有的集成在 CPU 模块本身，有的是独立的串口通信模块，接下来介绍 S7-1200/1500 串口模块。

14.1.2　S7-1200的串口通信模块及信号板

S7-1200 可以通过串口通信模块和通信板来进行串口通信。串口通信模块安装在 CPU 模块的左侧，通信板安装在 CPU 模块的中央预留区域。根据电气信号的不同，串口通信模块包括 CM 1241 RS232 和 CM 1241 RS422/485 两种。名称中的"CM"是英文"Communication Module"的缩写，即"通信模块"。通信板仅支持 RS485 电气信号，名称为 CB 1241 RS485。"CB"是英文"Communication Board"的缩写，即"通信板"。

S7-1200 系列 CPU 最多可以连接 3 个通信模块和 1 个信号板，即最多 4 个串口。

S7-1200 的串口具有如下一些特点：

① 电气隔离。

② 支持点对点通信协议。

③ 均由 CPU 模块供电，不需要提供外部电源。

④ 可通过 LED 查看数据的发送 / 接收状态。

⑤ 通信模块增加了诊断 LED 灯，可以查看诊断的状态，其含义如下：

a. 红色闪烁：CPU 没有找到通信模块，可能 CPU 还未上电。

b. 绿色闪烁：CPU 找到了通信模块，但尚未组态。

c. 绿色常亮：CPU 找到了通信模块，并且组态正确。

14.1.2.1　CM 1241 RS232模块

CM 1241 RS232 模块是具有一个 RS232 接口的串行通信模块，其外观如图 14-1 所示。

模块的右侧是总线连接器（公头），用于连接 CPU 模块或其他通信模块。左侧也有一个连接器（母头），可以连接其他通信模块。打开下面的盖子可以看到 D 型 9 针接口（公头），如图 14-2 所示。

1401-CM
1241 RS232
模块外观介绍

图14-1　CM 1241 RS232模块

图14-2　CM 1241 RS232模块D型9针接口（公头）

D 型 9 针接口的定义如表 14-1 所示。

表 14-1　CM1241 RS232 模块 D 型 9 针接口（公头）定义

编号	名称	功能说明	接口示意图
1	DCD（Data Carrier Detect）	数据载波检测	
2	RxD（Receive Data）	串行数据接收（输入）	
3	TxD（Transmit Data）	串行数据发送（输出）	
4	DTR（Data Terminal Ready）	数据终端就绪（输出）	
5	GND（ground）	逻辑地	
6	DSR（Data Set Ready）	数据设备就绪（输入）	
7	RTS（Request To Send）	请求发送数据（输出）	
8	CTS（Clear To Send）	允许发送数据（输入）	
9	RI（Ring Indicator）	振铃指示（未使用）	

RS232 收发端的电信号是相对于地线（GND）的电压信号。当没有数据传输时，传输线上是 TTL 电平（简单地说，TTL 电平就是 +5V 表示逻辑 "1"，0V 表示逻辑 "0" 的电平）。当发送数据时，发送端驱动器输出正电压信号 +5 ~ +15V，表示逻辑 0，负电压 −5 ~ −15V 表示逻辑 1；接收数据时，工作电压在 +3 ~ +12V（逻辑 0）与 −3 ~ −12V（逻辑 1）之间。RS232 使用正电压表示逻辑 0，负电压表示逻辑 1，属于负逻辑电信号。

两个 RS232 D 型 9 针接口接线示意图如图 14-3 所示。

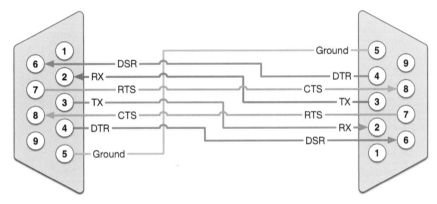

图 14-3　两个 RS232 D 型 9 针接口接线示意图（图中的 RX=RxD、TX=TxD）

DTR、DSR、RTS、CTS 等属于硬件流控制线，根据实际情况可以使用或者不用。当通信伙伴数据处理的速度差别比较大时（比如计算机和打印机之间的通信），通常需要使用流控制信号以保持同步。当两个通信伙伴数据处理速度相当时，可以不使用硬件流控制信号。这种情况下，可以通过 RxD、TxD、GND 这 3 根线与通信伙伴建立通信，即甲方的 RxD 连接到乙方的 TxD，甲方的 TxD 连接到乙方的 RxD，甲乙双方的 GND 相互连接。

14.1.2.2　CM 1241 RS422/485 模块

CM 1241 RS422/485 模块是同时具有 RS422 和 RS485 接口的串行通信模块，其外观如图 14-4 所示。

与 CM 1241 RS232 模块类似，CM 1241 RS422/485 模块的左右两侧也有总线连接器，右侧为公头，左侧为母头。打开下面的盖子也可以看到一个 D 型 9 针接口（母头），如图 14-5 所示。

图14-4　CM 1241 RS422/485模块外观

图14-5　CM 1241 RS422/485模块D型9针接口（母头）

CM 1241 RS422/485 模块的 D 型 9 针接口支持 RS422 和 RS485 两种标准，针接口定义见表 14-2。

表14-2　CM 1241 RS422/485模块D型9针接口（母头）定义

编号	名称	功能说明	接口示意图
1	GND	功能接地	
2	TxD+	RS422 的数据传输正极线	
3	RxD+/TxD+	RS422 的数据接收正极线或 RS485 的信号正（B）线	
4	RTS	请求发送（TTL 电平）	
5	GND（ground）	逻辑接地	
6	PWR	+5V 电源，用于终端电阻	
7		未使用	
8	RxD−/TxD−	RS422 的数据接收负极线或 RS485 的信号负（A）线	
9	TxD−	RS422 的数据传输负极线	

> **说明**　当该接口用作 RS422 通信时，3 号针脚是数据接收正极（RxD+），8 号针脚是数据接收负极（RxD−）。当该接口用作 RS485 通信时，3 号针脚是 RS485 信号正（B），8 号针脚是 RS485 信号负（A）。

CM 1241 RS422/485 模块用作 RS422 通信时，支持 3 种工作模式：

① 全双工（RS422）四线制模式（点对点连接）：网络中仅有两台设备，进行点对点通信。

② 全双工（RS422）四线制模式（多点主站）：网络中有多台设备，将当前设备设置为主站。

③ 全双工（RS422）四线制模式（多点从站）：网络中有多台设备，将当前设备设置为从站。

两台 RS422 设备点对点连接示意图如图 14-6 所示。

RS485 使用一条双绞线，接线时将甲乙双方的 A 线相连接、

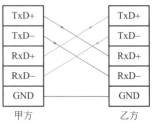

图14-6　两台RS422设备点对点连接示意图

B 线相连接。西门子产品 A、B 线定义与一般产品不同（A 线为 RS485−，B 线为 RS485+），因此，西门子产品与其他厂家产品 RS485 相连接时，要判断哪条线是 RS485+，哪条线是 RS485−，将两个产品的 RS485+ 相连接，RS485− 相连接。多个 RS485 设备组成线型总线网络时，要在网络两边增加终端电阻（典型值 120Ω），如图 14-7 所示。

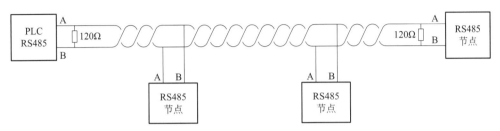

图14-7　RS485接线示意图

14.1.2.3　CB 1241 RS485通信板

S7-1200 系列 CPU 的中央有一个矩形盖板，拆掉盖板可以在该区域安装信号板、通信板或电池板（见 1.2.2 节）。

CB 1241 RS485 通信板有一个 RS485 接口，其外观如图 14-8 所示。

图14-8　CB 1241 RS485模块外观

1402-
CB1241
RS485 外观
及安装介绍

信号板的下方是接线端子排（编号 X20），共有 6 个接线端子，其定义如表 14-3 所示。

表14-3　CB 1241 RS485模块端子排（X20）定义

编号	名称	功能说明
1	M	屏蔽接地
2	TA	A 线终端电阻
3	T/RA	信号线 A（发送 / 接收）
4	T/RB	信号线 B（发送 / 接收）
5	TB	B 线终端电阻
6	RTS	请求发送

CB 1241 RS485 模块内部集成终端电阻，可以通过接线实现终端电阻的 ON 和 OFF 状态。当需要打开终端电阻时，把 T/RA 连接到 TA，把 T/RB 连接到 TB，如图 14-9 所示。

当不需要使用终端电阻时，不连接 TA 和 TB 即可，如图 14-10 所示。

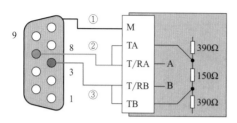
图14-9　打开CB 1241 RS485模块的终端电阻

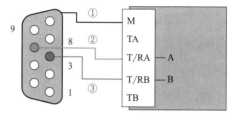
图14-10　非终端设备，关闭终端电阻

图 14-9、图 14-10 中，①为外壳接地；②为 RS485 A 线；③为 RS485 B 线。

14.1.3　S7-1500/ET 200MP串口通信模块

S7-1500/ET 200MP 的串口通信模块包括 CM PtP RS232 BA、CM PtP RS232 HF、CM PtP RS422/485 BA 和 CM PtP RS422/485 HF 四种。名称中的"BA"是"Basic Adapter"的缩写，即"基本型"；"HF"是"High Feature"的缩写，即"高性能型"。基本型模块支持自由口协议（ASCII 协议）、3964（R）协议和 USS 协议，高性能型模块除了支持基本型模块的协议外，还支持 Modbus-RTU 主站 / 从站（关于 Modbus-RTU 将在 14.2 节介绍）。基本型和高性能型模块的接口定义是一样的，下面以基本型模块为例进行介绍。

14.1.3.1　CM PtP RS232 BA模块

CM PtP RS232 BA 模块有一个 RS232 接口，集成电气隔离和防短路功能，支持 300 ～ 19200bps 的传输速率，最大电缆长度为 15m。该模块支持诊断功能，其外观如图 14-11 所示。

打开模块前面的盖子，可以看到里面有一个 D 型 9 针接口（公头）及发送 / 接收的 LED 指示灯，如图 14-12 所示。

图14-11　CM PtP RS232 BA模块外观

图14-12　CM PtP RS232 BA模块内部

该接口的针脚定义与 14.1.2.1 节 CM 1241 RS232 模块定义相同，详见表 14-1。

与其他 ET200MP 模块类似，CM PtP RS232 BA 模块也需要使用总线连接器与 CPU 或其他信号模块相连。

14.1.3.2　CM PtP RS422/485 BA模块

CM PtP RS422/485 BA 模块有一个 D 型 15 针接口（母头），支持 RS422 和 RS485 两种电气信号，集成电气隔离和防短路功能，支持 300 ～ 19200bps 的传输速率，最大电缆长度为 1200m。该模块支持诊断功能，其外观与 CM PtP RS232 BA 类似，打开盖子可以看到一个 D 型 15 针接口（母头），其定义如表 14-4 所示。

表 14-4　CM PtP RS422/485模块D型15针接口定义

编号	名称	功能说明	接口示意图
1	—	未定义	
2	TxD（A）－	数据发送负极线（四线制）	
3	—	未定义	
4	RxD（A）－/TxD（A）－	数据接收负极线（四线制）或接收 / 发送数据（两线制）	
5 ～ 7	—	未定义	
8	GND（ground）	功能接地（隔离）	
9	TxD（B）+	数据发送正极线（四线制）	
10	—	未定义	
11	RxD（B）/TxD（B）+	数据接收正极线（四线制）或接收 / 发送数据（两线制）	
12 ～ 15	—	未定义	

说明：

① RS422 通信需要使用 2 号引脚 TxD（A）－、4 号引脚 RxD（A）－、9 号引脚 TxD（B）+、11 号引脚 RxD（B）－ 和 8 号引脚 GND，点对点通信接线见图 14-6。

② RS485 通信需要使用 4 号引脚 RxD/TxD（A）－、11 号引脚 RxD（B）/TxD（B）+ 和 8 号引脚 GND。

CM PtP RS422/485 模块与通信伙伴进行 RS422 点对点通信的接线原理图如图 14-13 所示。

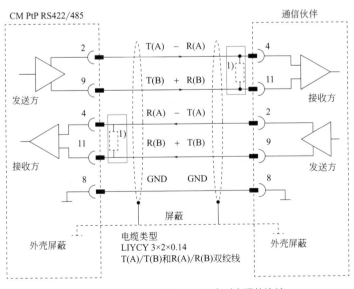

图14-13　CM PtP RS422/485模块RS422点对点通信连接

CM PtP RS422/485 模块与通信伙伴进行 RS485 点对点通信的接线原理图如图 14-14 所示。

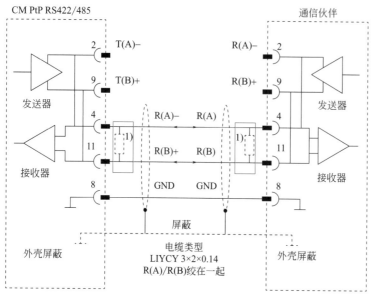

图14-14　CM PtP RS422/485模块RS485点对点通信连接

14.1.4　点对点通信指令

点对点通信是指两台设备之间的通信，该指令有两类：S7-1200 专用点对点通信指令和 S7-1200/1500/ET 200SP/ET 200MP 点对点通信通用指令。为了方便，这里将前者称为"专用指令"，后者称为"通用指令"。专用指令是早期开发的指令集，仅支持 S7-1200；通用指令是后期为了程序的通用性而开发的指令集。通用指令和专用指令的功能类似，本书主要讲解通用指令，对专用指令仅做概要性介绍。

14.1.4.1　S7-1200点对点通信专用指令简介

1403- 串口指令 SEND_PTP&RCV_PTP 数据收发演示

在指令列表的"通信"→"通信处理器"→"点到点"中可以找到 S7-1200 的点对点通信专用指令，如图 14-15 所示。

图 14-15 中：

① PORT_CFG 可以在程序运行过程中动态修改串口的通信参数，比如波特率、奇偶校验、数据位、停止位及流控制，与通用指令 Port_Config 类似；

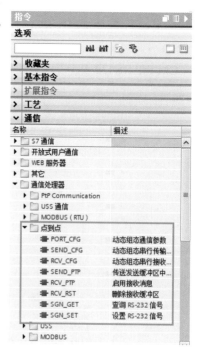

图14-15　S7-1200点对点通信专用指令

② SEND_CFG 可以在程序运行过程中动态修改串口的发送参数，比如激活 RTS 到开始传输的时间、传输结束到取消激活 RTS 的时间、定义中断的位时间等，与通用指令 Send_Config 类似；

③ RCV_CFG 可以在程序运行过程中动态修改串口的接收参数，比如定义数据传输开始和结束的数据结构，与通用指令 Receive_Config 类似；

④ SEND_PTP 指令用来发送数据，与通用指令 Send_P2P 类似；

⑤ RCV_PTP 指令用来接收数据，与通用指令 Receive_P2P 类似；

⑥ RCV_RST 指令用来清空数据接收缓存区，与通用指令 Receive_Reset 类似。

14.1.4.2 S7-1200/1500/ET 200SP/ET 200MP点对点通信通用指令

在指令列表的"通信"→"通信处理器"→"PtP Communication"中可以找到点对点通信通用指令，CM1241 V2.1 以上的版本才支持该指令集，如图 14-16 所示。

（1）Port_Config 指令

Port_Config 指令可以动态修改串口的通信参数，比如：波特率、奇偶校验、数据位、停止位及流控制。从指令列表中将该指令拖放到函数块中，系统会提示创建背景数据块。以独立背景数据块为例，该指令的初始添加状态如图 14-17 所示。

该指令有 14 个输入参数和 3 个输出参数，各参数的含义见表 14-5。

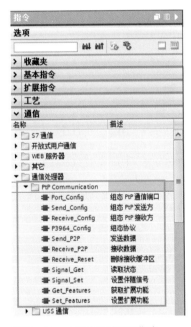

图14-16　点对点通信通用指令

```
1   //端口配置
2   "Port_Config_DB"(REQ:=_bool_in_,
3                    "PORT":=_port_in_,
4                    PROTOCOL:=_uint_in_,
5                    BAUD:=_uint_in_,
6                    PARITY:=_uint_in_,
7                    DATABITS:=_uint_in_,
8                    STOPBITS:=_uint_in_,
9                    FLOWCTRL:=_uint_in_,
10                   XONCHAR:=_char_in_,
11                   XOFFCHAR:=_char_in_,
12                   WAITTIME:=_uint_in_,
13                   MODE:=_usint_in_,
14                   LINE_PRE:=_usint_in_,
15                   BRK_DET:=_usint_in_,
16                   DONE=>_bool_out_,
17                   ERROR=>_bool_out_,
18                   STATUS=>_word_out_);
```

图14-17　Port_Config指令的初始添加状态

表14-5　Port_Config指令参数含义

参数名	类别	数据类型	说明
REQ	输入	Bool	请求执行指令，上升沿信号有效
PORT	输入	UInt	串口模块的端口号（硬件标识符）
PROTOCOL	输入	UInt	协议类型：0= 自由口协议；1=3964（R）

参数名	类别	数据类型	说明
BAUD	输入	UInt	波特率： 1 = 300bps； 2 = 600bps； 3 = 1200bps； 4 = 2400bps； 5 = 4800bps； 6 = 9600bps； 7 = 19200bps； 8 = 38400bps； 9 = 57600bps； 10 = 76800bps； 11 = 115200bps
PARITY	输入	UInt	校验位： 1 = 无奇偶校验； 2 = 偶校验； 3 = 奇校验； 4 = 传号校验； 5 = 空号校验； 6 = 任意
DATABITS	输入	UInt	数据位： 1 = 8 位数据； 2 = 7 位数据
STOPBITS	输入	UInt	停止位： 1 = 1 个停止位； 2 = 2 个停止位
FLOWCTRL	输入	UInt	流控制： 1 = 无流控制； 2 = XON/XOFF； 3 = 硬件 RTS 始终开启； 4 = 硬件 RTS 已开启； 5 = 硬件 RTS 始终开启，忽略 DTR/DSR
XONCHAR	输入	Char	指定用作 XON 的字符，通常为 DC1 字符（11H），仅 FLOWCTRL=2（XON/XOFF）时有效
XOFFCHAR	输入	Char	指定用作 XOFF 的字符，通常为 DC3 字符（13H），仅 FLOWCTRL=2（XON/XOFF）时有效
WAITIME	输入	UInt	流控制的等待时间，收到 XOFF 后再次收到 XON 的时间，或者 CTS = OFF 后再次为 ON 的时间，单位为毫秒
MODE	输入	USInt	工作模式，包括： 0 = 全双工（RS232）； 1 = 全双工（RS422）四线制模式（点对点）； 2 = 全全双工（RS422）四线制模式（多点主站）； 3 = 全全双工（RS422）四线制模式（多点从站）； 4 = 半双工（RS485）二线制模式
LINE_PRE	输入	USInt	接收线路初始状态，包括： 0 = "无" 初始状态； 1 = 信号 R（A）为 5V，信号 R（B）为 0V（可进行断路检测）； 2 = 信号 R（A）为 0V，信号 R（B）为 5V
BRK_DET	输入	USInt	断路检测设置： 0 = 禁用断路检测； 1 = 启用断路检测
DONE	输出	Bool	指令结果：1= 完成；0= 未启动或未完成
ERROR	输出	Bool	是否出错：0= 无错误；1= 有错误
STATUS	输出	Word	指令执行的状态字

举个例子：在 req 信号的上升沿将 CM 1241 RS232 串口参数修改为波特率 115200、数据位 8 位、停止位 1 位、无奇偶校验、无流控制，可以使用图 14-18 所示的代码。

```
2   //上升沿信号
3   #statReqRising := #req AND NOT #statReqRisingHF;
4   #statReqRisingHF := #req;
5   //动态端口配置
6   "Port_Config_DB"(REQ:=#statReqRising,
7                    "PORT":="Local~CM_1241_(RS232)_1",
8                    PROTOCOL:=0,//自由口协议
9                    BAUD:=11,//波特率115200
10                   PARITY:=1,//无校验
11                   DATABITS:=1,//数据位8位
12                   STOPBITS:=1,//停止位1位
13                   FLOWCTRL:=1,//无流控制
14                   MODE:=0,//RS232
15                   LINE_PRE:=0,//无初始状态
16                   BRK_DET:=0,//禁用断路检测
17                   DONE=>#statPortConfigDone,
18                   ERROR=>#statPortConfigError,
19                   STATUS=>#statPortConfigStatus);
```

图14-18 Port_Config指令示例

 注意　Port_Config 指令修改的参数存放在通信模块中，而不是 CPU 模块中。当断电重启后，通信模块将会重新读取 CPU 硬件组态的参数。

（2）Send_Config 指令

Send_Config 指令允许动态修改数据发送的参数，即确定发送开始和结束的条件。从指令列表中将该指令拖放到函数块中，系统会提示创建背景数据块。以独立背景数据块为例，该指令的初始添加状态如图 14-19 所示。

```
20   //发送数据参数动态配置
21   "Send_Config_DB"(REQ:=_bool_in_,
22                    "PORT":=_port_in_,
23                    RTSONDLY:=_uint_in_,
24                    RTSOFFDLY:=_uint_in_,
25                    BREAK:=_uint_in_,
26                    IDLELINE:=_uint_in_,
27                    USR_END:=_string_in_,
28                    APP_END:=_string_in_,
29                    DONE=>_bool_out_,
30                    ERROR=>_bool_out_,
31                    STATUS=>_word_out_);
```

图14-19 Send_Config指令的初始添加状态

该指令有 8 个输入参数和 3 个输出参数，各参数的含义见表 14-6。

表14-6 Send_Config指令参数含义

参数名	类别	数据类型	说明
REQ	输入	Bool	请求执行指令，上升沿信号有效
PORT	输入	UInt	串口模块的端口号（硬件标识符）
RTSONDLY	输入	UInt	从激活RTS后到开始发送数据之前等待的毫秒数，仅当激活硬件流控制有效。取值范围为0～65535ms，0=取消激活
RTSOFFDLY	输入	UInt	开始发送数据到RTS取消激活之前所等待的毫秒数，仅当激活硬件流控制有效。取值范围为0～65535ms，0=取消激活
BREAK	输入	UInt	指定每帧开始时，在特定数量的位时间内发送中断。最大值为65535，0=取消激活
IDLELINE	输入	UInt	指定每帧开始前，线路将在特定数量的位时间内保持空闲状态。最大值为65535，0=取消激活
USR_END	输入	String[2]	用户结束符，最多可组态2个字符
APP_END	输入	String[2]	附加结束符，最多5个字符
DONE	输出	Bool	指令结果。1=完成；0=未启动或未完成
ERROR	输出	Bool	是否出错。0=无错误；1=有错误
STATUS	输出	Word	指令执行的状态字

举个例子：要求激活 RTS 信号后等待 10ms 发送数据，可以使用图 14-20 所示的代码（不使用的参数可以不赋值）。

```
20   //上升沿信号
21   #statReqRising := #req AND NOT #statReqRisingHF;
22   #statReqRisingHF := #req;
23   //发送数据参数动态配置
24   "Send_Config_DB"(REQ:=#statReqRising,
25                    "PORT":="Local~CM_1241_(RS232)_1",
26                    RTSONDLY:=10,
27                    RTSOFFDLY:=0,
28                    DONE=>#tmpSendConfigDone,
29                    ERROR=>#tmpSendConfigError,
30                    STATUS=>#tmpSendConfigStatus);
```

图14-20 Send_Config指令示例

注意

Send_Config 指令修改的参数存放在通信模块中，而不是 CPU 模块中。当断电重启后，通信模块将会重新读取 CPU 硬件组态的参数。

（3）Receive_Config 指令

Receive_Config 指令允许动态修改数据接收的参数，即确定在什么条件下开始接收数据，在什么条件下停止接收数据。从指令列表中将该指令拖放到函数块中，系统会提示创建背景数据块。以独立背景数据块为例，该指令的初始添加状态如图 14-21 所示。

```
32   //接收数据参数动态配置
33   "Receive_Config_DB"(REQ:=_bool_in_,
34                       "PORT":=_port_in_,
35                       Receive_Conditions:=_variant_in_,
36                       DONE=>_bool_out_,
37                       ERROR=>_bool_out_,
38                       STATUS=>_word_out_);
```

图14-21 Receive_Config指令的初始添加状态

该指令有 3 个输入参数和 3 个输出参数，各参数的含义见表 14-7。

表 14-7 Receive_Config 指令参数含义

参数名	类别	数据类型	说明
REQ	输入	Bool	请求执行指令，上升沿信号有效
PORT	输入	UInt	串口模块的端口号（硬件标识符）
Receive_Conditions	输入	Variant	用于识别帧开始和结束条件数据结构
DONE	输出	Bool	指令结果。1= 完成；0= 未启动或未完成
ERROR	输出	Bool	是否出错。0= 无错误；1= 有错误
STATUS	输出	Word	指令执行的状态字

接收条件（Receive_Conditions）包括三个部分：开始条件、结束条件及通用参数。限于篇幅不展开描述了，如有需要请查看指令帮助。

 注意 Receive_Config 指令修改的参数存放在通信模块中，而不是 CPU 模块中。当断电重启后，通信模块将会重新读取 CPU 硬件组态的参数。

（4）Send_P2P 指令

Send_P2P 指令用来发送数据。从指令列表中将该指令拖放到函数块中，系统会提示创建背景数据块。以独立背景数据块为例，该指令的初始添加状态如图 14-22 所示。

```
34   //发送数据
35   "Send_P2P_DB"(REQ:=_bool_in_,
36                "PORT":=_port_in_,
37                BUFFER:=_variant_in_,
38                LENGTH:=_uint_in_,
39                DONE=>_bool_out_,
40                ERROR=>_bool_out_,
41                STATUS=>_word_out_);
```

图 14-22 Send_P2P 指令的初始添加状态

该指令有 4 个输入参数和 3 个输出参数，各参数的含义见表 14-8。

表 14-8 Send_P2P 指令参数含义

参数名	类别	数据类型	说明
REQ	输入	Bool	请求发送数据，上升沿信号有效
PORT	输入	UInt	串口模块的端口号（硬件标识符）
BUFFER	输入	Variant	数据发送的缓存区
LENGTH	输入	UInt	要发送数据的长度，以字节为单位
DONE	输出	Bool	指令结果。1= 完成；0= 未启动或未完成
ERROR	输出	Bool	是否出错。0= 无错误；1= 有错误
STATUS	输出	Word	指令执行的状态字

举个例子：要发送数据块 DB101_Global 从 sendData 开始的 10 个字节的数据，可以使用图 14-23 所示的代码。

```
34  //上升沿信号
35  #statReqRising := #req AND NOT #statReqRisingHF;
36  #statReqRisingHF := #req;
37  //发送数据
38  "Send_P2P_DB"(REQ:=#statReqRising,
39                PORT:="Local~CM_1241_(RS232)_1",
40                BUFFER:="DB101_Global".sendData,
41                LENGTH:=10,
42                DONE=>"DB101_Global".sendDone,
43                ERROR=>"DB101_Global".sendError,
44                STATUS=>"DB101_Global".sendStatus);
```

图14-23　Send_P2P指令示例

（5）Receive_P2P 指令

Receive_P2P 指令用来接收数据。从指令列表中将该指令拖放到函数块中，系统会提示创建背景数据块。以独立背景数据块为例，该指令的初始添加状态如图 14-24 所示。

```
45  //接收数据
46  "Receive_P2P_DB"("PORT":=_port_in_,
47                BUFFER:=_variant_in_,
48                NDR=>_bool_out_,
49                ERROR=>_bool_out_,
50                STATUS=>_word_out_,
51                LENGTH=>_uint_out_);
```

图14-24　Receive_P2P指令的初始添加状态

该指令有 2 个输入参数和 4 个输出参数，各参数的含义见表 14-9。

表 14-9　Receive_P2P 指令参数含义

参数名	类别	数据类型	说明
PORT	输入	UInt	串口模块的端口号（硬件标识符）
BUFFER	输入	Variant	数据接收的缓存区
NDR	输出	Bool	接收到新数据。1= 已接收；0= 未启动或未接收
ERROR	输出	Bool	是否出错。0= 无错误；1= 有错误
STATUS	输出	Word	指令执行的状态字
LENGTH	输出	UInt	接收到数据的长度，以字节为单位

举个例子：使用 Receive_P2P 指令将数据接收到 DB101_Global 的 receiveData 缓存区，可以使用图 14-25 所示的代码。

```
45  //接收数据
46  "Receive_P2P_DB"("PORT":="Local~CM_1241_(RS232)_1",
47                BUFFER:="DB101_Global".receiveData,
48                NDR=>"DB101_Global".rcvNewData,
49                ERROR=>"DB101_Global".rcvError,
50                STATUS=>"DB101_Global".rcvStatus,
51                LENGTH=>"DB101_Global".rcvLength);
```

图14-25　Receive_P2P指令示例

（6）Receive_Reset 指令

Receive_Reset 指令可以清除通信模块的接收缓存区。从指令列表中将该指令拖放到函数块中，系统会提示创建背景数据块。以独立背景数据块为例，该指令的初始添加状态如图 14-26 所示。

```
53  //清空接收缓存区
54  "Receive_Reset_DB"(REQ:=_bool_in_ ,
55                     "PORT":=_port_in_ ,
56                     DONE=>_bool_out_ ,
57                     ERROR=>_bool_out_ ,
58                     STATUS=>_word_out_ );
```

图14-26　Receive_Reset指令的初始添加状态

该指令有 2 个输入参数和 3 个输出参数，各参数的含义见表 14-10。

表14-10　Receive_Reset指令参数含义

参数名	类别	数据类型	说明
REQ	输入	Bool	请求执行指令，上升沿信号有效
PORT	输入	UInt	串口模块的端口号（硬件标识符）
DONE	输出	Bool	是否完成。1= 已完成；0= 未启动或未完成
ERROR	输出	Bool	是否出错。0= 无错误；1= 有错误
STATUS	输出	Word	指令执行的状态字

举个例子：在 req 信号的上升沿将 CM1241 RS232 模块的接收缓冲区清空，可以使用图 14-27 所示的代码。

```
53  //上升沿信号
54  #statReqRising := #req AND NOT #statReqRisingHF;
55  #statReqRisingHF := #req;
56  //清空接收缓存区
57  "Receive_Reset_DB"(REQ:=#statReqRising,
58                     "PORT":="Local~CM_1241_(RS232)_1",
59                     DONE=>#tmpDone,
60                     ERROR=>#tmpError,
61                     STATUS=>#tmpStaus);
```

图14-27　Receive_Reset指令示例

14.1.4.3　更新CM 1241 RS232固件

14.1.4.2 节介绍的通用串行通信指令对通信模块的固件版本有要求，比如 CM 1241 RS232 要求固件版本 V2.1 以上才支持这些指令。如果通信模块的固件版本低于 V2.1，则需要进行更新。本节介绍如何更新 CM 1241 RS232 的固件，固件更新的方法包括：博途开发环境、SIMATIC 存储卡或者 Web 访问的方式。本节采用博途开发环境进行固件更新。

首先，到西门子官网下载 CM 1241 RS232 的最近固件。下载完成后解压缩，会看到类似图 14-28 的文件。

磁盘 (E:) ▸ Software ▸ PLC ▸ Siemens ▸ Firmware ▸ CM1241 ▸ 6ES7 241-1AH32-0XB0 V02.02.C

名称	修改日期	类型	大小
📁 FWUPDATE.S7S	2016/9/20 22:18	文件夹	
📄 S7_JOB.S7S	2012/11/29 2:43	S7S 文件	1 KB

图14-28　CM 1241 RS232固件

打开项目硬件组态，选中要更新固件的模块（CM 1241 RS232），单击右键，在弹出的对话框中选择"在线和诊断"，如图14-29所示。

图14-29　CM 1241 RS232右键菜单

在线之后可以看到模块的信息，比如当前固件版本为 V2.0.3，如图 14-30 所示。

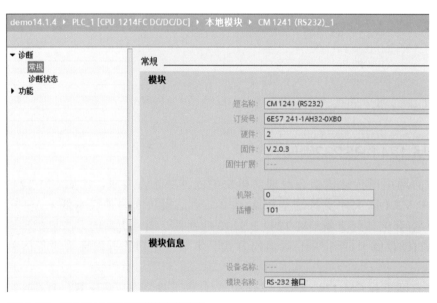

图14-30　CM 1241 RS 232模块在线信息

单击左侧导航菜单"功能"→"固件更新",在固件引导程序中单击"浏览"找到准备好的固件,单击"运行更新"就可以对固件进行更新了,如图 14-31 所示。

图14-31 固件更新引导程序

固件更新前会提示将 CPU 设置为 STOP 模式,更新完成后会有提示对话框。

14.1.5 SCL实例:CPU 1214FC与串口助手通信

本例程使用 CPU 1214FC 带一个 CM 1241 RS232 模块与串口通信助手进行通信,实现数据的发送与接收,两者之间通过 RS232 接口相互连接,如图 14-32 所示。

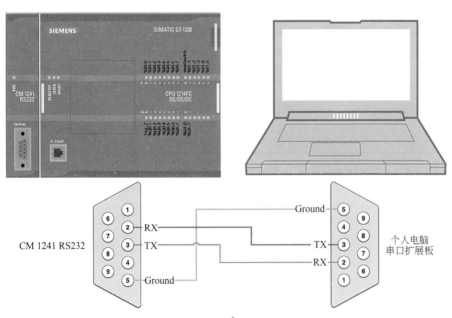

1405-
CM1241 使用
通用串行指令
与串口助手
通信

图14-32 CM 1241 RS232模块与个人计算机串口扩展板连接

在 CM 1241 RS232 模块的硬件组态中设置通信参数(图 14-33):波特率 9.6kbps、无奇偶校验、数据位 8 位、停止位 1 位、无流量控制。

图14-33　CM 1241 RS232模块通信参数设置

由于已经对 CM 1241 RS232 模块进行了固件更新，我们可以使用 Send_P2P 指令和 Receive_P2P 指令发送和接收数据。

新建全局数据块 DB101_Global，添加的数据如表 14-11 所示。

表 14-11　全局数据块 DB101_Global 数据结构

名称	数据类型	说明
sendData	Array[1..20]of Char	发送缓存区
receiveData	Array[1..20]of Byte	接收缓存区
receiveDataValid	Array[1..20]of Byte	接收缓存区（有效数据）
sendDone	Bool	发送完成
sendError	Bool	发生错误
sendStatus	Word	发送指令的状态
rcvNewData	Bool	接收到新数据
rcvError	Bool	接收错误
rcvStatus	Word	接收指令的状态
rcvLength	UInt	接收数据的长度（字节）
sendCounter	UInt	发送计数器

新建函数块 FB100_SerailCom，添加的参数如表 14-12 所示。

表 14-12　函数块 FB100_SerailCom 参数

名称	类别	数据类型	说明
sendReq	输入	Bool	请求发送数据
statSendReqRising	静态变量	Bool	请求发送的上升沿
statSendReqRisingHF	静态变量	Bool	请求发送上升沿辅助变量

在函数块 FB100_SerailCom 中添加代码，发送数据的代码如图 14-34 所示。

```
1  //发送数据
2  //上升沿信号
3  #statSendReqRising := #sendReq AND NOT #statSendReqRisingHF;
4  #statSendReqRisingHF := #sendReq;
5  //发送数据
6  #Send_P2P_Instance(REQ:=#statSendReqRising,
7                     "PORT":="Local~CM_1241_(RS232)_1" ,
8                     BUFFER:="DB101_Global".sendData,
9                     LENGTH:=20,
```

```
10 |                    DONE=>"DB101_Global".sendDone,
11 |                    ERROR=>"DB101_Global".sendError,
12 |                    STATUS=>"DB101_Global".sendStatus);
13 //发送计数器
14 □IF "DB101_Global".sendDone THEN
15 |    "DB101_Global".sendCounter += 1;
16 END_IF;
```

图14-34　使用Send_P2P发送数据

接收数据的代码如图 14-35 所示。

```
17 //接收数据
18 □ #Receive_P2P_Instance("PORT":="Local~CM_1241_(RS232)_1",
19 |                     BUFFER:="DB101_Global".receiveData,
20 |                     NDR=>"DB101_Global".rcvNewData,
21 |                     ERROR=>"DB101_Global".rcvError,
22 |                     STATUS=>"DB101_Global".rcvStatus,
23 |                     LENGTH=>"DB101_Global".rcvLength);
```

图14-35　使用Receive_P2P接收数据

说明：

① 发送数据使用上升沿信号 statSendReqRising 启动，将全局数据块 DB101_Global 的发送缓冲区 sendData 的 20 个字节向外发送，发送是否完成、出错、指令状态等信息存储在变量 sendDone、sendError 及 sendStatus 中。

② 每次发送完成后，都将发送计数器 sendCounter 加 1。

③ 接收到的数据存放在 DB101_Global 的接收缓存区 receiveData 中。可以再编写代码对接收到的数据进行判断，如果有效，存放到数组 receiveDataValid 中。

在 OB1 中调用 FB100_SerailCom，给 sendReq 参数赋值 M0.7（系统时钟，0.5Hz），即每隔 2s 发送一次数据，如图 14-36 所示。

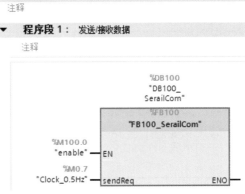

图14-36　在OB1中调用FB100_SerailCom

14.2　Modbus-RTU通信

14.2.1　Modbus简介

1971 年，Modicon 公司首次推出了基于串行通信链路的 Modbus 协议，包括 Modbus-RTU 和 Modbus-ASCII 两种版本。后来施耐德电气（Schneider Electric）收购了 Modicon 公

司，并在 1997 年推出了 Modbus TCP 协议，这是一种基于以太网的 Modbus 协议，我们将在 14.3.4 节介绍。

Modbus 是一种应用层协议，采用主 / 从（客户端 / 服务器）通信的方式，通过功能码实现不同功能的请求与应答。客户端作为主站，向服务器发送请求。服务器（从站）接到请求后，对请求进行分析并做出应答。Modbus 协议帧被称为应用数据单元（Application Data Unit，ADU），它包括通信地址、功能码、数据和校验，如图 14-37 所示。

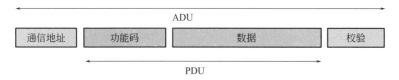

图14-37　Modbus应用数据单元

其中，功能码和数据组合称为协议数据单元（Protocol Data Unit，PDU）。功能码占用 1 个字节，取值范围为 1 ～ 255，其中：128 ～ 255 为保留值，用于异常消息应答报文；1 ～ 127 为功能码，包括通用功能码和用户自定义功能码。Modbus 功能码定义见表 14-13。

表14-13　Modbus功能码定义

功能码	说明
1 ～ 64	通用功能码
65 ～ 72	用户自定义功能码
73 ～ 99	通用功能码
100 ～ 110	用户自定义功能码
111 ～ 127	通用功能码

通用功能码是已经公布的、具有确定功能的功能码，用户不能修改。比如，通用功能码 01（H）表示读取线圈，02（H）表示读取离散量输入，括号中的"H"表示十六进制。常用的常用功能码见表 14-14。

表14-14　Modbus常用功能码

功能码（十六进制）	功能描述	访问方式
01（H）	读取线圈	位
02（H）	读取离散量输入	位
03（H）	读取保持寄存器值	字
04（H）	读取输入寄存器值	字
05（H）	写单个线圈	位
06（H）	写单个寄存器	字
0F（H）	写多个线圈	位
10（H）	写多个寄存器	字

Modbus-RTU 和 Modbus-ASCII 都是基于串行通信链路的协议，其物理层可以是 RS232 或者 RS485。

Modbus-ASCII 消息帧以英文冒号开始，以回车和换行符结束，允许传输的字符集为十六进制的 0 ～ 9 和 A ～ F。每个 8 位的字节被拆分成两个 ASCII 字符进行发送，比如十六进制数"0xAF"，会被分解成 ASCII 字符"A"和"F"进行发送，发送的字符量比

RTU 增加一倍。该模式采用纵向冗余校验（Longitudinal Redundancy Check，LRC）的方法来检验错误。

在 Modbus-RTU（Remote Terminal Unit）模式下，每个字节可以传输两个十六进制字符，比如十六进制数 0xAF，直接以十六进制 0xAF（二进制：10101111）进行发送，因此它的发送密度比 ASCII 模式高一倍。Modbus-RTU 采用循环冗余校验（CRC）的方法来检测错误，是工业现场使用比较多的一种串行通信协议。

14.2.2　S7-1200/1500的Modbus-RTU指令

在博途开发环境的指令列表"通信"→"通信处理器"下可以看到有两个版本的 Modbus 指令集，其中名称为"MODBUS"（版本 V2.2）的为旧指令集，名称为"MODBUS（RTU）"（版本 V3.1 或更高）的为新指令集，如图 14-38 所示。

旧指令集仅可通过 CM 1241 通信模块或 CB 1241 通信板进行 Modbus-RTU 通信，而新指令集除了旧指令集的功能，还支持 ET 200SP/ET 200MP 的串口模块进行 Modbus-RTU 通信。

新指令集使用时要求 S7-1200 CPU 的固件版本不低于 V4.1，CM 1241 通信模块固件不低于 V2.1。CB 1241 RS485 内部没有固件，因此没有版本要求。

本节介绍新指令集中的指令。

14.2.2.1　Modbus_Comm_Load指令

Modbus_Comm_Load 指令用来对 Modbus 通信参数进行配置。该指令设置的参数保存在通信模块（比如 CM 1241）中，而不是 CPU 模块中。因此，每次

图14-38　Modbus指令集

断电重启后都需要重新执行该指令，仅需要在 CPU 的第一个扫描周期执行一次即可。

从指令列表中将 Modbus_Comm_Load 指令拖放到函数块中，系统会提示创建背景数据块。以独立背景数据块为例，该指令的初始添加状态如图 14-39 所示。

```
1  //Modbus参数配置
2  "Modbus_Comm_Load_DB"(REQ:=_bool_in_,
3                        "PORT":=_port_in_,
4                        BAUD:=_udint_in_,
5                        PARITY:=_uint_in_,
6                        FLOW_CTRL:=_uint_in_,
7                        RTS_ON_DLY:=_uint_in_,
8                        RTS_OFF_DLY:=_uint_in_,
9                        RESP_TO:=_uint_in_,
10                       DONE=>_bool_out_,
11                       ERROR=>_bool_out_,
12                       STATUS=>_word_out_,
13                       MB_DB:=_block_udt_inout_);
```

图14-39　Modbus_Comm_Load指令的初始添加状态

该指令有 8 个输入参数、3 个输出参数和 1 个输入 / 输出参数，各参数定义见表 14-15。

表14-15 Modbus_Comm_Load指令参数定义

参数名	类别	数据类型	说明
REQ	输入	Bool	请求执行指令，上升沿信号有效（仅在第一个扫描周期执行）
PORT	输入	UInt	串口模块的端口号（硬件标识符）
BAUD	输入	UDInt	波特率
PARITY	输入	UInt	奇偶校验： 0– 无； 1– 奇校验； 2– 偶校验
FLOW_CTRL	输入	UInt	流控制： 0– （默认）无流控制； 1– 硬件流控制，RTS 始终开启器（不适用于 RS422/485 CM）； 2– 硬件流控制，RTS 切换（不适用于 RS422/485 CM）
RTS_ON_DLY	输入	UInt	从 "RTS 激活" 直到发送第一个字符之前的时间延时（毫秒）。取值范围为 0 ～ 65535，0= 无延时。不适用于 RS422/485 CM
RTS_OFF_DLY	输入	UInt	从上一个传输字符直到 "RTS 未激活" 之前的时间延迟（毫秒）。取值范围为 0 ～ 65535，0= 无延时。不适用于 RS422/485 CM
RESP_TO	输入	UInt	Modbus 主站等待从站响应的时间（毫秒），取值范围为 5 ～ 65535
DONE	输出	Bool	是否完成：1= 已完成；0= 未启动或未完成
ERROR	输出	Bool	是否出错：0= 无错误；1= 有错误
STATUS	输出	Word	指令执行的状态字
MB_DB	输入 / 输出	MB_BASE	Modbus_Master 或 Modbus_Slave 指令的背景数据块引用

举个例子：在 CPU 的第一个扫描周期执行 Modbus_Comm_Load 指令，设置通信波特率 9600、无奇偶校验、无流控制、主站等待时间 10ms。MD_DB 参数为 Modbus_Master 指令背景数据块的 MB_DB 字段，如图 14-40 所示。

```
2   //Modbus参数配置
3 □"Modbus_Comm_Load_DB"(REQ:="FirstScan",
4                        "PORT":="Local~CM_1241_(RS232)_1",
5                        BAUD:=9600,
6                        PARITY:=0,
7                        FLOW_CTRL:=0,
8                        RESP_TO:=10,
9                        DONE=>#tmpDone,
10                       ERROR=>#tmpError,
11                       STATUS=>#tmpStatus,
12                       MB_DB:="Modbus_Master_DB".MB_DB);
```

图14-40 Modbus_Comm_Load指令示例

14.2.2.2 Modbus_Master指令

Modbus_Master 指令可以将 Modbus_Comm_Load 指令组态的端口作为 Modbus 主站去读取从站的数据。从指令列表中添加该指令时，系统会提示创建背景数据块。必须将 Modbus_Master 指令背景数据块的 MB_DB 字段分配到 Modbus_Comm_Load 指令的 MB_DB 参数（图 14-40）。

Modbus_Master 指令的初始添加状态如图 14-41 所示。

```
14   //Modbus Master
15   "Modbus_Master_DB"(REQ:=_bool_in_,
16                      MB_ADDR:=_uint_in_,
17                      MODE:=_usint_in_,
18                      DATA_ADDR:=_udint_in_,
19                      DATA_LEN:=_uint_in_,
20                      DONE=>_bool_out_,
21                      BUSY=>_bool_out_,
22                      ERROR=>_bool_out_,
23                      STATUS=>_word_out_,
24                      DATA_PTR:=_variant_inout_);
```

图14-41　Modbus_Master指令的初始添加状态

该指令有 5 个输入参数、4 个输出参数和 1 个输入 / 输出参数，各参数定义见表 14-16。

表14-16　Modbus_Master指令参数定义

参数名	类别	数据类型	说明
REQ	输入	Bool	请求执行指令，上升沿信号有效
MB_ADDR	输入	UInt	Modbus-RTU 从站地址。默认标准地址范围为 1～247；扩展地址范围为 1～65535。地址 0 为广播地址
MODE	输入	USInt	操作模式：指定请求类型（读取、写入或诊断）
DATA_ADDR	输入	UDInt	从站的起始地址
DATA_LEN	输入	UInt	访问数据长度，（位或字）的个数
DONE	输出	Bool	是否完成。1=已完成；0=未启动或未完成
BUSY	输出	Bool	是否繁忙。1=正在执行指令
ERROR	输出	Bool	是否出错。0=无错误；1=有错误
STATUS	输出	Word	指令执行的状态字
DATA_PTR	输入 / 输出	Variant	数据指针：指向要写入或读取的标签或地址

说明：

① 在使用 Modbus_Master 指令之前必须先调用 Modbus_Comm_Load 指令，并将 Modbus_Comm_Load 指令的 MB_DB 参数设置为 Modbus_Master 指令背景数据块的 MB_DB 字段（见图 14-42）。

```
2    //reqeust rising up edge
3    #statReqRising := #request AND NOT #statReqRisingHF;
4    #statReqRisingHF := #request;
5    //Modbus Master
6    "Modbus_Master_DB"(REQ := #statReqRising,
7                       MB_ADDR := 1,
8                       MODE := 1,
9                       DATA_ADDR := 40001,
10                      DATA_LEN := 1,
11                      DONE => #tmpDone,
12                      BUSY => #tmpBusy,
13                      ERROR => #tmpError,
14                      STATUS => #tmpStatus,
15                      DATA_PTR := "DB101_Global".dataWritten);
```

图14-42　Modbus_Master指令示例

② 操作模式 MODE 有如下几种：0= 读取（位或字）；1= 写入（位或字）；80/81= 诊断。

③ DATA_ADDR 是 Modbus 的数据地址，这里涉及 Modbus 协议的地址模型，请参见 14.2.3 节。

④ DATA_LEN 是访问数据的长度，根据不同的数据地址类型，可能是位或字的个数。

⑤ 实际应用中发现 DATA_PTR 指向的数据块不能是优化的块。

举个例子：在 request 信号的上升沿，将全局数据块 DB101 的 dataWritten（数据类型为字，长度为 1）数据写入站地址为 1，寄存器地址为 40001 的 Modbus 子站中，可以使用图 14-42 所示的代码。

14.2.2.3　Modbus_Slave 指令

Modbus_Slave 指令可以将 Modbus_Comm_Load 指令组态的端口作为 Modbus 从站。从指令列表中添加该指令时，系统会提示创建背景数据块。在使用 Modbus_Slave 指令前必须先调用 Modbus_Comm_Load 指令，并将 Modbus_Slave 指令背景数据块的 MB_DB 字段分配到 Modbus_Comm_Load 指令的 MB_DB 参数。

Modbus_Slave 指令的初始添加状态如图 14-43 所示。

```
1    //Modbus slave指令
2    "Modbus_Slave_DB"(MB_ADDR:=_uint_in_,
3                      NDR=>_bool_out_,
4                      DR=>_bool_out_,
5                      ERROR=>_bool_out_,
6                      STATUS=>_word_out_,
7                      MB_HOLD_REG:=_variant_inout_);
```

图14-43　Modbus_Slave 指令的初始添加状态

该指令有 1 个输入参数、4 个输出参数和 1 个输入 / 输出参数，其定义见表 14-17。

表 14-17　Modbus_Slave 指令参数定义

参数名	类别	数据类型	说明
MB_ADDR	输入	UInt	Modbus-RTU 从站地址。默认标准地址范围为 1 ～ 247；扩展地址范围为 1 ～ 65535。地址 0 为广播地址
NDR	输出	Bool	是否接收到新的请求数据：1= 接收到；0= 未接收到
DR	输出	Bool	是否已经读取数据。0= 未读取数据；1= 已将 Modbus 主站接收到的数据存储在目标区域
ERROR	输出	Bool	是否出错。0= 无错误；1= 有错误
STATUS	输出	Word	指令执行的状态字
MB_HOLD_REG	输入 / 输出	Variant	Modbus 从站保持寄存器的数据块地址指针

举个例子：新建数据块 DB102_MB_HoldRegister，在其中添加数据数组 data，其数据类型为 Word，如图 14-44 所示。

从指令列表中添加 Modbus_Slave 指令，将其从站地址设置为 10，相关的状态参数存储到 DB101 中，保持寄存器地址指向 DB102_MB_HoldRegister 的数组 data，其代码如图 14-45 所示。

DB102_MB_HoldRegister

	名称	数据类型	偏移量	起始值
1	▼ Static			
2	▼ data	Array[1..10] of Word	0.0	
3	data[1]	Word	0.0	16#0
4	data[2]	Word	2.0	16#0
5	data[3]	Word	4.0	16#0
6	data[4]	Word	6.0	16#0
7	data[5]	Word	8.0	16#0
8	data[6]	Word	10.0	16#0
9	data[7]	Word	12.0	16#0
10	data[8]	Word	14.0	16#0
11	data[9]	Word	16.0	16#0
12	data[10]	Word	18.0	16#0

图14-44　DB102_MB_HoldRegister数据结构

```
//启动Modbus从站功能
"Modbus_Slave_DB"(MB_ADDR:=10,
                  NDR=>"DB101_Global".modbusNDR,
                  DR=>"DB101_Global".modbusDataRead,
                  ERROR=>"DB101_Global".modbusSlaveError,
                  STATUS=>"DB101_Global".modbusSlaveStatus,
                  MB_HOLD_REG:="DB102_MB_HoldRegister".data);
```

图14-45　Modbus_Slave指令示例

14.2.3　Modbus协议的数据模型和地址模型

14.2.3.1　Modbus协议的数据模型

数据模型是对可访问数据的一种抽象，Modbus 协议的数据模型定义了四种可访问的数据，分别是：

① 离散量输入；

② 线圈；

③ 输入寄存器；

④ 保持寄存器。

其中，离散量输入和线圈只支持以位（bit）的方式进行访问，输入寄存器和保持寄存器只支持以字（Word）的方式进行访问。离散量输入和输入寄存器只支持以只读的方式进行访问，而线圈和保持寄存器既可以读也可以写。

Modbus 协议定义的数据模型如表 14-18 所示。

表 14-18　Modbus 协议定义的数据模型

区块	访问长度	访问方式	说明
离散量输入	位（bit）	只读	数据由 IO 系统提供
线圈	位（bit）	读 / 写	可通过应用程序改写
输入寄存器	字（Word）	只读	数据由 IO 系统提供
保持寄存器	字（Word）	读 / 写	可通过应用程序改写

既然数据模型是一种抽象，在实际使用时必须将其映射到真实的物理存储区才能被访问。Modbus 协议允许设备将四种数据分别映射到不同的存储区块中，各个区块之间相互独

立，使用不同的功能码可读取到不同的数值，如图 14-46 所示。

Modbus 协议也允许设备将四种数据映射到同一存储区块中，这样通过不同的功能码读取数据可能会得到相同的数据（比如：输入寄存器和保持寄存器为同一物理区块），如图 14-47 所示。

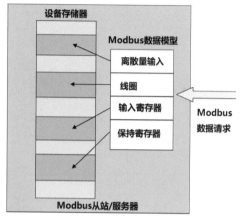

图14-46　Modbus数据模型映射到不同区块　　　图14-47　Modbus数据模型映射到同一区块

数据模型中的每一种数据都最多允许有 65536 个元素（编号 1 ～ 65536），元素的地址编号从 0 开始，因此地址的范围为：0 ～ 65535。

需要说明的是：65536 只是协议允许的最大元素范围，但并不要求全部实现。Modbus 协议允许设备根据自己的实际情况实现部分元素，甚至不要求实现模型中的全部数据。

14.2.3.2　Modbus协议的地址模型

为了简化数据模型与设备存储区的对应关系，引入了一种地址模型。该模型通过编号的方式对不同类型数据进行区分，各数据的地址编号如表 14-19 所示。

表14-19　Modbus协议的地址编号

Modbus 数据模型 / 数据区	Modbus 地址编号
线圈	0
离散量输入	1
输入寄存器	3
保持寄存器	4

Modbus 协议地址模型的编号从 1 开始。

由于每一种数据都最大支持 65536 个元素，理论上，对于线圈型数据来说，其地址范围为 000001 ～ 065536。类似地，离散量输入，其地址范围为 100001 ～ 165536；输入寄存器，其地址范围为 300001 ～ 365536；保持寄存器，其地址范围为 400001 ～ 465536。

由于 65536 是比较大的数值，实际应用一般不需要这么大的存储区，因此 PLC 厂家普遍采用的是 10000 以内的地址范围，即：线圈地址范围为 00001 ～ 09999；离散量输入地址范围为 10001 ～ 19999；输入寄存器地址范围为 30001 ～ 39999；保持寄存器地址范围为 40001 ～ 49999。

有了该地址模型，就可以从 Modbus 寄存器的地址判断要访问的区块的类型。比如地址

40001 就是保持存储器的第一个值的地址，而 10001 就是离散量输入的第一个值的地址。要注意的是，保持寄存器和输入寄存器的每个值的大小为 16bit（字），而线圈和离散量输入每个值的大小为 1bit（位）。

14.2.4　SCL实例：CPU 1214FC通过Modbus-RTU协议读取温度传感器的数值

本例程使用 CPU 1214FC，通过 CB1241 RS485 通信板与温度传感器进行通信，使用 Modbus-RTU 协议读取温度传感器的数值。

本例程使用的硬件包括：

① CPU 1214FC（带 CB 1241 RS485 通信板）；

② 温度传感器（支持 Modbus-RTU 协议）。

温度传感器的接线端有四条线：

① 红线——电源正（电压范围：5～30V DC）。

② 绿线——电源负。

③ 黄线——A+（RS485+）。

④ 蓝线——B-（RS485-）。

温度传感器的外观如图 14-48 所示。

接线时，将红线连接 24V 电源正极，绿线连接电源负极，黄线连接 CB 1241 RS485 通信板的端子 T/R-B，蓝线连接 CB 1241 RS485 的端子 T/R-A，同时将 T/R-A 与 TA 连接，将 T/R-B 与 TB 连接以启用终端电阻，如图 14-49 所示。

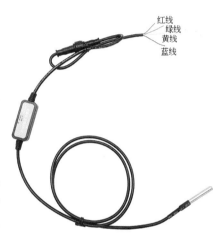

图14-48　温度传感器的外观

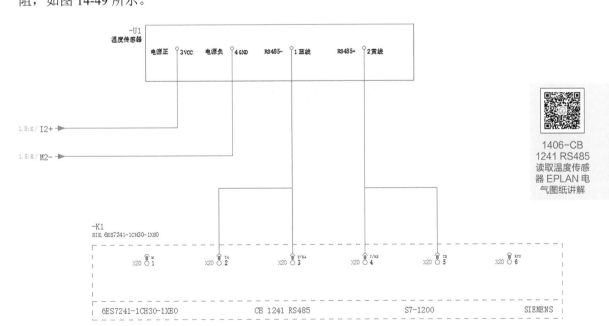

1406-CB
1241 RS485
读取温度传感器 EPLAN 电气图纸讲解

图14-49　CB 1241 RS485与温度传感器的接线

说明 关于 CB 1241 RS485 通信板的更多内容请参见 14.1.2.3 节。再次强调西门子 RS485 产品中 A 线定义为 RS485-，B 线定义为 RS485+，这与例程中温度传感器的 A、B 线定义是相反的。在接线时要将通信伙伴之间的 RS485+ 相连，RS485- 相连，而不能简单地将 A-A 相连，B-B 相连。

接下来在博途环境下新建项目，添加硬件 CPU 1214FC 及通信板 CB 1241 RS485，设置 CB 1241 RS485 通信板的参数如图 14-50 所示。

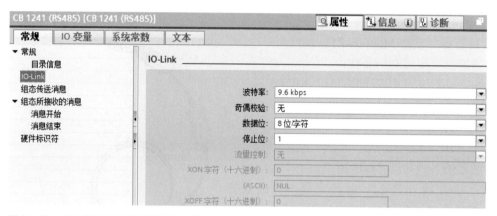

图14-50　CB 1241 RS485通信板的参数设置

在程序块中添加全局数据块 DB101_Global，取消其"优化的块访问"属性选项，在其中添加温度变量 temperature 及 Modbus_Comm_Load 指令和 Modbus_Master 指令的参数变量，如图 14-51 所示。

		名称	数据类型	偏移量	起始值	保持
1		▼ Static				☐
2		modbusCommDone	Bool	0.0	false	☐
3		modbusComError	Bool	0.1	false	☐
4		modbusCommStatus	Word	2.0	16#0	☐
5		modbusMasterDone	Bool	4.0	false	☐
6		modbusMasterError	Bool	4.1	false	☐
7		modbusMasterBusy	Bool	4.2	false	☐
8		modbusMasterStatus	Word	6.0	16#0	☐
9		temperature	Word	8.0	16#0	☐

图14-51　DB101_Global变量定义

添加函数块 FB100_ModbusTest，其变量声明如表 14-20 所示。

表14-20 函数块FB100_ModbusTest变量声明

变量名称	类型	数据类型	描述
request	输入	Bool	请求发送数据
statReqRising	静态变量	Bool	请求发送上升沿信号
statReqRisingHF	静态变量	Bool	请求发送上升沿信号辅助变量

在函数块 FB100_ModbusTest 中添加代码，如图 14-52 所示。

```
2  //request rising up edge
3  #statReqRising := #request AND NOT #statReqRisingHF;
4  #statReqRisingHF := #request;
5  //Modbus Master
6  "Modbus_Master_DB"(REQ:=#statReqRising ,
7                     MB_ADDR:=1,
8                     MODE:=0,
9                     DATA_ADDR:=40001,
10                    DATA_LEN:=1,
11                    DONE=>"DB101_Global".modbusMasterDone,
12                    BUSY=>"DB101_Global".modbusMasterBusy,
13                    ERROR=>"DB101_Global".modbusMasterError,
14                    STATUS=>"DB101_Global".modbusMasterStatus,
15                    DATA_PTR:="DB101_Global".temperature);
```

图14-52 在FB100_ModbusTest中添加代码

说明：

① 在 request 信号的上升沿执行 Modbus_Master 指令。

② 温度传感器的 Modbus 地址为 1，因此 MB_ADDR=1。

③ 对温度传感器进行读操作，因此 MODE=0。

④ 读取温度传感器的保持寄存器地址 40001，因此 DATA_ADDR=40001。

⑤ 读取的长度为 1 个字，因此 DATA_LEN=1。

⑥ 指令执行的状态存放在全局数据块 DB101 的相应变量中。

⑦ 读取的温度数据存放在 DB101 的 temperature 变量中。

⑧ 实际应用中发现，如果 DB101 为优化的数据块，temperature 变量不能正确显示温度值，取消块优化即可。

1407-
CB 1241
RS485 读取
温度传感器

前面讲过，使用 Modbus_Master 指令之前要先调用 Modbus_Comm_Load 指令，因此，我们在 OB1 的程序段 1 中调用该指令，如图 14-53 所示。

说明：

① REQ 参数为 M1.0（FirstScan），从而保证该指令仅在 CPU 的第 1 个扫描周期执行。

② PORT 为通信端口，这里设置为 CB 1241 RS485 的硬件标识符。

③ 波特率设置为 9600，其他通信参数（比如校验等）使用默认值。

④ MB_DB 为 Modbus_Master 指令背景数据块的 MB_DB 参数。

⑤ 指令执行的状态存放在 DB101 相关变量中。

⑥ 这里使用的是方框图（FBD）语言，因为 OB1 仅支持梯形图和方框图。

在 OB1 程序段 2 中调用 FB100_ModbusTest 函数块，并为其参数 request 赋值 M0.7（Clock_0.5Hz），即每 2s 执行一次数据请求，如图 14-54 所示。

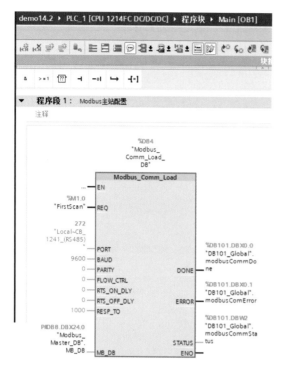

图14-53　在OB1中调用Modbus_Comm_Load指令

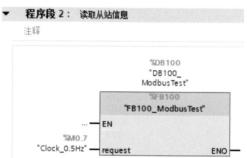

图14-54　在OB1程序段2中调用FB100_ModbusTest
函数块

14.3 以太网通信

14.3.1 S7-1200/1500的以太网接口及连接资源

14.3.1.1 S7-1200的以太网接口及连接资源

S7-1200 系列 CPU 模块集成了 RJ45 以太网接口，该网口支持 10Mbps/100Mbps 的传输速率，支持网线交叉 / 直连自适应。其中 CPU 1211C、CPU 1212C、CPU 1214C 集成了一个网口，而 CPU 1215C、CPU 1217C 集成了 2 个网口，其内部自带交换机功能。不同固件版本的 CPU 模块支持的连接数量不同，对于 V4.1 及其以上版本，支持的连接数如表 14-21 所示。

表14-21　S7-1200（固件版本V4.1）支持的连接数

类别	最大连接资源数
人机界面（HMI）	12（可保证支持 4 个 HMI）
编程设备（PG/PC）	3（可保证支持 1 个 PG/PC）
S7 通信（PUT/GET）	8
开放式以太网通信	8
Web 通信	30（可保证 3 个浏览器访问）
动态连接资源	6

说明：

① 同一个 HMI，根据其类型不同，可能占用 CPU 的 1 个、2 个或 3 个 HMI 连接资源。比如精智系列面板，其简单通信占用 1 个连接资源，系统诊断占用 2 个连接资源，这样一个面板会占用 3 个 HMI 连接资源。

② 动态连接资源可以根据需要动态分配给需要的连接。

S7-1200 系列 CPU 模块的以太网接口支持如下协议：

① TCP/UDP；　　　　　　　　　④ S7 协议；

② ISO on TCP；　　　　　　　　⑤ PROFINET IO。

③ Modbus TCP；

14.3.1.2　S7-1500的以太网接口及连接资源

CPU 1511（C）、CPU 1512C、CPU 1513 各有两个以太网接口，其内部集成交换机功能，有共同的 IP 地址，编号为 X1:P1 和 X1:P2；CPU 1515、CPU 1516、CPU 1517 有 3 个以太网接口，可以分配两个不同子网的 IP 地址，编号为 X1 和 X2。其中 X1 有两个接口（编号为 X1:P1 和 X1:P2），X2 有 1 个接口（编号为 X2:P1）。

CPU 1518 有 4 个以太网接口，可以分配 3 个不同子网的 IP 地址，编号为 X1、X2 和 X3，X1 和 X2 的最大传输速率为 100Mbps，X3 的最大传输速率为 1000Mbps。其中 X1 有两个接口（编号为 X1:P1 和 X1:P2），X2 有 1 个接口（编号为 X2:P1），X3 有 1 个接口（编号 X3:P1）。更多关于 S7-1500 系列 CPU 模块的介绍，请参见 1.6 节。

S7-1500 不同 CPU 模块其集成的连接资源不同，常用 CPU 模块的连接资源见表 14-22。

表14-22　S7-1500常用CPU模块的连接资源

S7-1500 常用 CPU	CPU 1511	CPU 1513	CPU 1515	CPU 1516	CPU 1518
最大连接数（包括 CP 模块）	96	128	192	256	384
CPU 集成网口最大连接资源	64	88	108	128	192
HMI/Web 预留连接数	10	10	10	10	10
S7 连接数	16	16	16	16	64

14.3.2　S7通信

14.3.2.1　S7通信协议简介

S7 通信协议是西门子 S7 系列 PLC 内部集成的一种通信协议，是 S7 系列 PLC 的精髓所在。它是一种运行在传输层之上的（会话层 / 表示层 / 应用层）、经过特殊优化的通信协议，其物理层可以是串行网络（RS485）或者以太网。S7 通信协议的参考模型见表 14-23。

表14-23　S7通信协议参考模型

层	OSI 参考模型	S7 协议
7	应用层	S7 通信协议
6	表示层	S7 通信协议
5	会话层	S7 通信协议

层	OSI 参考模型	S7 协议
4	传输层	ISO-ON-TCP（RFC 1006）
3	网络层	IP 协议
2	数据链路层	以太网 /FDL/MPI
1	物理层	以太网 /RS485/MPI

S7 通信支持两种方式：

① 基于客户端（Client）/ 服务器（Server）的单边通信；

② 基于伙伴（Partner）/ 伙伴（Partner）的双边通信。

客户端 / 服务器模式是最常用的通信方式，也称作 S7 单边通信。在该模式中，只需要在客户端一侧进行配置和编程，服务器一侧只需要准备好需要被访问的数据，不需要任何编程（服务器的"服务"功能是硬件提供的，不需要用户软件的任何设置）。

客户端其实是 S7 通信中的一个角色，它是资源的索取者，而服务器则是资源的提供者。服务器通常是 S7-PLC 的 CPU，它的资源就是其内部的变量 / 数据等。客户端通过 S7 通信协议，对服务器的数据进行读取或写入的操作。

常见的客户端包括：人机界面（HMI）、编程电脑（PG/PC）等。当两台 S7-PLC 进行 S7 通信时，可以把一台设置为客户端，另一台设置为服务器。其实，很多基于 S7 通信的软件都是在扮演着客户端的角色。比如 OPC Server，虽然它的名字中有 Server，但在 S7 通信中，它其实是客户端的角色。

客户端 / 服务器模式的数据流动是单向的。也就是说，只有客户端能操作服务器的数据，而服务器不能对客户端的数据进行操作。有时候，我们需要双向的数据操作，这就要使用伙伴 / 伙伴通信模式。

伙伴 / 伙伴通信模式也称为 S7 双边通信，也有人称其为客户端 / 客户端模式。该通信方式有如下几个特点：

① 通信双方都需要进行配置和编程。

② 通信需要先建立连接。主动请求建立连接的是主动伙伴（Active Partner），被动等待建立连接的是被动伙伴（Passive Partner）。

③ 当通信建立后，通信双方都可以发送或接收数据。

S7-1500 系列 CPU 既支持 S7 单边通信（PUT/GET 指令），也支持 S7 双边通信。双边通信（伙伴 / 伙伴模式）可以使用 BSend/BRecv 指令进行发送和接收。当一方调用发送指令时，另一方必须同时调用接收指令才能完成数据的传输。

目前 S7-1200 系列 CPU 仅支持 S7 单边通信，本书仅介绍 S7 单边通信，这是使用比较多的一种方式。S7 单边通信需要在客户端组态并编程，服务器只需要准备好数据，不需要组态，也不需要编程。不过有两点要注意：

① 对于 S7-1200/1500 CPU 作为服务器的情况，需要在其属性"防护与安全"→"连接机制"中勾选"允许来自远程对象的 PUT/GET 通信访问"，如图 14-55 所示；

② 优化的数据块不支持 PUT/GET 指令访问，去掉其优化属性后可访问。

14.3.2.2　S7 单边通信硬件组态（以 S7-1200 为例）

本节以 CPU 1214C 的 S7 单边通信为例，介绍如何进行组态。

图14-55　S7通信服务器侧设置

　　打开博途新建项目，添加 S7-1200 CPU 1214C DC/DC/DC，在网络视图中单击"连接"
选项卡，视图中的 CPU 会变成青绿色，如图 14-56 所示。

图14-56　在网络视图中单击"连接"选项卡

　　右键单击 CPU，在弹出的对话框中选择"添加新连接"，如图 14-57 所示。

图14-57　添加新连接

在弹出的对话框右上角，连接类型选择"S7 连接"。连接伙伴可以是"未指定"，或者是当前项目中的其他 CPU。这里选择"未指定"，如图 14-58 所示。

1408-S7 通
信连接硬件
组态

图14-58 新建S7连接，通信伙伴选择"未指定"

要注意图 14-58 中本地 ID 的值，这个在后续指令中需要使用。

单击"添加"按钮，系统会提示已经添加一个连接。如果有需要可以继续添加，没有的话单击"关闭"按钮即可。然后转到 S7 连接的属性页面，配置通信伙伴的地址，如图 14-59 所示。

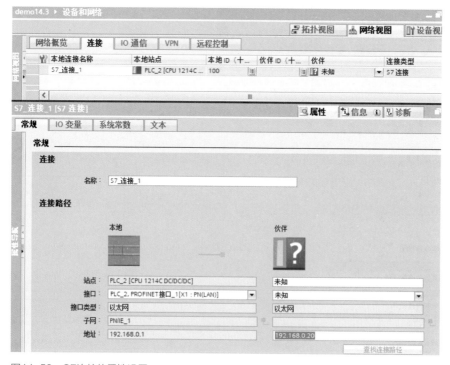

图14-59 S7连接的属性设置

西门子**S7-1200/1500 PLC SCL** 语言编程从入门到精通

这样，S7 单边通信的硬件组态就完成了，接下来需要编程。

14.3.2.3　S7-1200/1500的S7单边通信指令

在指令列表的"通信"→"S7 通信"中可以看到 S7 单边通信的两个指令 GET/PUT，如图 14-60 所示。

GET 指令可以从远程通信伙伴中读取数据。从指令列表中将其拖放到函数块中，系统会提示创建背景数据块。以独立背景数据块为例，GET 指令的初始添加状态如图 14-61 所示。

图14-60　S7单边通信指令

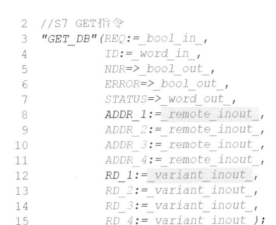

图14-61　GET指令的初始添加状态

该指令有 2 个输入参数、4 个输出参数和 8 个输入 / 输出参数，各参数的定义见表 14-24。

表14-24　GET指令参数定义

参数名	类别	数据类型	说明
REQ	输入	Bool	请求执行指令，上升沿信号有效
ID	输入	Word	硬件组态中创建的连接的 ID 号
NDR	输出	Bool	是否接收到新数据。1= 接收到；0= 未接收或未完成
BUSY	输出	Bool	是否繁忙。1= 正在执行指令
ERROR	输出	Bool	是否出错。0= 无错误；1= 有错误
STATUS	输出	Word	指令执行的状态字
ADDR_1	输入 / 输出	REMOTE	远程通信伙伴数据的存放地址 1
ADDR_2	输入 / 输出	REMOTE	远程通信伙伴数据的存放地址 2（可选）
ADDR_3	输入 / 输出	REMOTE	远程通信伙伴数据的存放地址 3（可选）
ADDR_4	输入 / 输出	REMOTE	远程通信伙伴数据的存放地址 4（可选）
RD_1	输入 / 输出	Variant	用于存放读取到的数据的本地地址 1
RD_2	输入 / 输出	Variant	用于存放读取到的数据的本地地址 2（可选）
RD_3	输入 / 输出	Variant	用于存放读取到的数据的本地地址 3（可选）
RD_4	输入 / 输出	Variant	用于存放读取到的数据的本地地址 4（可选）

举个例子：在 request 信号的上升沿，读取通信伙伴（ID=W#16#100）DB100.DBB10 开始的 10 个字节到本地数据块 DB500.DBB0 ～ DBB9，代码如图 14-62 所示。

```
2      //上升沿信号
3      #statReqRising := #request AND NOT #statReqRisingHF;
4      #statReqRisingHF := #request;
5      //GET指令
6      //读取通信伙伴DB100.DBB10开始的10个字节
7      //到本地的DB500.DBB0~DBB9
8      "GET_DB"(REQ:=#statReqRising,
9               ID:=w#16#100,
10               NDR=>#statNDR,
11               ERROR=>#statError,
12               STATUS=>#statStatus,
13               ADDR_1:=P#DB100.dbx10.0 Byte 10,
14               RD_1:=p#DB500.dbx0.0 Byte 10);
```

图14-62　GET指令示例

　　PUT 指令可以将数据写入远程通信伙伴的指定地址。从指令列表中将其拖放到函数块中，系统会提示创建背景数据块。以独立背景数据块为例，PUT 指令的初始添加状态如图 14-63 所示。

```
17     "PUT_DB"(REQ:=_bool_in_,
18              ID:=_word_in_,
19              DONE=>_bool_out_,
20              ERROR=>_bool_out_,
21              STATUS=>_word_out_,
22              ADDR_1:=_remote_inout_,
23              ADDR_2:=_remote_inout_,
24              ADDR_3:=_remote_inout_,
25              ADDR_4:=_remote_inout_,
26              SD_1:=_variant_inout_,
27              SD_2:=_variant_inout_,
28              SD_3:=_variant_inout_,
29              SD_4:=_variant_inout_);
```

图14-63　PUT指令的初始添加状态

　　该指令有 2 个输入参数、4 个输出参数和 8 个输入 / 输出参数，各参数的定义见表 14-25。

表14-25　PUT指令参数定义

参数名	类别	数据类型	说明
REQ	输入	Bool	请求执行指令，上升沿信号有效
ID	输入	Word	硬件组态中创建的连接的 ID 号
DONE	输出	Bool	指令是否完成。1= 完成；0= 未启动或未完成
BUSY	输出	Bool	是否繁忙。1= 正在执行指令
ERROR	输出	Bool	是否出错。0= 无错误；1= 有错误
STATUS	输出	Word	指令执行的状态字
ADDR_1	输入 / 输出	REMOTE	远程通信伙伴待写入数据的存放地址 1
ADDR_2	输入 / 输出	REMOTE	远程通信伙伴待写入数据的存放地址 2（可选）
ADDR_3	输入 / 输出	REMOTE	远程通信伙伴待写入数据的存放地址 3（可选）
ADDR_4	输入 / 输出	REMOTE	远程通信伙伴待写入数据的存放地址 4（可选）
SD_1	输入 / 输出	Variant	存放写入数据的本地地址 1
SD_2	输入 / 输出	Variant	存放写入数据的本地地址 2（可选）
SD_3	输入 / 输出	Variant	存放写入数据的本地地址 3（可选）
SD_4	输入 / 输出	Variant	存放写入数据的本地地址 4（可选）

举个例子：在 request 信号的上升沿，将本地数据 DB500.DBB10 开始的 10 个字节写入远程通信伙伴的 DB100.DBB20 ～ DBB29 中，代码如图 14-64 所示。

```
16  //上升沿信号
17  #statReqRising := #request AND NOT #statReqRisingHF;
18  #statReqRisingHF := #request;
19  //PUT指令
20  //将本地数据DB500.DBB10开始的10个字节
21  //写入到远程通信伙伴的DB100.DBB20~DBB29
22  "PUT_DB"(REQ:=#statReqRising,
23          ID:=w#16#100,
24          DONE=>#statDone,
25          ERROR=>#statError,
26          STATUS=>#statStatus,
27          ADDR_1:=P#DB100.DBX20.0 Byte 10,
28          SD_1:=P#DB500.DBX10.0 Byte 10);
```

图14-64 PUT指令示例

14.3.2.4 SCL实例：CPU 1214FC与CPU ST20的S7通信

在本书 13.2.6 节例程中，我们使用 PWM 来控制电机转速，PWM 脉冲的宽度可以直接在 SMART LINE 触摸屏上设置。SMART LINE 是 S7-200 SMART 配套的触摸屏，不能直接与 S7-1200 CPU 通信。因此，可将 SMART LINE 触摸屏连接到 CPU ST20，然后 CPU ST20 与 CPU 1214FC 通过 S7 通信，这样就可以通过触摸屏来修改 13.2.6 节例程中的参数了。该例程的网络连接如图 14-65 所示。

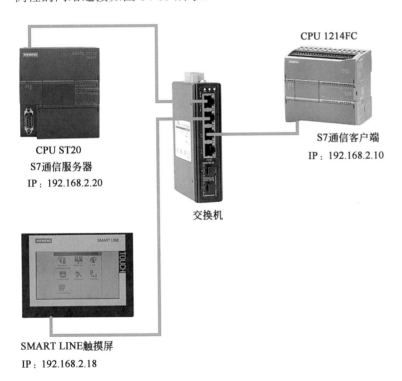

CPU 1214FC

S7通信客户端
IP：192.168.2.10

CPU ST20
S7通信服务器
IP：192.168.2.20

交换机

SMART LINE触摸屏
IP：192.168.2.18

1409-CPU ST20 和 CPU 1214FC 的通信讲解

图14-65 本例程及13.2.6节例程网络连接图

图 14-65 中，将 CPU ST20 作为 S7 通信的服务器，其 IP 地址设置为 192.168.2.20；CPU 1214FC 作为客户端，其 IP 地址设置为 192.168.2.10。两者之间的通信数据如表 14-26 和表 14-27 所示。

表14-26　CPU ST20与CPU 1214FC的数据交换定义

项目	数据发送区	数据接收区
客户端 -CPU 1214FC	DB20.DBB6 ~ B9	DB20.DBB0 ~ B5
服务器 -CPU ST20	VB10 ~ VB15	VB16 ~ VB19

表14-27　PWM 控制信号表

项目	CPU ST20	CPU 1214FC
PWM 启动	V10.0	DB20.DBX0.0
PWM 停止	V10.1	DB20.DBX0.1
PWM 脉冲宽度	VW12	DB20.DBW2
PWM 状态	VW16	DB20.DBW6

接下来在博途环境下开始客户端 CPU 1214FC 的组态和编程。

新建项目，添加 CPU 1214FC。转到设备组态的网络视图，用 14.3.2.2 节介绍的方法进行 S7 通信的硬件组态，如图 14-66 所示。

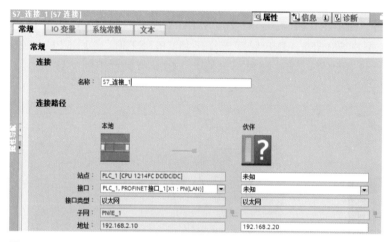

图14-66　CPU 1214FC与CPU ST20的S7硬件组态

接下来添加新的全局数据块 DB20，用于数据交换。右键单击"属性"，在弹出的对话框"属性"选项卡中取消其"优化的块访问"属性选项。在其中添加变量，如表 14-28 和图 14-67 所示。

表14-28　DB20_DataExchange数据结构

名称	数据类型	说明
startPWM	Bool	PWM 启动信号
stopPWM	Bool	PWM 停止信号
pulseWidth	Word	PWM 脉冲宽度
spare1	Byte	备用 1
spare2	Byte	备用 2
pwmStatus	Word	PWM 指令状态
spare3	Byte	备用 3
spare4	Byte	备用 4

DB20_DataExchange

	名称	数据类型	偏移量	起始值	注释
1	▼ Static				
2	startPWM	Bool	0.0	false	启动PWM
3	stopPWM	Bool	0.1	false	停止PWM
4	pulseWidth	Word	2.0	16#0	PWM脉冲宽度
5	spare1	Byte	4.0	16#0	
6	spare2	Byte	5.0	16#0	
7	pwmStatus	Word	6.0	16#0	PWM状态
8	spare3	Byte	8.0	16#0	
9	spare4	Byte	9.0	16#0	

图14-67　DB20_DataExchange数据结构

创建函数块 FB101_S7DataExchange，声明接口变量，如表 14-29 和图 14-68 所示。

表14-29　FB101_S7DataExchange接口变量

名称	类别	数据类型	说明
commID	输入	Word	S7 通信 ID 号
reqGet	输入	Bool	请求读数据
reqPut	输入	Bool	请求写数据
addRemoteGet	输入	Remote	远程通信伙伴可读数据的地址
addLocalGet	输入	Variant	读取数据的本地存放地址
addRemotePut	输入	Remote	远程通信伙伴数据的写入地址
addLocalPut	输入	Variant	待写入数据的本地存放地址
NDR	输出	Bool	接收到新数据
getError	输出	Bool	读取数据是否出错。1= 出错
getStatus	输出	Word	读取数据状态
putDone	输出	Bool	写入数据是否完成。1= 完成
putError	输出	Bool	写入数据错误
putStatus	输出	Word	写入数据状态

FB101_S7DataExchange

	名称	数据类型	默认值	设定值	注释
1	▼ Input				
2	commID	Word	16#0		S7通信ID号
3	reqGet	Bool	false		请求读数据
4	reqPut	Bool	false		请求写数据
5	addRemoteGet	Remote			远程通信伙伴可读数据的地址
6	addLocalGet	Variant			读取数据的本地存放地址
7	addRemotePut	Remote			远程通信伙伴数据的写入地址
8	addLocalPut	Variant			待写入数据的本地存放地址
9	▼ Output				
10	NDR	Bool	false		接收到新数据
11	getError	Bool	false		读取数据是否出错. 1=出错
12	getStatus	Word	16#0		读取数据状态
13	putDone	Bool	false		写入数据是否完成. 1=完成
14	putError	Bool	false		写入数据错误
15	putStatus	Word	16#0		写入数据状态

图14-68　FB101_S7DataExchange接口变量声明

在 FB101_S7DataExchange 中添加代码，如图 14-69 所示。

在 OB1 中调用 FB101_DataExchange，如图 14-70 所示。

```
 1  //S7通信函数块
 2  //请求读数据上升沿信号
 3  #statGetRising := #reqGet AND NOT #statGetRisingHF;
 4  #statGetRisingHF := #reqGet;
 5  //请求写数据上升沿信号
 6  #statPutRising := #reqPut AND NOT #statPutRisingHF;
 7  #statPutRisingHF := #reqPut;
 8  //读数据
 9 ⊟#GET_Instance(REQ:=#statGetRising,
10  |             ID:=#commID,
11  |             NDR=>#NDR,
12  |             ERROR=>#getError,
13  |             STATUS=>#getStatus,
14  |             ADDR_1:=#addRemoteGet,
15  |             RD_1:=#addLocalGet);
16   //写数据
17 ⊟#PUT_Instance(REQ:=#statPutRising,
18  |             ID:=#commID,
19  |             DONE=>#putDone,
20  |             ERROR=>#putError,
21  |             STATUS=>#putStatus,
22  |             ADDR_1:=#addRemotePut,
23  |             SD_1:=#addLocalPut);
```

图14-69　在FB101_S7DataExchange中添加代码

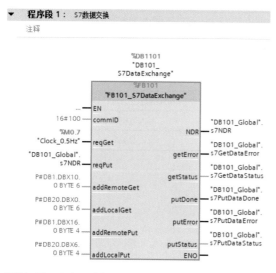

图14-70　在OB1中调用FB101_DataExchange

说明：

① M0.7 为系统时钟变量，每 2s 读取一次数据。

② 成功读取到数据后，会启动一次发送。

③ P#DB1.DBX10.0 Byte 6 为远程读取的地址。

④ P#DB20.DBX0.0 Byte 6 为读取数据的本地存放地址。

⑤ P#DB1.DBX16.0 Byte 4 为远程写入的地址。

⑥ P#DB20.DBX6.0 Byte 4 为写入数据的本地存放地址。

⑦ 指令执行的状态存放在 DB101 的相关变量中。

14.3.3 TCP通信

14.3.3.1 TCP协议简介

TCP 协议是英文"Transmission Control Protocol"的缩写，中文翻译为"传输控制协议"。TCP 协议是位于 OSI 网络参考模型第 4 层（传输层）的协议，是一种面向连接的、可靠的、基于字节流的协议。它有如下几个特点：

① 面向连接：TCP 通信双方首先通过三次握手机制建立专有连接，其过程类似打电话。所有的数据交换都是基于该连接进行的。

② 可靠性高：TCP 协议通过数据分片、到达确认、超时重发、失序处理、数据校验和流控制等技术手段，保证数据能在客户端与服务器之间可靠传输。

③ 基于字节流：采用各种流控制算法避免网络阻塞。

S7-1200/1500 PLC 内部集成了 TCP 通信指令，其内部封装了 TCP 协议的算法。这些指令可以使我们不必深入 TCP 协议的工作过程，而把精力放在怎样发送和接收数据上。

14.3.3.2 S7-1200/1500的TCP通信指令

TCP 通信包括四个步骤：建立连接、接收数据、发送数据和断开连接。各个步骤均有相应的指令来实现。

（1）建立连接指令——TCON

TCON 指令用来建立一个通信连接。该指令位于指令列表的"通信"→"开放式用户通信"→"其它"中，如图 14-71 所示。

本节要介绍的其他指令，比如数据接收 / 发送（TRCV/TSEND）、断开连接（TDISCON）均在图 14-71 所示列表中。在实际编程时，也可以在 SCL 函数块中直接键入"TCON"并回车，与拖放指令是一样的，系统都会提示创建背景数据块。以独立背景数据块为例，TCON 指令的初始添加状态如图 14-72 所示。

图14-71 开放式用户通信列表

```
1   //建立连接
2   "TCON_DB"(REQ:=_bool_in_,
3              ID:=_conn_ouc_in_,
4              DONE=>_bool_out_,
5              BUSY=>_bool_out_,
6              ERROR=>_bool_out_,
7              STATUS=>_word_out_,
8              CONNECT:=_variant_inout_);
```

图14-72 TCON指令的初始添加状态

该指令有 2 个输入参数、4 个输出参数和 1 个输入 / 输出参数，各参数的含义见表 14-30。

表 14-30　TCON 指令参数含义

名称	类别	数据类型	说明
Req	输入	Bool	请求建立连接，沿信号触发
ID	输入	CONN_OUC	通信连接的标识
Done	输出	Bool	连接是否建立。1= 建立；0= 未建立
Busy	输出	Bool	指令是否正在执行。1= 正在执行
Error	输出	Bool	指令执行是否有错误。0= 无；1= 有错误
Status	输出	Word	指令执行的状态
Connect	输入 / 输出	Variant	建立连接的参数，建议使用 TCON_IP_v4 数据结构

> **说明**　TCON 指令的连接参数 Connect 早期使用 TCON_Param 数据结构，该数据结构有一定的局限性（比如不能指明通信端口的硬件标识符），目前已不建议使用。建议使用新的 TCON _IP_v4 数据结构用于 Connect 参数，该结构对 S7-1200 和 S7-1500 系列 CPU 均适用。

TCON_IP_v4 数据结构共有 14 个字节，如表 14-31 所示。

表 14-31　TCON_IP_v4 数据结构

字节	参数名称	数据类型	初始值	说明
0、1	interface_id	HW_ANY	64	本地通信的硬件标识符（范围：0 ～ 65535）
2、3	id	CONN_OUC	1	通信连接的标识符（范围：1 ～ 4095）
4	connection_type	Byte	11	连接的类型。11=TCP；19=UDP
5	active_established	Bool	TRUE	是否主动进行通信连接。TRUE= 主动；FALSE= 被动
6 ～ 9	remote_address	ARRAY[1..4]of Byte		通信伙伴的 IP 地址
10、11	remote_port	UInt	2000	通信伙伴的端口号
12、13	local_port	UInt	2000	本地端口号（范围：1 ～ 49151）

说明：

① 在具体应用时，可以新建一个全局数据块，将变量的类型设置为 TCON_IP_v4，这样就可以赋值给 TCON 指令的 Connect 参数，并根据需要做必要的修改。

② 出于兼容性和移植性考虑，S7-1500 CPU 同样支持基于 TCON_Param 结构的连接 DB。对于 TCP 连接类型值 17 同样有效。

③ TCON 指令不但可以建立 TCP 连接，也可以建立 UDP、ISO-On-TCP 协议的连接。

④ 对于 TCP 连接，若参数 active_established=TRUE 表示创建主动连接，此时 PLC 作为 TCP 通信的客户端，将会主动连接 remote_address 指定的 IP 地址的服务器，主动向 remote_port 指定的端口号发送数据，并开放本地端口 local_port 用于数据接收。若参数 active_established=FALSE 表示创建被动连接，此时 PLC 作为 TCP 通信的服务器，可以将 remote_address 设置为 0.0.0.0，表示接收任意 IP 的连接请求；如果 remote_address 设置为具体的数值，则只接收该 IP 地址的连接请求。被动连接模式下会忽略 remote_port 参数，可以设置为 0。

⑤ 对于 UDP 连接，remote_address 和 remote_port 均未使用，可以设置为 0。

⑥ TCON 为异步执行指令，其执行过程需要多个扫描周期才能完成。

举个例子：新建全局数据块 DB500_Global，在其中创建变量 tconParam，其数据类型为 TCON_IP_v4，如图 14-73 所示。

		名称		数据类型	起始值	保持
DB500_Global						
1		▼ Static				☐
2		■ ▼ tconParam		TCON_IP_v4		☐
3		■	InterfaceId	HW_ANY	0	☐
4		■	ID	CONN_OUC	16#0	☐
5		■	ConnectionType	Byte	16#0B	☐
6		■	ActiveEstablished	Bool	false	☐
7		■ ▶	RemoteAddress	IP_V4		☐
8		■	RemotePort	UInt	0	☐
9		■	LocalPort	UInt	0	☐

图14-73　TCON_IP_v4数据结构示例

在实际使用时，需要修改上述 tconParam 变量的初始值或实际值才能正常建立通信连接。比如：假设通信伙伴的 IP 为 192.168.0.120，通信端口为 2050，通信协议为 TCP。本地通信端口为 2050，通信硬件标识符为 64，被动建立连接，通信 ID 设置为 1，则可以设置 tconParam 变量的初始值如图 14-74 所示。

		名称		数据类型	起始值
DB500_Global					
1		▼ Static			
2		■ ▼ tconParam		TCON_IP_v4	
3		■	InterfaceId	HW_ANY	64
4		■	ID	CONN_OUC	16#1
5		■	ConnectionType	Byte	11
6		■	ActiveEstablished	Bool	false
7		■ ▼	RemoteAddress	IP_V4	
8		■ ▼	ADDR	Array[1..4] of Byte	
9		■	ADDR[1]	Byte	192
10		■	ADDR[2]	Byte	168
11		■	ADDR[3]	Byte	0
12		■	ADDR[4]	Byte	120
13		■	RemotePort	UInt	2050
14		■	LocalPort	UInt	2050

图14-74　TCON_IP_v4变量初始值设置

如果不修改初始值，也可以修改实际值，效果是一样的。

假设在函数块 FB100_Test 中，在 reqCon 的上升沿启动连接，指令执行的状态存放在 DB500 数据块中，可以使用图 14-75 所示的代码。

```
1  //上升沿信号
2  #statReqConRising:=#reqCon AND NOT #statReqConRisingHF;
3  #statReqConRisingHF := #reqCon;
4  //建立连接
5  "TCON_DB"(REQ:=#statReqConRising,
6          ID:=16#1,
7          DONE=>"DB500_Global".tconDone,
8          BUSY=>"DB500_Global".tconBusy,
9          ERROR=>"DB500_Global".tconError,
10         STATUS=>"DB500_Global".tconStatus,
11         CONNECT:="DB500_Global".tconParam);
```

图14-75　TCON指令示例

（2）接收数据指令——TRCV

TRCV 指令可以通过已经建立的 TCP 连接接收数据。从指令列表中添加该指令时系统会提示创建背景数据块。以独立背景数据块为例，该指令的初始添加状态如图 14-76 所示。

```
13  //接收数据
14  "TRCV_DB".TRCV(EN_R:=_bool_in_,
15                 ID:=_conn_ouc_in_,
16                 LEN:=_udint_in_,
17                 ADHOC:=_bool_in_,
18                 NDR=>_bool_out_,
19                 BUSY=>_bool_out_,
20                 ERROR=>_bool_out_,
21                 STATUS=>_word_out_,
22                 RCVD_LEN=>_udint_out_,
23                 DATA:=_variant_inout_);
```

图14-76　TRCV指令的初始添加状态

该指令有 4 个输入参数、5 个输出参数和 1 个输入 / 输出参数，各参数的含义见表 14-32。

表14-32　TRCV指令参数含义

名称	类别	数据类型	说明
EN_R	输入	Bool	接收使能，该参数为 1 时才能接收数据
ID	输入	CONN_OUC	通信连接标识，之前调用 TCON 指令所成功建立的连接 ID
LEN	输入	UDInt	接收缓存区的长度，以字节为单位
ADHOC	输入	Bool	是否开启 ad-hoc 模式，默认（FALSE）不开启
NDR	输出	Bool	接收到新数据（New Data Received）。1= 接收到新数据；0= 没有接收到新数据
Busy	输出	Bool	指令是否正在执行。1= 正在接收数据；0= 未开始接收数据或已经接收完成
Error	输出	Bool	接收过程中是否有错误发生。0= 没有错误；1= 有错误
Status	输出	Word	指令执行的状态
RCVD_LEN	输出	UDInt	实际接收的数据长度，字节为单位
DATA	输入 / 输出	Variant	指向接收数据的指针

说明：

① ad-hoc 模式可以用来接收长度不确定的数据。在 TCP 协议下，可以开启 ad-hoc 模式，其方法是将 LEN 参数设置为 0 并且将 ADHOC 参数设置为 TRUE。对于标准访问的数据块，ad-hoc 支持所有的数据类型；对于访问优化的数据块，ad-hoc 模式支持以数组、字节或者其他 8 位（bit）的数据方式进行访问。

② 当接收数据的长度已确定时，将 LEN 参数设置为要接收的数据的长度（比如：100 字节），将 ADHOC 参数设置为 "False"。这种情况下，只有当接收到的数据长度等于 LEN 设置的长度时，数据才会有效。

③ 当数据接收完成并且有效时，NDR（New Data Received）会被置 1。

④ 数据接收过程中，如果发生错误，ERROR 会被置 1。相关的状态会被记录在状态值 STATUS 参数中。

⑤ TRCV 为异步执行指令，其执行过程需要多个扫描周期。

举个例子：假设使用 TCON 指令 Done 参数值（DB500_Global.tconDone）作为使能数据接收的条件，连接 ID=16#1（TCON 指令创建的 ID），数据的长度为 20 个字节，TRCV 指令执行的状态存放在 DB500 的相应变量中，接收的数据存放在数据块 DB501 的 dataRcv 数组中，代码如图 14-77 所示。

```
13  //接收数据
14 □"TRCV_DB".TRCV(EN_R:="DB500_Global".tconDone,
15                  ID:=16#1,
16                  LEN:=20,
17                  NDR=>"DB500_Global".trcvNDR,
18                  BUSY=>"DB500_Global".trcvBusy,
19                  ERROR=>"DB500_Global".trcvError,
20                  STATUS=>"DB500_Global".trcvStatus,
21                  RCVD_LEN=>"DB500_Global".trcvLen,
22                  DATA:="DB501_DataSendRcv".dataRcv);
```

图14-77　TRCV指令示例

（3）发送数据指令——TSEND

TSEND 指令可以通过已经建立的连接发送数据。从指令列表中添加该指令时系统会提示创建背景数据块。以独立背景数据块为例，该指令的初始添加状态如图 14-78 所示。

```
24  //发送数据
25  "TSEND_DB".TSEND(REQ:=_bool_in_,
26                  ID:=_conn_ouc_in_,
27                  LEN:=_udint_in_,
28                  DONE=>_bool_out_,
29                  BUSY=>_bool_out_,
30                  ERROR=>_bool_out_,
31                  STATUS=>_word_out_,
32                  DATA:=_variant_inout_);
```

图14-78　TSEND指令的初始添加状态

该指令有 3 个输入参数、4 个输出参数和 1 个输入 / 输出参数，各参数的含义见表 14-33。

表14-33　TSEND指令参数含义

名称	类别	数据类型	说明
Req	输入	Bool	请求发送数据，沿信号触发
ID	输入	CONN_OUC	通信连接的标识
Len	输入	UDInt	要发送的数据的长度，以字节为单位
Done	输出	Bool	是否发送完成。1= 完成；0= 未完成或未开始
Busy	输出	Bool	指令是否正在执行。1= 正在执行
Error	输出	Bool	指令执行是否有错误。0= 无；1= 有错误
Status	输出	Word	指令执行的状态
Data	输入 / 输出	Variant	指向数据发送的地址指针

说明：

① 对于 S7-1200 系列 CPU，"Len"最大为 8192 个字节；对于 S7-1500 系列 CPU，"Len"最大为 65536 个字节。

② 数据发送的地址可以是：输入 / 输出过程映像区、位存储区或者数据块。

③ TSEND 为异步执行指令，其执行过程需要多个扫描周期。

举个例子：在 reqSend 信号的上升沿，将 DB501 的发送数据缓存区的数据发送到 TCON

指令连接的通信伙伴中。通信连接 ID 为 1（TCON 指令创建），数据长度为 20 字节，指令执行的状态存放在 DB500 相应的变量中，发送的数据存放在 DB501 的发送缓存区（DB501_DataSend Rcv.dataSend）中，代码如图 14-79 所示。

```
24  //上升沿信号
25  #statReqSendRising := #reqSend AND NOT #statReqSendRisingHF;
26  #statReqSendRisingHF := #reqSend;
27  //发送数据
28 □"TSEND_DB".TSEND(REQ:=#statReqSendRising,
29                   ID:=16#1,
30                   LEN:=20,
31                   DONE=>"DB500_Global".tsendDone,
32                   BUSY=>"DB500_Global".tsendBusy,
33                   ERROR=>"DB500_Global".tsendError,
34                   STATUS=>"DB500_Global".tsendStatus,
35                   DATA:="DB501_DataSendRcv".dataSend);
```

图14-79　TSEND指令示例

（4）断开连接指令——TDISCON

TDISCON 指令用来断开 TCON 指令建立的连接。从指令列表中添加该指令时，系统会提示创建背景数据块。以独立背景数据块为例，该指令的初始添加状态如图 14-80 所示。

```
36  //断开连接
37  "TDISCON_DB"(REQ:=_bool_in_,
38               ID:=_conn_ouc_in_,
39               DONE=>_bool_out_,
40               BUSY=>_bool_out_,
41               ERROR=>_bool_out_,
42               STATUS=>_word_out_);
```

图14-80　TDISCON指令的初始添加状态

该指令有 2 个输入参数和 4 个输出参数，各参数的含义见表 14-34。

表14-34　TDISCON指令参数含义

名称	类别	数据类型	说明
Req	输入	Bool	请求断开连接，沿信号触发
ID	输入	CONN_OUC	通信连接的标识
Done	输出	Bool	是否完成。1= 完成；0= 未完成或未开始
Busy	输出	Bool	指令是否正在执行。1= 正在执行
Error	输出	Bool	指令执行是否有错误。0= 无；1= 有错误
Status	输出	Word	指令执行的状态

 说明　　TDISCON 为异步执行指令，其执行过程需要多个扫描周期。

举个例子：在 reqDisCon 信号的上升沿，断开 ID 为 16#1 的连接，可以使用图 14-81 所示的代码。

```
36  //上升沿
37  #statReqDisConRising := #reqDisCon AND NOT #statReqDisConRisingHF;
38  #statReqDisConRisingHF := #reqDisCon;
39  //断开连接
40 ⊟"TDISCON_DB"(REQ:=#statReqDisConRising,
41                ID:=16#1,
42                DONE=>"DB500_Global".tdisconDone,
43                BUSY=>"DB500_Global".tdisconBusy,
44                ERROR=>"DB500_Global".tdisconError,
45                STATUS=>"DB500_Global".tdisconStatus);
```

图14-81 TDISCON指令示例

1410- 创建
一个 TCP
通信函数块
ComTCP

14.3.3.3 SCL实例：创建一个TCP通信函数块ComTCP

本节创建一个用于 TCP 通信的函数块，它将建立连接、收发数据、断开连接等指令集成在一起，这样以后进行 TCP 通信时可以直接调用该函数块而不必从头编写代码。打开项目 FDCP_TIA_Lib_Project，在其中添加函数块 FB5005_ComTCP，为该函数块添加输入、输出参数，如表 14-35 所示。

表14-35 函数块FB5005_ComTCP输入、输出参数含义

名称	类别	数据类型	说明
hwID	输入	HW_ANY	通信端口硬件标识符
conID	输入	CONN_OUC	通信连接 ID
active	输入	Bool	是否主动进行连接
reqConnect	输入	Bool	请求建立连接
reqSend	输入	Bool	请求发送数据
remoteIP1	输入	Byte	远程 IP 地址 1
remoteIP2	输入	Byte	远程 IP 地址 2
remoteIP3	输入	Byte	远程 IP 地址 3
remoteIP4	输入	Byte	远程 IP 地址 4
remotePort	输入	UInt	远程端口号
localPort	输入	UInt	本地端口号
enableRcv	输入	Bool	使能数据接收
length	输入	UDInt	接收 / 发送数据的长度（字节）
reqDisConnect	输入	Bool	请求断开连接
tconOK	输出	Bool	成功建立连接
tconError	输出	Bool	建立连接出错
tconErrorCode	输出	Word	建立连接出错代码
tconStatus	输出	Word	建立连接状态字
trcvNDR	输出	Bool	接收到新数据
trcvError	输出	Bool	接收数据出错
trcvLength	输出	UDInt	接收数据的长度（字节）
tsendError	输出	Bool	发送数据出错
tdisconError	输出	Bool	断开连接出错

函数块 FB5005_ComTCP 的代码比较长，我们采用分区（Region）的方式增加其阅读性。关于分区的详细介绍，请参见 3.6.1 节。

代码分成了五个区域：Preparation、TCON、TRCV、TSEND 和 TDISCON。

区域 Preparation 用来进行一些数据准备，包括绑定硬件标识符和通信连接，设置通信类型、远程 IP 地址、远程和本地端口号等。这些数据仅在请求连接的上升沿进行设置，如图 14-82 所示。

```
 1 ⊞(*...*)
18 ⊟REGION Preparation
19      //建立连接-TCON
20      //上升沿信号
21      #statReqConRising := #reqConnect AND NOT #statReqConRisingHF;
22      #statReqConRisingHF := #reqConnect;
23 ⊟    IF #statReqConRising THEN
24          //准备数据
25          #tconParam.InterfaceId := #hwID;//通信端口硬件标识符
26          #tconParam.ID := #conID;//通信连接ID
27          //连接类型——TCP
28          #tconParam.ConnectionType := 11;
29          #tconParam.ActiveEstablished := #active;
30 ⊟        IF #tconParam.ActiveEstablished = TRUE  THEN//主动连接（客户端）
31              //远程通信伙伴IP地址
32              #tconParam.RemoteAddress.ADDR[1] := #remoteIP1;
33              #tconParam.RemoteAddress.ADDR[2] := #remoteIP2;
34              #tconParam.RemoteAddress.ADDR[3] := #remoteIP3;
35              #tconParam.RemoteAddress.ADDR[4] := #remoteIP4;
36          ELSE
37              //被动连接(服务器)，设置远程IP地址为0.0.0.0,表示接收任何IP的链接
38              #tconParam.RemoteAddress.ADDR[1] := 0;
39              #tconParam.RemoteAddress.ADDR[2] := 0;
40              #tconParam.RemoteAddress.ADDR[3] := 0;
41              #tconParam.RemoteAddress.ADDR[4] := 0;
42          END_IF;
43          //远程端口号
44          #tconParam.RemotePort := #remotePort;
45          //本地端口号
46          #tconParam.LocalPort := #localPort;
47      END_IF;
48 END_REGION
```

图14-82 区域Preparation——数据准备

区域 TCON 用来建立通信连接，如图 14-83 所示。

```
50 ⊟REGION TCON
51      //建立连接-TCON
52      //上升沿信号启动建立连接指令，该指令的执行需要多个扫描周期
53      //建立连接
54 ⊟    #TCON_Instance(REQ := #statReqConRising,//statReqConRising,
55                      ID := #conID,
56                      DONE => #statTconDone,
57                      BUSY => #statTconBusy,
58                      ERROR => #statTconError,
59                      STATUS => #statTconStatus,
60                      CONNECT := #tconParam);
61      //对于被动连接，TCON指令启动后处于Busy状态，Status=16#7002
```

```
62        //直到有客户端连接进来，此时tonDone变为TRUE,
63        //建立连接成功
64        IF #statTconDone THEN
65            #statTconOK := TRUE;
66        END_IF;
67        //连接失败
68        //TCON指令的STATUS参数只在ERROR为TRUE那一个扫描周期时有效,
69        IF #statTconError THEN
70            #statTconOK := false;
71            #tconErrorCode := #statTconStatus;
72        END_IF;
73        //信号输出
74        #tconError := #statTconError;
75        #tconStatus := #statTconStatus;
76        #tconOK := #statTconOK;
77  END_REGION
```

图14-83　区域TCON——建立通信连接

区域 TRCV 用来接收数据，如图 14-84 所示。

```
79  REGION TRCV
80        //使能接收信号
81        #tmpEnableRcv := #enableRcv AND NOT #statTrcvBusy AND NOT #statTrcvError;
82        //接收数据
83        #TRCV_Instance(EN_R := #tmpEnableRcv,
84                       ID := #conID,
85                       LEN := #length,
86                       NDR => #statTrcvNDR,
87                       BUSY => #statTrcvBusy,
88                       ERROR => #statTrcvError,
89                       STATUS => #statTrcvStatus,
90                       RCVD_LEN => #statTrcvLength,
91                       DATA := #trcvData);
92        //信号输出
93        #trcvNDR := #statTrcvNDR;
94        #trcvError := #statTrcvError;
95        #trcvLength := #statTrcvLength;
96  END_REGION
```

图14-84　区域TRCV——接收数据

区域 TSEND 用来发送数据，如图 14-85 所示。

```
97  REGION TSEND
98        //数据发送
99        //上升沿信号
100       #statReqSendRising := #reqSend AND NOT #statReqSendRisingHF;
101       #statReqSendRisingHF := #reqSend;
102       //指令状态
103       #tmpSendBusyError := #statSendBusy OR #statSendError;
104       #statReqSendRising := #statReqSendRising AND NOT #tmpSendBusyError;
105       // 发送数据
106       #TSEND_Instance(REQ:=#statReqSendRising,
107                       ID:=#conID,
108                       LEN:=#length,
109                       DONE=>#statSendDone,
```

图14-85

```
110                         BUSY=>#statSendBusy,
111                         ERROR=>#statSendError,
112                         STATUS=>#statSendStatus,
113                         DATA:=#tsendData);
114     //信号输出
115     #tsendError:=#statSendError;
116  END_REGION
```

图14-85 区域TSEND——发送数据

区域 TDISCON 用来断开连接，如图 14-86 所示。

```
118 ⊟REGION TDISCON
119     //  断开连接
120     //上升沿信号
121     #statReqDisconRising := #reqDisConnect AND NOT #statReqDisconRisingHF;
122     #statReqDisconRisingHF := #reqDisConnect;
123     //断开连接
124 ⊟   #TDISCON_Instance(REQ:=#statReqDisconRising,
125                       ID:=#conID,
126                       DONE=>#statDisconDone,
127                       BUSY=>#statDisconBusy,
128                       ERROR=>#statDisconError,
129                       STATUS=>#statDisconStatus);
130     //复位连接状态信号
131 ⊟   IF #statDisconDone THEN
132         #statTconOK := FALSE;
133     END_IF;
134     //信号输出
135     #tdisconError := #statDisconError;
136  END_REGION
```

图14-86 区域TDISCON——断开连接

 说明　　本节仅介绍如何创建一个用于 TCP 通信的函数块，至于如何使用，请参见 15.3 节。

14.3.4　Modbus TCP通信

14.3.4.1　Modbus TCP协议简介

Modbus TCP 是基于以太网的 Modbus 协议，属于 OSI 参考模型的第 7 层（应用层）协议，其下层是 TCP/IP 协议，如图 14-87 所示。

14.2.1 节介绍过，Modbus-RTU/ASCII 的协议帧被称为应用数据单元（ADU），它由通信地址、功能码、数据和校验四部分组成。其中功能码和数据的组合被称为协议数据单元（PDU，见图 14-37）。

对于 Modbus TCP 协议，其协议数据单元（PDU）与 Modbus-RTU/ASCII 相同，但是应用数据单元（ADU）的结构有所不同。Modbus TCP 的应用数据单元是在协议数据单元的基础上，添加了一个叫作"MBAP 头（MBAP Header）"的结构。MBAP 是英文"Modbus

Aplication"的缩写，即"应用数据单元"的意思。MBAP 头结构包括 7 个字节，其定义如表 14-36 所示。

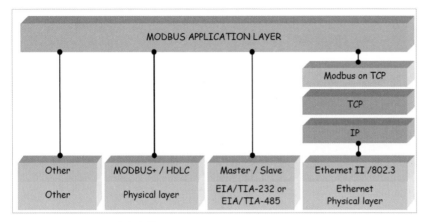

图14-87　Modbus网络参考模型

表14-36　Modbus TCP应用数据单元MBAP头结构

名称	长度	描述
Transaction Identifier/ 传输标识符	2 字节	用来标识请求 / 应答帧
Protocol Identifier/ 协议标识符	2 字节	0=Modbus
Length/ 长度	2 字节	接下来发送数据的长度
Unit Identifier/ 单元标识符	1 字节	串行链路或其他总线上的站标识

说明：

① 传输标识符：用于标识应用数据单元，即请求和应答之间的配对。客户端对该部分进行初始化，服务器端将其拷贝到自己的 ADU 中。

② 协议标识符：系统间的协议标识，0=Modbus。

③ 长度：接下来要发送的数据长度，即单元标识符 +PDU 的总长度，以字节为单位。

④ 单元标识符：用于系统间的站寻址，比如在以太网 + 串行链路的网络中，远程站的地址。

Modbus TCP 采用"客户端 / 服务器"的通信模式（与之前介绍的 S7 通信类似），其默认端口号为 502。在发送数据时，应用数据单元首先向下传送给传输层，加上 TCP 协议的报头；再传送给网络层，加上 IP 协议的报头；再向下传送给数据链路层及物理层。接收的过程正好相反，从物理层一层一层地去掉相应层的报头，最终到达应用层。由于其数据传输基于 TCP/IP 协议，这也是其名称的由来。通常如果使用计算机编程，可以使用 SOCKET 技术；如果使用 PLC 编程，厂家会把底层通信封装成指令，只需直接调用即可。接下来介绍西门子 S7-1200/1500 的 Modbus TCP 指令。

14.3.4.2　S7-1200/1500的Modbus TCP通信指令

Modbus TCP 通信指令位于指令列表的"通信"→"其它"中，包括 MB_CLIENT 和 MB_SERVER 两个，如图 14-88 所示。

（1）MB_CLIENT 指令

MB_CLIENT 指令作为客户端与 Modbus 服务器进行通信。从指令列表中添加该指令时，系统会提示创建背景数据块。以独立背景数据块为例，该指令的初始添加状态如图 14-89 所示。

图14-88　Modbus TCP指令

```
1   //Modbus-TCP客户端指令
2   //MB_CLIENT
3   "MB_CLIENT_DB"(REQ:=_bool_in_,
4                 DISCONNECT:=_bool_in_,
5                 MB_MODE:=_usint_in_,
6                 MB_DATA_ADDR:=_udint_in_,
7                 MB_DATA_LEN:=_uint_in_,
8                 DONE=>_bool_out_,
9                 BUSY=>_bool_out_,
10                ERROR=>_bool_out_,
11                STATUS=>_word_out_,
12                MB_DATA_PTR:=_variant_inout_,
13                CONNECT:=_variant_inout_);
```

图14-89　MB_CLIENT指令的初始添加状态

该指令有 5 个输入参数、4 个输出参数和 2 个输入 / 输出参数，各参数的含义见表 14-37。

表 14-37　MB_CLIENT 指令参数含义

名称	类别	数据类型	说明
Req	输入	Bool	请求与服务器通信，上升沿触发
Disconnect	输入	Bool	断开与服务器的连接。1= 断开；0= 保持
MB_Mode	输入	USInt	工作模式（读、写或诊断）。0= 读；1= 写
MB_Data_Addr	输入	UDInt	访问数据的起始地址
MB_Data_Len	输入	UInt	访问数据的长度
Done	输出	Bool	是否执行完成。1= 完成；0= 未完成或未开始
Busy	输出	Bool	指令是否正在执行。1= 正在执行
Error	输出	Bool	指令执行是否有错误。0= 无；1= 有错误
Status	输出	Word	指令执行的状态
MB_DATA_PTR	输入 / 输出	Variant	指向 Modbus 数据寄存器的指针
Connect	输入 / 输出	Variant	指向连接描述结构的指针，可以使用 TCON_IP_v4 或 TCON_Configured 结构

说明：

① TCON_IP_v4 的数据结构见表 14-31，在使用 MB_CLIENT 指令时，要将 active_established 设置为 1。

② TCON_Configured 数据结构可以引用已经存在的连接。

③ 关于 MB_CLIENT 指令的使用例程，请参见 14.3.4.3 节。

（2）MB_SERVER 指令

MB_SERVER 指令可以使当前 CPU 作为 Modbus TCP 的服务器使用。该指令支持同一时间内多个 Modbus-TCP 客户端的访问，客户端的数量取决于 CPU 支持的连接数。从指令列表中添加该指令时，系统会提示创建背景数据块。以独立背景数据块为例，该指令的初始添加状态如图 14-90 所示。

```
1   //Modbus-TCP服务器指令
2   //MB_SERVER
3   "MB_SERVER_DB"(DISCONNECT:=_bool_in_,
4                  NDR=>_bool_out_,
5                  DR=>_bool_out_,
6                  ERROR=>_bool_out_,
7                  STATUS=>_word_out_,
8                  MB_HOLD_REG:=_variant_inout_,
9                  CONNECT:=_variant_inout_);
```
图14-90　MB_SERVER指令的初始添加状态

该指令有 1 个输入参数、4 个输出参数和 2 个输入 / 输出参数，各参数的含义见表 14-38。

表 14-38　MB_SERVER 指令参数含义

名称	类别	数据类型	说明
Disconnect	输入	Bool	是否断开通信连接。0= 保持被动连接；1= 断开连接
NDR	输出	Bool	新数据到达（New Data Ready）。1= 接收到新数据
DR	输出	Bool	数据被读取。1= 客户端读取数据
Error	输出	Bool	指令执行是否错误。0= 无错误；1= 有错误
Status	输出	Word	指令执行的状态字
MB_HOLD_REG	输入 / 输出	Variant	Modbus 保持寄存器的地址，必须大于 2 个字节
Connect	输入 / 输出	Variant	连接结构的地址，类型可以是 TCON_IP_v4 或者 TCON_Configured

 说明　　如果 MB_SERVER 指令要接收来自任何连接伙伴的连接请求，其 IP 地址应写作 "0.0.0.0"，端口号设置为 0。

举个例子：使用 MB_SERVER 指令创建一个 Modbus-TCP 服务器。

首先创建全局数据块 DB202_HoldRegister，在其中添加变量 regData（数据类型，array[1..20]of Word），如图 14-91 所示。

		名称	数据类型	起始值
		DB202_HoldRegister		
1	▼	Static		
2	▶	regData	Array[1..20] of Word	
3		<新增>		

图14-91　创建全局数据块DB202_HoldRegister

新建全局数据块 DB200_Global，在其中添加变量 tcpConnect，数据类型为：TCON_IP_v4。

假设本地（服务器侧）通信参数如下：

① CPU 本体网口的硬件标识符 16#40；

② 通信连接 ID 为 16#10；

③ 通信连接类型为 16#10（TCP）；

④ 本地（服务器）端口号 502。

假设仅接收如下参数的客户端连接请求：

① IP 地址 192.168.0.120；

② 端口号 2000。

则设置 tcpConnect 的初始值如图 14-92 所示。

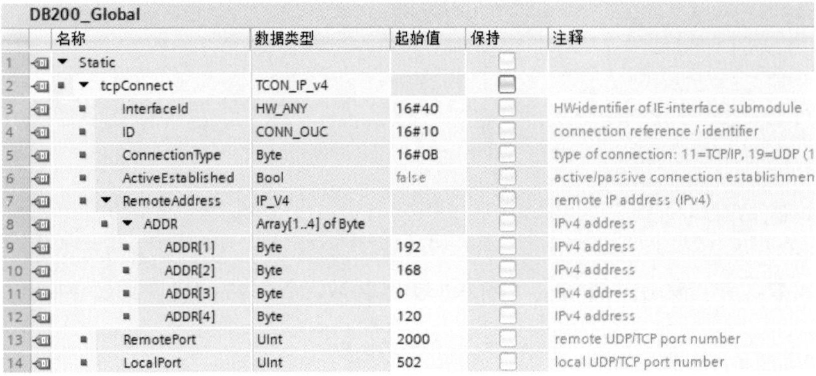

		名称	数据类型	起始值	保持	注释
1		▼ Static				
2		▼ tcpConnect	TCON_IP_v4			
3		InterfaceId	HW_ANY	16#40		HW-identifier of IE-interface submodule
4		ID	CONN_OUC	16#10		connection reference / identifier
5		ConnectionType	Byte	16#0B		type of connection: 11=TCP/IP, 19=UDP (1
6		ActiveEstablished	Bool	false		active/passive connection establishmen
7		▼ RemoteAddress	IP_V4			remote IP address (IPv4)
8		▼ ADDR	Array[1..4] of Byte			IPv4 address
9		ADDR[1]	Byte	192		IPv4 address
10		ADDR[2]	Byte	168		IPv4 address
11		ADDR[3]	Byte	0		IPv4 address
12		ADDR[4]	Byte	120		IPv4 address
13		RemotePort	UInt	2000		remote UDP/TCP port number
14		LocalPort	UInt	502		local UDP/TCP port number

图14-92　tcpConnect初始值

如果不想修改初始值，也可以在 DB 块下载到 CPU 中后修改其实际值。在 DB200_Global 中继续添加变量，用于存放指令执行数据，具体见表 14-39。

表14-39　DB200_Global变量

名称	数据类型	说明
tcpConnect	TCON_IP_V4	MB_SERVER 指令连接参数
tcpDisconnect	Bool	断开连接
tcpNDR	Bool	新数据到达
tcpError	Bool	指令是否出错
tcpDR	Bool	数据读取
tcpStatus	Word	指令执行状态

新建函数块 FB100_Test，添加 MB_SERVER 指令，其代码如图 14-93 所示。

```
1  //Modbus TCP服务器
2  //MB_SERVER指令
3  "MB_SERVER_DB"(DISCONNECT:="DB200_Global".tcpDisconnect,
4                 NDR=>"DB200_Global".tcpNDR,
5                 DR=>"DB200_Global".tcpDR,
6                 ERROR=>"DB200_Global".tcpError,
7                 STATUS=>"DB200_Global".tcpStatus,
8                 MB_HOLD_REG:="DB202_HoldRegister".regData,
9                 CONNECT:="DB200_Global".tcpConnect);
```

图14-93　MB_SERVER指令示例

14.3.4.3　实例：CPU 1214FC与CPU ST20的Modbus TCP通信

本节例程介绍 Modbus TCP 通信实例，使用的硬件如下：

① S7-1200 CPU1214FC（客户端）；

② S7-200 SMART CPU ST20（服务器）；

③ 交换机。

通信参数如表 14-40 所示。

表14-40　Modbus TCP通信参数

硬件	CPU 类型	IP 地址	端口号	主动连接	数据区
客户端	CPU 1214FC	192.168.2.10	2000	是	DB201.DBB0 ～ B39
服务器	CPU ST20	192.168.2.20	502	否	VB100 ～ VB139

（1）CPU ST20 服务器端配置与编程

西门子 S7-200 SMART 编程软件 STEP 7-Micro/WIN SMART 从 V2.4 开始支持 Modbus-TCP 通信指令，包括 MBUS_CLIENT（客户端）和 MBUS_SERVER（服务器）两种，均位于指令库中，如图 14-94 所示。

本节使用 MBUS_SERVER 指令使 CPU ST20 作为 Modbus TCP 服务器，定义其 V 存储器地址 VB100 ～ VB139 的 40 个字节为 Modbus 的保持寄存器。

MBUS_SERVER 指令的初始添加状态如图 14-95 所示。

 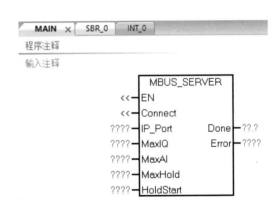

图14-94　STEP 7-Micro/WIN SMART Modbus TCP指令　　图14-95　MBUS_SERVER指令的初始添加状态

该指令的参数含义见表 14-41。

表14-41　MBUS_SERVER指令参数含义

名称	类别	数据类型	说明
Connect	输入	Bool	连接使能。1= 接收客户端连接请求；0= 不接受连接请求并断开已经存在的连接
IP_Port	输入	Word	Modbus 服务器的端口号，默认 502
MaxIQ	输入	Word	数字量输入 / 输出的范围
MaxAI	输入	Word	模拟量输入的范围
MaxHold	输入	Word	保持寄存器的最大值，以字为单位
HoldStart	输入	Word	指向 V 存储区保持寄存器的起始位置
Done	输出	Bool	是否成功执行
Error	输出	Byte	指令执行是否错误。0= 无错误；1= 有错误

说明：

① 当 Connect=1 时，Modbus 服务器使能被动连接，任何客户端都可以通过主动请求与服务器建立连接。Modbus TCP 连接会占用一条 CPU 的开放式用户通信资源。

② CPU 的过程输入映像区对应 Modbus 地址模型的离散量输入，过程输出映像区对应 Modbus 地址模型的线圈。S7-200 SMART CPU 的过程输入 / 输出映像区最大是 256 个位，因此 MaxIQ 的取值范围为 0 ~ 256，0 表示禁止 IO 读写。

③ CPU 的模拟量输入对应 Modbus 地址模型的输入寄存器，S7-200 SMART CPU 的模拟量输入最大是 56 个字，因此 MaxAI 的取值范围为 0 ~ 56，0 表示禁止读取模拟量输入值。

　关于西门子 S7-200 SMART 的更多内容，感兴趣的读者请参见编者的另一本书《西门子 S7-200 SMART PLC 应用技术——编程、通信、装调、案例》。

接下来进行实际操作。在 STEP 7-Micro/WIN SMART 中新建项目，添加 CPU ST20，设置其 IP 地址为 192.168.2.20，如图 14-96 所示。

在主程序 Main 中添加 MBUS_SERVER 指令，代码如图 14-97 所示。

图14-96　设置CPU ST20的IP地址（实际机架还有其他模块）

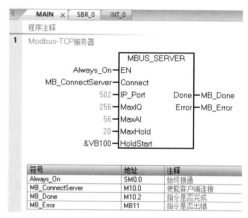

图14-97　添加MBUS_SERVER指令

MBUS_SERVER 指令需要分配库存储区。在项目树中选中程序块文件夹，单击右键，在弹出的对话框中，单击"库存储器"，如图 14-98 所示。

在弹出的"库存储器分配"对话框中，单击"建议地址"按钮，选择没有使用的 V 存储区作为 MBUS_SERVER 指令的存储区，如图 14-99 所示。

编译并下载项目到 CPU 中。

（2）CPU 1214FC 客户端配置与编程

在博途中创建新项目，添加 CPU 1214FC DC/DC/DC，将 CPU 的 IP 地址修改为 192.168.2.10。在程序块中创建全局数据块 DB200_Global，在其中添加用于 Modbus-TCP 连接的参数 tcpConnect，数据类型为 TCON_IP_v4，并修改 tcpConnect 的初始值，如图 14-100 所示。

图14-98 分配库存储器

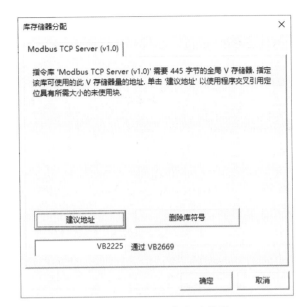

图14-99 给MBUS_SERVER分配V存储区

图14-100 tcpConnect初始值设置

将 ActiveEstablished 设置为 true。

在 DB200_Global 中添加新变量,用于存储 ModbusClient 指令执行状态,如图 14-101 所示。

		名称		数据类型	起始值	保持	设定值	注释
1		▼ Static				☐	☐	
2		■ ▶	tcpConnect	TCON_IP_v4		☐	☐	ModbusClient指令连接地址
3		■	mdbusClientDone	Bool	false	☐	☐	ModbusClient指令执行完成
4		■	mdbusClientBusy	Bool	false	☐	☐	ModbusClient指令繁忙
5		■	mdbusClientError	Bool	false	☐	☐	ModbusClient指令错误
6		■	mdbusClientStatus	Word	16#0	☐	☐	ModbusClient指令执行状态

图14-101 在DB200_Global中添加新变量

创建新的数据块 DB201_Data，用于接收数据，添加变量 mdbusDataRead，数据类型为数组（Array[1..20]of word），如图 14-102 所示。

图14-102　mdbusDataRead数据

创建新的函数块 FB101_ModbusClient，声明其输入 / 输出参数，如表 14-42 所示。

表14-42　函数块FB101_ModbusClient变量声明

名称	类别	数据类型	说明
req	输入	Bool	请求发送数据
disconnect	输入	Bool	断开连接
done	输出	Bool	指令执行完成
busy	输出	Bool	指令正在执行
error	输出	Bool	指令执行出错
status	输出	Bool	指令执行状态

在代码区编写代码，如图 14-103 所示。

```
1  //modbus客户端
2  //上升沿信号
3  #statReqRising := #req AND NOT #statReqRisingHF;
4  #statReqRisingHF := #req;
5  //客户端读取数据
6 □"MB_CLIENT_DB"(REQ:=#statReqRising,
7              DISCONNECT:=#disconnect,
8              MB_MODE:=0,
9              MB_DATA_ADDR:=40001,//保持寄存器地址
10             MB_DATA_LEN:=20,//数据长度,字
11             DONE=>#done,
12             BUSY=>#busy,
13             ERROR=>#error,
14             STATUS=>#status,
15             MB_DATA_PTR:="DB201_Data".mdbusDataRead,
16             CONNECT:="DB200_Global".tcpConnect);
```

图14-103　函数块FB101_ModbusClient代码

说明：

① MB_Mode=0 表示读数据。

② MB_Data_Addr=40001，表示保持寄存器地址。

③ MB_Data_Len=20，表示读取的长度，以字为单位。

④ 更多关于 MB_CLIENT 指令的介绍，请参见 14.3.4.2 节。

在主程序 OB1 中调用函数块 FB101_ModbusClient 并赋值，如图 14-104 所示。

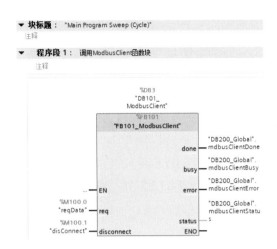

1411-
Modbus-
TCP 服务器和
客户端程序
介绍

1412-
Modbus-
TCP 通信实例
演示

图14-104　在OB1中调用函数块FB101_ModbusClient并赋值

 提示　　可以扫描二维码（编号：1411）观看 Modbus-TCP 服务器和客户端程序介绍，扫描二维码（编号：1412）观看 Modbus-TCP 通信实例演示视频。

14.3.5　UDP通信

14.3.5.1　UDP协议简介

UDP 的全称是"User Datagram Protocol"，中文翻译为"用户数据报协议"。UDP 协议位于 OSI 网络参考模型的第 4 层（传输层），与 14.3.3 节介绍的 TCP 协议位于同一层。不过与 TCP 的可靠性传输不同，UDP 协议并不提供数据传输的可靠性保证。UDP 协议在启动传输前不需要与通信伙伴建立连接，也没有报文到达确认、超时重发、失序处理、数据校验等机制，它只是尽快地将数据从某个端口发送出去，其过程类似在邮局寄信：用户将信封放到邮筒中，其寄信过程就结束了。在正常情况下，这封信会到达用户手中。但是当路途遥远、道路不畅时也可能会丢失。UDP 协议也是如此，当数据从某个端口发送出去之后，正常情况下会到达接收的端口，但是如果网络通信质量较差，也可能会出现丢失的情况。总之无论结果如何，基于 UDP 协议的发送方是不管不问的，它只管持续不断地发送。

既然 UDP 是这样一种不太可靠的、没有数据收发确认的协议，那么为什么还要用它呢？

这是因为在一些网络应用（比如视频会议）中，对数据传输的实时性要求比较高，少量数据包的丢失并不会造成影响。比如当某个数据包丢失后，由于传输速度很快，应用程序会很快收到一个新的数据包，这样并不会造成太大影响。UDP 协议的报文比 TCP 简单，使其更有利于在网络中快速传输。

如果对网络数据的完整性要求较高（比如文件传输），或者网络通信质量很差，则不建议使用 UDP 协议，此时应该使用具有可靠性保证的 TCP 协议。

14.3.5.2 S7-1200/1500的UDP通信指令

与 TCP 通信类似，S7-1200/1500 的 UDP 通信也包括四个步骤：建立连接、接收数据、发送数据、断开连接。其指令分别是 TCON、TUSEND、TURCV 和 TDISCON，位于指令列表"通信"→"其它"中（图 14-71）。

你可能会有一个疑惑：刚刚不是介绍了 UDP 协议是不需要与通信伙伴建立连接的，为什么还要用建立连接的指令 TCON 呢？

这里使用 TCON 指令的目的是创建一个全局的通信连接 ID，并且开放本地端口号用于 UDP 通信。关于 TCON 指令和 TDISCON 指令，请参见 14.3.3.2 节。本节主要介绍 TUSEND 和 TURCV 指令。

（1）TUSEND 指令

TUSEND 指令可以将数据通过 UDP 协议发送出去。该指令是异步执行指令，需要多个扫描周期才能完成。从指令列表中添加该指令时，系统会提示创建背景数据块。以独立背景数据块为例，该指令的初始添加状态如图 14-105 所示。

```
1    //UDP数据发送指令
2    //TUSEND
3    "TUSEND_DB".TUSEND(REQ:=_bool_in_,
4                       ID:=_conn_ouc_in_,
5                       LEN:=_udint_in_,
6                       DONE=>_bool_out_,
7                       BUSY=>_bool_out_,
8                       ERROR=>_bool_out_,
9                       STATUS=>_word_out_,
10                      DATA:=_variant_inout_,
11                      ADDR:=_variant_inout_);
```

图14-105　TUSEND指令的初始添加状态

该指令有 3 个输入参数、4 个输出参数和 2 个输入 / 输出参数，各参数的含义见表 14-43。

表 14-43　TUSEND 指令参数含义

名称	类别	数据类型	说明
Req	输入	Bool	请求发送数据，上升沿信号有效
ID	输入	CONN_OUC	使用 TCON 指令创建的通信连接标识
Len	输入	UDInt	要发送的数据的长度，以字节为单位，取值范围为 1～1472
Done	输出	Bool	指令是否执行完成。1= 完成；0= 未开始或未完成
Busy	输出	Bool	指令是否正在执行。1= 正在执行
Error	输出	Bool	指令执行是否错误。1= 有错误
Status	输出	Word	指令执行的状态字
Data	输入 / 输出	Variant	发送数据的存储区地址
Addr	输入 / 输出	Variant	通信伙伴的地址（TADDR_Param）

说明：

① 发送数据的地址可以是输入 / 输出映象区、位存储区或数据块。

② Addr 为通信伙伴的地址结构，其指向的数据类型为 TADDR_Param。TADDR_Param 的长度为 8 个字节，用来记录远程通信伙伴的地址 / 端口号等信息，其数据结构见表 14-44。

表14-44　TADDR_Param的数据结构

字节	名称	数据类型	说明
0～3	rem_ip_addr	Array[1..4]of USInt	远程通信伙伴的 IP 地址
4～5	rem_port_nr	UInt	远程通信伙伴的端口号
6～7	reserved	Word	备用，设置为 0

举个例子：假设已经使用 TCON 指令创建了 UDP 连接，其 ID=1。现要求使用 TUSEND 指令向 IP 地址为 192.168.2.30、端口号为 2020 的通信伙伴发送存放在 DB202 中的 sendData 数据（数组，Array[1..40]of Byte），总共 40 个字节。

首先创建全局数据块 DB202，在其中添加变量 sendData（Array[1..40]of Byte），用于发送数据，如图 14-106 所示。

DB202_Data

	名称	数据类型	起始值	保持
1	▼ Static			☐
2	▸ sendData	Array[1..40] of Byte		☐

图14-106　创建全局数块DB202

创建全局数据块 DB200，在其中添加变量 remoteAddress，数据类型为 TADDR_Param，设置其初始 IP 为 192.168.2.30，端口号为 2020，如图 14-107 所示。

DB200_Global

	名称	数据类型	起始值	保持	注释
1	▼ Static			☐	
2	▼ remoteAddress	TADDR_Param		☐	
3	▼ REM_IP_ADDR	Array[1..4] of USInt		☐	remote station address
4	REM_IP_ADDR[1]	USInt	192	☐	remote station address
5	REM_IP_ADDR[2]	USInt	168	☐	remote station address
6	REM_IP_ADDR[3]	USInt	2	☐	remote station address
7	REM_IP_ADDR[4]	USInt	30	☐	remote station address
8	REM_PORT_NR	UInt	2020	☐	remote port number
9	RESERVED	Word	16#0	☐	unused; has to be 0

图14-107　DB200_Global远程通信伙伴地址

创建函数块 FB102_UDPSend，添加 TUSEND 指令，代码如图 14-108 所示。

```
//UDP数据发送指令示例
//发送数据的上升沿信号
#statReqSendRising := #reqSend AND NOT #statReqSendRisingHF;
#statReqSendRisingHF := #reqSend;
//TUSEND指令
"TUSEND_DB".TUSEND(REQ:=#statReqSendRising,
                   ID:=1,//连接ID
                   LEN:=40,//发送的字节数
                   DONE=>"udpSendDone",
                   BUSY=>"udpSendBusy",
                   ERROR=>"udpSendError",
                   STATUS=>"udpSendStatus",
                   DATA:="DB202_Data".sendData,
                   ADDR:="DB200_Global".remoteAddress);
```

图14-108　TUSEND指令示例

（2）TURCV 指令

TURCV 指令可以从指定的端口接收 UDP 数据。该指令是异步执行指令，需要多个扫描周期才能完成。从指令列表中添加该指令时，系统会提示创建背景数据块。以独立背景数据块为例，该指令的初始添加状态如图 14-109 所示。

```
1   //UDP数据接收指令
2   //TURCV
3   "TURCV_DB".TURCV(EN_R:=_bool_in_,
4                    ID:=_conn_ouc_in_,
5                    LEN:=_udint_in_,
6                    NDR=>_bool_out_,
7                    BUSY=>_bool_out_,
8                    ERROR=>_bool_out_,
9                    STATUS=>_word_out_,
10                   RCVD_LEN=>_udint_out_,
11                   DATA:=_variant_inout_,
12                   ADDR:=_variant_inout_);
```

图14-109　TURCV指令的初始添加状态

该指令有 3 个输入参数、5 个输出参数和 2 个输入 / 输出参数，各参数的含义见表 14-45。

表14-45　TURCV指令参数含义

名称	类别	数据类型	说明
EN_R	输入	Bool	使能数据接收
ID	输入	CONN_OUC	使用 TCON 指令创建的通信连接标识
Len	输入	UDInt	要接收的数据长度，以字节为单位，取值范围为 1 ～ 1472，0 表示任意长度
NDR	输出	Bool	是否接收到新数据
Busy	输出	Bool	指令是否正在执行。1= 正在执行
Error	输出	Bool	指令执行是否错误。1= 有错误
Status	输出	Word	指令执行的状态字
Rcvd_Len	输出	UDInt	实际接收的长度，字节为单位
Data	输入 / 输出	Variant	接收数据的存储区地址
Addr	输入 / 输出	Variant	通信伙伴的地址（TADDR_Param）

说明：

① 如果接收数据 Len 的长度设置为 0，则表示接收任意长度的数据。

② Addr 指向的数据类型为 TADDR_Param，这里会记录来自通信伙伴的 IP 地址和端口号。

举个例子：假设已经使用 TCON 指令创建了 UDP 连接，其 ID=1。使用 TURCV 指令接收 UDP 数据，并存放到 DB202_Data 的 rcvData 数组中。通信伙伴的地址数据存放在 DB200 的 remoteRcvAddress 中，代码如图 14-110 所示。

```
1   //UDP数据接收
2   //TURCV
3   "TURCV_DB".TURCV(EN_R:="enUDPRcv",
4                    ID:=1,
5                    LEN:=40,
6                    NDR=>"udpRcvNDR",
7                    BUSY=>"udpRcvBusy",
8                    ERROR=>"udpRcvError",
9                    STATUS=>"udpRcvStatus",
10                   RCVD_LEN=>"actualRcvLen",
11                   DATA:="DB202_Data".rcvData,
12                   ADDR:="DB200_Global".remoteRcvAddress);
```

图14-110　TURCV指令示例

14.3.5.3 SCL实例：创建一个UDP通信程序块

1413- 创建
一个 UDP 通
信的函数块
comUDP

本节创建一个用于 UDP 通信的函数块，它将建立连接、收发数据、断开连接等指令集成在一起，这样以后进行 UDP 通信时可以直接调用该函数块而不必重头编写代码。

打开项目 FDCP_TIA_Lib_Project，在其中添加函数块 FB5006_ComUDP，为该函数块添加输入、输出参数，如表 14-46 所示。

表 14-46　函数块 FB5006_ComUDP 输入、输出参数定义

名称	类别	数据类型	说明
hwID	输入	HW_ANY	通信端口硬件标识符
conID	输入	CONN_OUC	通信连接 ID
reqConnect	输入	Bool	请求建立连接
reqSend	输入	Bool	请求发送数据
remoteIP1	输入	Byte	远程 IP 地址 1
remoteIP2	输入	Byte	远程 IP 地址 2
remoteIP3	输入	Byte	远程 IP 地址 3
remoteIP4	输入	Byte	远程 IP 地址 4
remotePort	输入	UInt	远程端口号
localPort	输入	UInt	本地端口号
enableRcv	输入	Bool	使能数据接收
length	输入	UDInt	接收 / 发送数据的长度（字节）
reqDisConnect	输入	Bool	请求断开连接
tconOK	输出	Bool	成功建立连接
tconError	输出	Bool	建立连接出错
tconErrorCode	输出	Word	建立连接出错代码
tconStatus	输出	Word	建立连接状态字
trcvNDR	输出	Bool	接收到新数据
trcvError	输出	Bool	接收数据出错
trcvLength	输出	UDInt	接收数据的长度（字节）
tsendError	输出	Bool	发送数据出错
tdisconError	输出	Bool	断开连接出错
remoteRcvIP1	输出	Byte	接收到的远程通信伙伴的 IP1
remoteRcvIP2	输出	Byte	接收到的远程通信伙伴的 IP2
remoteRcvIP3	输出	Byte	接收到的远程通信伙伴的 IP3
remoteRcvIP4	输出	Byte	接收到的远程通信伙伴的 IP4
remoteRcvPort	输出	UInt	接收到的远程通信伙伴的端口号

函数块 FB5006_ComUDP 与 14.3.3.3 节创建的函数块 FB5005_ComTCP 类似，我们仍采用分区的方式增加其阅读性。关于分区的详细介绍，请参见 3.6.1 节。

代码分成了五个区域：Preparation、TCON、TURCV、TUSEND 和 TDISCON。

区域 Preparation 用来进行一些数据准备，包括绑定硬件标识符和通信连接，设置通信类型、开放本地端口号等。这些数据都是在请求信号的上升沿触发的，如图 14-111 所示。

```
 1 ⊞ (*...*)
18 ⊟ REGION Preparation
19        // 上升沿信号
20        #statReqConRising := #reqConnect AND NOT #statReqConRisingHF;
21        #statReqConRisingHF := #reqConnect;
22 ⊟      IF #statReqConRising THEN
23            // 准备数据
24            #tconParam.InterfaceId := #hwID;// 通信端口硬件标识符
```

图14-111

```
25        #tconParam.ID := #conID;//通信连接ID
26        //连接类型——UDP
27        #tconParam.ConnectionType := 19;
28        //远程通信伙伴IP地址,UDP通信设置为0
29        #tconParam.RemoteAddress.ADDR[1] := 0;
30        #tconParam.RemoteAddress.ADDR[2] := 0;
31        #tconParam.RemoteAddress.ADDR[3] := 0;
32        #tconParam.RemoteAddress.ADDR[4] := 0;
33        //远程端口号
34        #tconParam.RemotePort := 0;
35        //本地端口号
36        #tconParam.LocalPort := #localPort;
37    END_IF;
38  END_REGION
```

图14-111   区域Preparation——数据准备

区域 TCON 用来建立连接，如图 14-112 所示。

```
40  REGION TCON
41      //建立连接-TCON
42      //建立连接
43      #TCON_Instance(REQ := #statReqConRising,
44                     ID := #conID,
45                     DONE => #statTconDone,
46                     BUSY => #statTconBusy,
47                     ERROR => #statTconError,
48                     STATUS => #statTconStatus,
49                     CONNECT := #tconParam);
50      //建立连接成功
51      IF #statTconDone THEN
52          #statTconOK := TRUE;
53      END_IF;
54      //连接失败
55      //TCON 指令的STATUS参数 只在ERROR为TRUE那一个扫描周期时有效
56      IF #statTconError THEN
57          #statTconOK := FALSE;
58          #tconStatus := #statTconStatus;
59      END_IF;
60      //信号输出
61      #tconError := #statTconError;
62
63      #tconOK := #statTconOK;
64  END_REGION
```

图14-112   区域TCON——建立连接

区域 TURCV 用来接收数据，如图 14-113 所示。

```
66  REGION TURCV
67      //使能接收信号
68      #tmpEnableRcv := #enableRcv AND #statTconOK;
69      //接收数据
70      #TURCV_Instance(EN_R:=#tmpEnableRcv,
71                      ID:=#conID,
72                      LEN:=#length,
73                      NDR=>#statTrcvNDR,
74                      BUSY=>#statTrcvBusy,
75                      ERROR=>#statTrcvError,
```

```
76                    STATUS=>#statTrcvStatus,
77                    RCVD_LEN=>#statTrcvLength,
78                    DATA:=#trcvData,
79                    ADDR:=#statRcvParam);
80      //输出接收到的远程通信伙伴的IP地址
81      #remoteRcvIP1 := #statRcvParam.REM_IP_ADDR[1];
82      #remoteRcvIP2 := #statRcvParam.REM_IP_ADDR[2];
83      #remoteRcvIP3 := #statRcvParam.REM_IP_ADDR[3];
84      #remoteRcvIP4 := #statRcvParam.REM_IP_ADDR[4];
85      //输出接收到的远程通信伙伴的端口号
86      #remoteRcvPort := #statRcvParam.REM_PORT_NR;
87      //信号输出
88      #trcvNDR := #statTrcvNDR;
89      #trcvError := #statTrcvError;
90      #trcvLength := #statTrcvLength;
91  END_REGION
```

图14-113　区域TURCV——接收数据

区域 TUSEND 用来发送数据，如图 14-114 所示。

```
92 ⊟REGION TUSEND
93      //数据发送
94      //上升沿信号
95      #statReqSendRising := #reqSend AND NOT #statReqSendRisingHF;
96      #statReqSendRisingHF := #reqSend;
97      //指令状态
98      #tmpSendBusyError := #statSendBusy OR #statSendError;
99      #statReqSendRising := #statReqSendRising AND NOT #tmpSendBusyError;
100     //要发送的通信伙伴的TADDR_Param参数
101     #statSendParam.REM_IP_ADDR[1] := #remoteSendIP1;
102     #statSendParam.REM_IP_ADDR[2] := #remoteSendIP2;
103     #statSendParam.REM_IP_ADDR[3] := #remoteSendIP3;
104     #statSendParam.REM_IP_ADDR[4] := #remoteSendIP4;
105     #statSendParam.REM_PORT_NR := #remoteSendPort;
106     // 发送数据
107 ⊟   #TUSEND_Instance(REQ:=#statReqSendRising,
108                    ID:=#conID,
109                    LEN:=#length,
110                    DONE=>#statSendDone,
111                    BUSY=>#statSendBusy,
112                    ERROR=>#statSendError,
113                    STATUS=>#statSendStatus,
114                    DATA:=#tsendData,
115                    ADDR:=#statSendParam);
116     //信号输出
117     #tsendError:=#statSendError;
118  END_REGION
```

图14-114　区域TUSEND——发送数据

区域 TDISCON 用来断开连接，如图 14-115 所示。

说明　　本节仅介绍如何创建一个用于 UDP 通信的函数块，至于如何使用，请参见 15.5 节。

```
120  REGION TDISCON
121      // 断开连接
122      //上升沿信号
123      #statReqDisconRising := #reqDisConnect AND NOT #statReqDisconRisingHF;
124      #statReqDisconRisingHF := #reqDisConnect;
125      //断开连接
126      #TDISCON_Instance(REQ:=#statReqDisconRising,
127                        ID:=#conID,
128                        DONE=>#statDisconDone,
129                        BUSY=>#statDisconBusy,
130                        ERROR=>#statDisconError,
131                        STATUS=>#statDisconStatus);
132      //复位连接状态信号
133      IF #statDisconDone THEN
134          #statTconOK := FALSE;
135      END_IF;
136      //信号输出
137      #tdisconError := #statDisconError;
138  END_REGION
```

图14-115 区域TDISCON——断开连接

14.4 PROFINET通信

本书的主旨是介绍西门子 SCL 编程语言，严格来说，本节的 PROFINET 技术及后续的 Web 服务器技术并不包含在这个范围之内。但是本书又是以西门子 S7-1200/1500 为背景的，而 PROFINET 是西门子主推的工业总线标准，因此在此介绍 PROFINET 的知识。PROFINET 包含了很多内容，本节只是对其做简单介绍，主要涉及实际应用中的网络组态及智能设备的应用，关于更多详细内容请参考其他书籍或编者的公众号文章。

14.4.1 PROFINET协议简介

在介绍 PROFINET 之前，来介绍一个国际标准——IEC 61158。

IEC 61158 是国际电工委员会颁布的现场总线与工业以太网标准，涵盖的内容非常广泛，大体包括：

IEC 61158-1 总论与导则；

IEC 61158-2 物理层服务定义与协议规范；

IEC 61158-3 数据链路层服务定义；

IEC 61158-4 数据链路层协议规范；

IEC 61158-5 应用层服务定义；

IEC 61158-6 应用层协议规范。

IEC 61158 公布了 20 多种经过市场考验的现场总线 / 工业以太网标准。本节介绍的 PROFINET，是其公布的第 10 类现场总线 / 工业以太网标准，它属于实时以太网。这里有两个概念：

① 所谓"实时"，是指 PROFINET 通信的响应时间小于 10ms。PROFINET 还支持等时同步通信（IRT），用于运动控制等时间要求严苛的场合，其响应时间小于 1ms。

② 所谓"以太网"，是指 PROFINET 是一种基于以太网的通信协议，它的基础是百兆

以太网。百兆以太网的传输介质可以是双绞线或光纤，使用双绞线时，只需要使用网线中的 1、2、3、6 号线，这就是 PROFINET 网线只有 4 根线的原因。

在 OSI 网络参考模型中，PROFINET 位于第 5 ～ 7 层，其 1 ～ 4 层是百兆以太网，如图 14-116 所示。

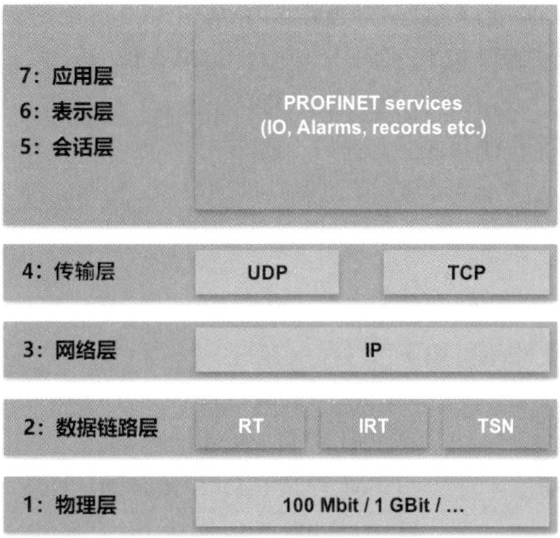

PROFINET 的优点很多，主要包括：

① PROFINET 是一种开放式的架构，可以与传统的互联网互联互通，俗称"一网到底"。所谓"一网到底"，是指通过一个网络将现场层、控制层和管理层相连，实现数据的交换，便于管理和维护。

② 支持多种拓扑结构，节点增删灵活。PROFINET 支持线型、星型、树型、环型等网络拓扑结构，可以根据需要灵活添加或删除节点。

③ 支持 PROFIsafe、PROFIdrive、PROFIenergy 三大行规，可以实现安全、运动控制和节能的功能。

④ 极高的通信速率和极低的抖动，保证数据交换的及时性和准确性。

⑤ 支持诊断功能，可以快速定位到故障节点。

图14-116　PROFINET网络模型

14.4.2　PROFINET IO控制器与IO设备

PROFINET 工业以太网技术包括两类：PROFINET IO 和 PROFINET CBA。其中前者在工业现场使用较多。基于 PROFINET IO 技术组件的系统被称为 PROFINET IO 系统。

PROFINET IO 系统是一种分布式的控制系统，它采用生产者 / 消费者模型进行数据交换，包括三种角色：IO 控制器（IO Controller）、IO 设备（IO Device）和 IO 监视器（IO Supervisor）。

① IO 控制器：IO 控制器是 PROFINET IO 系统的主站，一般来说是 PLC 的 CPU 模块。IO 控制器执行各种控制任务，包括执行用户程序、与 IO 设备进行数据交换、处理各种通信请求等。

② IO 设备：IO 设备是 PROFINET IO 系统的从站，由分布于现场的、用于获取数据的 IO 模块组成。IO 设备的名称分配在组建 PROFINET IO 系统时非常重要，将在 14.4.3 节详细介绍。

③ IO 监视器：IO 监视器用来组态、编程，并将相关的数据下载到 IO 控制器中，还可以对系统进行诊断和监控。最常见的 IO 监视器是用户的编程电脑。

IO 控制器既可以作为数据的生产者，向组态好的 IO 设备输出数据，也可以作为数据的消费者，接收 IO 设备提供的数据。对于 IO 设备也与此类似，它消费 IO 控制器的输出数据，也作为生产者，向 IO 控制器提供数据。

一个 PROFINET IO 系统至少由一个 IO 控制器和一个 IO 设备组成，通常 IO 监视器作为临时角色进行调试或诊断。

举个例子：一个 CPU 1515 和一个 ET 200SP（比如 IM 155-6 PN ST）的分布式子站就可以构成一个 PROFINET IO 系统，其中 CPU 1515 是 IO 控制器，ET 200SP 是 IO 设备。在组建 PROFINET IO 系统时，分配设备名是非常关键的一步，下面通过实例进行介绍。

14.4.3 实例：构建一个PROFINET IO系统

本例程使用 S7-1200 的 CPU 1214FC 与 ET 200S 分布式子站构建一个 PROFINET IO 系统，硬件环境如下：

1414- 构建一个 PRFINET IO 系统

① CPU 1214FC DC/DC/DC；
② CM 1241 RS232；
③ SM 1226 F-DI 8/16×24V DC；
④ ET 200S 接口模块 IM 151-3PN；
⑤ 电源模块 PM-E 24VDC；
⑥ 数字量输入模块 8DI×24V DC；
⑦ 数字量输出模块 8DO×24V DC。

在博途环境下新建项目，双击项目树"硬件组态"，添加 CPU 1214FC DC/DC/DC、CM 1241 RS232 和 SM 1226 F-DI 8/16×24V DC，设置 CPU 的 IP 地址为 192.168.2.10，并新建子网 PN/IE_1，如图 14-117 所示。

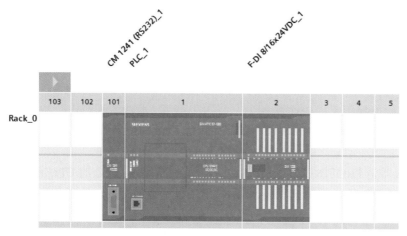

图14-117　CPU 1214FC及其机架模块组态

切换到"网络视图"，在右侧硬件目录中单击"分布式 IO"→"ET 200S"→"IM 151-3PN"，找到实际使用的接口模块（订货号：6ES7 151-3BA23-0AB0），将其拖放到网络视图中，如图 14-118 所示。

右键单击 IM 151-3 PN 分布式 IO，在弹出的菜单中选择"分配给新的 DP 主站 /IO 控制器"，在弹出的对话框中选择 CPU 1214FC 的 PROFINET 接口 _1，如图 14-119 所示。

更简单的方法是选中 IM 151-3PN 的 PN 接口并按住鼠标左键拖动鼠标，此时会有一条线跟随鼠标移动。将这条线拖放到 CPU 1214FC 的 PN 接口，这样就将 IM151-3PN 的分布式子站分配（IO 设备）给 CPU 1214FC（IO 控制器）了，两者之间会有一条绿色的轨道连接线，如图 14-120 所示。

图14-118　CPU和分布式IO的网络视图

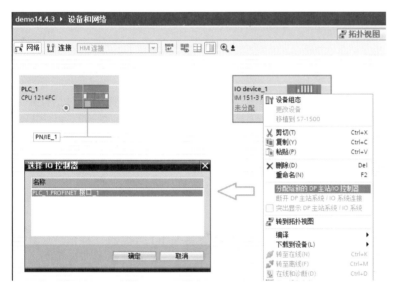

图14-119　给IM 151-3 PN分配IO控制器

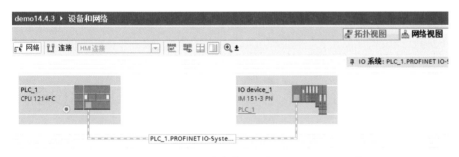

图14-120　CPU 1214FC和IM151-3PN分布式IO组建PROFINET IO系统

　　双击 IM 151-3PN 转换到设备视图，添加其电源模块及数字量输入 / 输出模块，如图 14-121 所示。

　　选中项目树的 CPU 1214FC，单击菜单栏的编译按钮对组态进行编译。编译完成后，下载到 CPU 中。下载完成后，我们发现 CPU 和分布式子站的红灯 LED 灯都在闪烁，表明此时 CPU 找不到子站，这是因为还没有给子站分配设备名称。

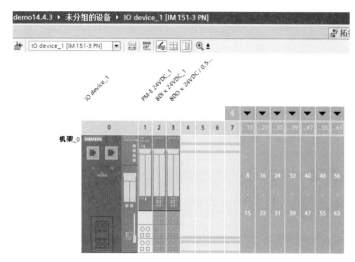

图14-121 ET 200S子站组态

接下来介绍分配设备名称的两种方法：

① 单击设备组态的网络视图，找到 IM 151-3PN 子站。单击右键，在弹出的对话框中选择"分配设备名称"，此时会连线查找待分配的子站。

② 单击项目树"在线访问"，找到连接 CPU 的网口，双击"更新可访问的设备"会自动搜索当前计算机连接的 PROFINET 子站，找到 IM 151-3PN，在其中更改设备名称。

14.4.4 智能设备（I-Device）

前面介绍过，PROFINET IO 系统包括 IO 控制器、IO 设备及 IO 监视器三种角色。如果把一个 IO 控制器作为另一个 IO 控制器的 IO 设备来使用，那么前者就被称为"智能设备"。智能设备的英文名称为 Intelligent Device，简称为 I-Device。

西门子 S7 系列 PLC 的 CPU 都支持智能设备的功能，使用智能设备功能大体包括三个步骤：

① 在 CPU 的硬件组态中开启智能设备功能，并组态数据交换区；
② 导出 GSD 文件；
③ 在另一个项目中组态新导入的 GSD 文件，并设置数据交换区。

14.4.5 实例：CPU ST20作为CPU 1214FC的智能设备

本节以 S7-200 SMART 的 CPU ST20 作为智能设备，与 S7-1200 的 CPU 11214FC 进行通信，数据交换区 / 传输区定义如表 14-47 所示。

表 14-47 数据交换区/传输区定义

传输区定义	IO 控制器	数据流动方向	智能设备	长度（字节）
	CPU 1214FC		CPU ST20	
传输区 1	QB 150 ～ QB 159	-->	IB 1152 ～ IB 1161	10
传输区 2	IB 150 ～ IB 154	<--	QB 1152 ～ QB 1156	5

14.4.5.1 智能设备CPU ST20的组态

打开 STEP 7 Micro-WIN/SMART，在新项目中组态 CPU ST20，设置其 IP 地址为 192.168.2.20。

单击工具栏的"PROFINET"向导，在弹出的对话框中勾选"智能设备"，如图 14-122 所示。

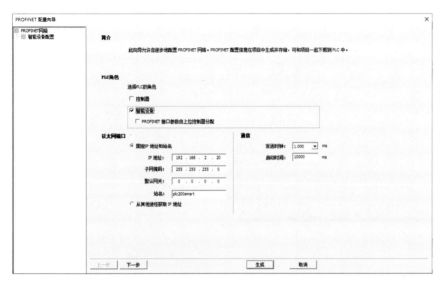

图14-122　勾选CPU ST20的智能设备功能

单击"下一步"，在上部的传输区单击"添加"按钮增加两个传输区，配置传输区 01 的类型为输入，长度为 10 个字节；传输区 02 的类型为输出，长度为 5 个字节。在下部的导出 GSDML 文件区，设置导出标识符为 CPU ST20，单击浏览设置输出文件夹的路径，如图 14-123 所示。

图14-123　CPU ST20传输区及导出配置

单击"生成"按钮生成 GSD 文件。

14.4.5.2 PROFINET IO控制器CPU 1214FC的组态

打开博途新建项目，添加 CPU 1214FC。然后单击菜单"选项"→"通用站描述文件 GSD"，打开"管理通用站描述文件"对话框。在"已安装的 GSD"选项卡中，单击源路径的浏览按钮，找到 CPU ST20 的 GSD 文件的存放位置，如图 14-124 所示。

图14-124　找到CPU ST20的GSD文件的存放位置

勾选相应的 GSD 文件，并单击"安装"，如图 14-125 所示。

安装完成后，切换到"网络视图"。单击"硬件目录"→"其它现场设备"→"PROFINET IO"→"PLCs & CPs"→"SIEMENS AG"可以看到新添加的 CPU ST20，如图 14-126 所示。

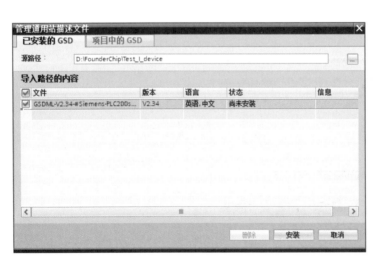

图14-125　安装CPU ST20的GSD文件

图14-126　硬件目录中新添加的 CPU ST20

将其拖拽到网络视图中，并将其分配给 CPU 1214FC（与其建立 PROFINET）连接，如图 14-127 所示。

图14-127　CPU ST20与CPU 1214FC的PROFINET组态

选中 CPU ST20 并切换到"设备视图",可以看到其数据交换区。将传送区 01 和 02 的起始地址修改为 150,如图 14-128 所示。

模块	机架	插槽	I 地址	Q 地址	类型
▼ plc200smart	0	1			CPU ST20
CPU ST20虚拟子模块	0	1 1			CPU ST20虚拟子…
传送区01	0	1 1000		150…159	传送区01
传送区02	0	1 1001	150…154		传送区02
▶ 接口	0	1 X1			plc200smart

图14-128　CPU ST20的数据交换区

接下来需要配置 CPU ST20 的 IP 和 CPU 1214FC 的 IP,确保在同一个子网中。然后设置并分配两者的设备名,打通 PROFINET 网络。

至此,CPU ST20 成了 CPU 1214FC 的一个 PROFINET IO 设备。写入 CPU 1214FC 地址 QB 150 ～ QB 159 的数据就可以输出到 CPU ST20 的 IB 1152 ～ IB 1161。同样地,写入 CPU ST20 地址 QB 1152 ～ QB 1156 的数据就可以输出到 CPU 1214FC 的 IB 150 ～ IB 154。

14.5　Web服务器应用

14.5.1　Web服务器功能介绍

Web 服务器功能可以使用户通过计算机的浏览器去访问 PLC 中的数据,比如,查看标识信号、诊断数据、模块信息、导入 / 导出配方数据等。S7-1200/1500 系列 PLC 均支持 Web 服务器访问,该功能默认是关闭的,需要在硬件组态中开启。

以 CPU 1214C 为例,在其硬件组态"属性"→"Web 服务器"中勾选"在此设备的所有模块上激活 Web 服务器",如图 14-129 所示。

向下拖动页面,在"用户管理"中添加新用户 Jack,并设置其密码。根据实际需要修改 Jack 的权限,比如查询诊断、读取变量、更改操作模式等,如图 14-130 所示。

图14-129　激活CPU 1214C的Web服务器功能

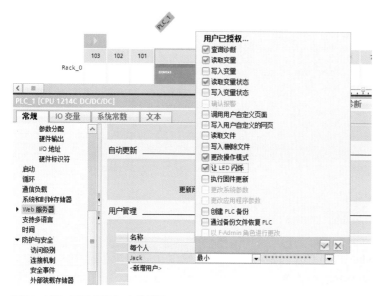

图14-130　更改用户Jack的权限

　　继续向下拖动页面，可以在"监控表"中添加已经创建的变量监控表，并设置权限为读取或者读写，如图14-131所示。

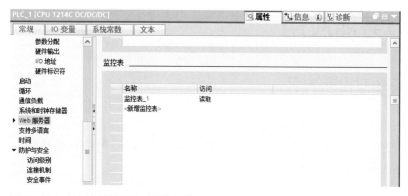

图14-131　Web服务器增加变量监控表

　　根据需要还可以创建自定义的 Web 页面，这里就不具体介绍了。接下来实际演示一下标准 Web 服务器的使用。

14.5.2 标准Web服务器

本节开启 S7-1200 CPU 1214FC 的 Web 服务器功能，新增加用户 Jack，并赋予其"查询诊断""读取变量""读取变量状态""让 LED 闪烁"等功能。新增加监控表 tableTCP，设置权限为读取，并添加到 Web 服务器功能的监控表中。

打开网页浏览器，在其中输入 CPU 1214FC 的 IP 地址"192.168.2.10"，会看到图 14-132 所示的 Web 服务器界面。

1415-Web
服务器功能
介绍

图14-132　Web服务器界面

单击左上角"进入"按钮，可以看到 PLC 的一些基本信息，如图 14-133 所示。

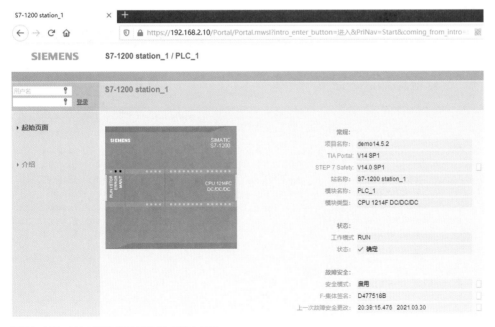

图14-133　Web服务器显示的PLC基本信息

在左上角输入用户名 Jack 及设置的密码，单击"登陆"按钮，可以进入 Jack 的内部空间，这里有在硬件组态中赋予的所有权限，比如查看诊断信息、变量状态、LED 闪烁灯，如图 14-134 所示。

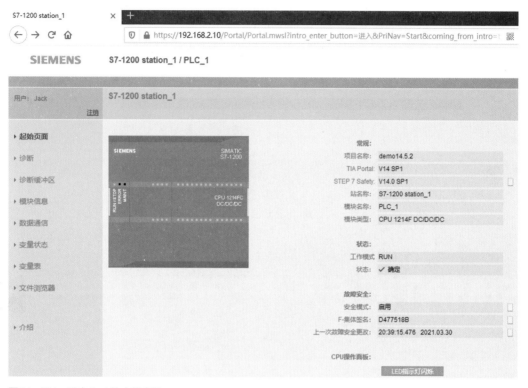

图14-134　用户Jack的内部空间

以变量表为例，我们可以查看已经创建的变量表 tableTCP 的变量状态，如图 14-135 所示。

图14-135　Jack权限——变量表监控演示

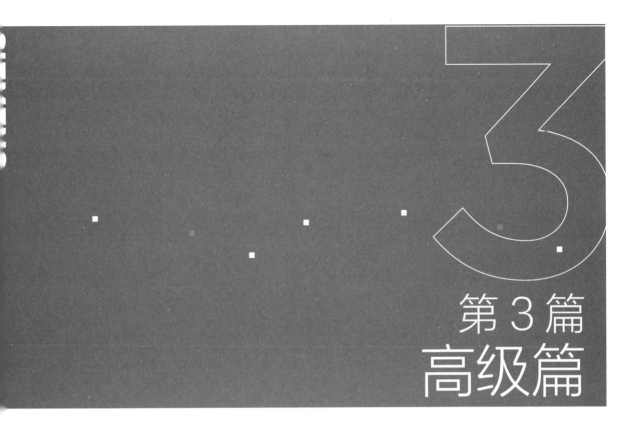

第15章

高级语言C#与SCL的程序应用实例

西门子 SCL 是一门自动化领域的高级编程语言，它的语法与计算机语言 PASCAL 很像。对于来自 IT 领域、熟悉计算机编程的人员，学习 SCL 语言就会很快，这样就可以通过 SCL 语言进入电气自动化编程的领域。同样地，如果学会了 SCL 语言，再学习计算机高级语言也会触类旁通，这样也可以进入工控高级语言开发的领域。目前，工业自动化领域的上位机开发、机器视觉等都需要有自动化背景的并且会计算机编程的人员。

本章的目的是为那些目前从事自动化领域并希望通过学习计算机编程来进入工业自动化高级语言开发领域的人员提供一种入门式介绍。本章介绍的计算机高级语言是微软公司的 C# 语言。

15.1　C#语言简介

C#（C Sharp）是微软公司推出的一种计算机高级语言，从 2000 年 7 月的 C#1.0，到现在（2021

年）的 C#9.0，它已经走过了 20 多个春秋，并不断地更新发展着。C# 是一种从 C/C++ 衍生的、完全面向对象的、类型安全的、可跨平台的计算机编程语言。简单来说，它有如下一些特点：

① 语法与 C/C++ 类似，熟悉 C/C++/Java 的程序员可以快速上手。

② 支持面向对象编程的三大特征，即封装、继承和多态。

a．封装："类"是面向对象编程中接触最多的一个概念，通过把客观事物抽象成某个"类"，就能实现封装的目的。比如，可以把所有的哺乳动物抽象成"哺乳动物"类，把所有的爬行动物抽象成"爬行动物"类。每个"类"都有自己的属性，也可以有自己的行为，"类"的行为称为"方法"。"类"是一种模板，是抽象的概念，在实际应用时要将其具体化。"类"的具体化称为"对象"。

b．继承：一个类可以继承另一个类，被继承的类称为"父类"，继承的类称为"子类"。子类可以继承父类的公开属性 / 方法，并可以添加自己的属性和方法。比如可以创建一个类称为"猫"，它可以继承"哺乳动物"类的特性，并可以添加自己的方法，比如"捉老鼠"；继承特性使得代码的重复利用成为可能，大大提高了程序开发的效率。

c．多态：通过覆盖或重载，使得子类可以拥有与父类相同名称的方法，并在实际调用时使用子类的方法。

③ 类型安全：C# 语言具有强类型检查、数组维度检查、未初始化的变量引用检测、自动垃圾回收等功能。其中，自动垃圾回收是指会自动回收不可访问的未用对象所占用的内存，避免程序问题导致的内存泄漏。

④ 跨平台：借助微软 .NET core 技术，C# 可以编写运行于 Windows、Linux、Mac OS 等操作系统之上的程序，甚至可以用于移动端程序的开发。

图 15-1 所示是使用 C# 语言编写的"Hello，World"程序代码。

关于 C# 的完全语法及内容介绍，已经超出本书的内容。如果读者感兴趣，推荐阅读丹尼尔 . 索利斯和卡尔 . 施罗坦博尔编写的《C# 图解教程》，目前（2021 年）最新的是第 5 版。本章后续的章节需要读者有一定的 C# 基础才能阅读。

```
01.   using System;
02.
03.   class Hello
04.   {
05.       static void Main()
06.       {
07.           Console.WriteLine("Hello, World");
08.       }
09.   }
```

图15-1　"Hello，World"的C#代码

15.2　使用C#创建一个TCP服务器程序 myTCPServer

本节使用 C# 来创建一个 TCP 服务器程序，需要认识两个类 TcpListener 和 TcpClient，这两个类都来自命名空间 System.Net.Sockets。TcpListener 是用于 TCP 服务器通信的类，其内部对 Socket 进行封装。它提供了一种非常简单的方法，可以在阻止同步模式下侦听和接收传入的 TCP 连接请求。

TcpListener 对象可以在构造时传入 IP 地址和端口号，其构造函数有两种方式：

① TcpListener（IPAddress，Int32）；

② TcpListener（IPEndPoint）。

第 1 种构造方式包括 IP 地址和端口号。IPAddress 类用来构造一个 IP 地址，它位于 System.Net 命名空间，其 Parse 方法可以将字符串构造成一个 IPAddress 类。比如下面的代码用来构造一个 IP 地址为 192.168.2.88 的 IPAddress 类：

```
IPAddress localAddress = IPAddress.Parse("192.168.2.88");
```

Int32 是一个 32 位的端口号变量。

第 2 种构造方式是使用 IPEndPoint 类，它位于 System.Net 命名空间。IPEndPoint 类是将 IP 地址和端口号结合在一起的类，其 Address 属性用来设置 IP 地址，其 Port 属性用来设置端口号。

本节例程使用第 1 种方法来构造 TcpListener 类的实例，代码如图 15-2 所示。

```
01.   //创建TcpListener 变量myServer
02.   TcpListener myServer = null;
03.   Int32 myPort = 2020;//端口号
04.   //构造IP地址类
05.   IPAddress localAddress = IPAddress.Parse("192.168.2.88");
06.   //初始化myServer(使用IPAddress构造)
07.   myServer = new TcpListener(localAddress, myPort);
```

图15-2 构造TcpListener类的实例——myServer

这里 myServer 是 TcpListener 的一个实例，也称为对象。myServer 实例创建后，调用其 Start() 方法启动服务器进程，代码如下：

```
myServer.Start();
```

接下来调用其 AcceptTcpClient 方法来接受一个 TCP 客户端连接。TcpListener 类的 AcceptTcpClient 方法接收挂起的连接请求，并返回一个 TcpClient 对象。所谓"挂起的连接请求"，是指进程暂停执行后续的代码直到方法有返回值，具体来说就是进程暂停执行直到有 TCP 客户端连接到服务器。当有客户端成功连接后，AcceptTcpClient 方法会返回一个 TcpClient 类的实例，代码如下：

```
TcpClient myClient = myServer.AcceptTcpClient();
```

TcpClient 是一个 TCP 客户端的类，它的 GetStream 方法返回一个 NetworkStream 类的实例，可用于发送和接收数据，代码如下：

```
NetworkStream myStream = myClient.GetStream();
```

NetworkStream 类位于 System.Net.Sockets 命名空间，它的 Read 方法可以读取数据流中的数据，包括两种重载方式：

① Read(Span<Byte>);// 从 NetworkStream 读取数据，并将其存储到内存中的字节范围内

② Read(Byte[], Int32, Int32);// 从 NetworkStream 读取数据，并将其存储到字节数组中

比如下面的代码将数据读取到 rcvData 数组中：

```
myStream.Read(rcvData, 0, rcvData.Length)
```

NetworkStream 类的 Write 方法可以将数据写入字节流中，包括两种重载方式：

① Write(ReadOnlySpan<Byte>);// 从只读字节范围向 NetworkStream 写入数据

② Write(Byte[], Int32, Int32);// 从字节数组的指定范围向 NetworkStream 写入数据

打开 Visual Studio，创建一个名称为 myTCPServer 的控制台程序，代码如图 15-3 所示。

在本节例程中，将 NetworkStream 类的实例 myStream 读取的数据存放到字节数组 rcvData 中，并进行简单处理（将字母全部转换成大写），然后重新调用 Write() 方法将数据写入字节流中，这样就实现了数据的发送和接收功能。

```
01.  using System;
02.  using System.Net;
03.  using System.Net.Sockets;
04.  using System.Text;
05.
06.  namespace myTCPServer
07.  {
08.      class Program
09.      {
10.          static void Main(string[] args)
11.          {
12.              //创建TcpListener实例
13.              TcpListener myServer = null;
14.              try
15.              {
16.                  //端口号
17.                  Int32 myPort = 2020;
18.                  IPAddress localAddress = IPAddress.Parse("192.168.2.88");
19.                  //创建TcpListner的实例myServer
20.                  myServer = new TcpListener(localAddress, myPort);
21.                  //开始监听
22.                  myServer.Start();
23.                  //data
24.                  byte[] rcvData = new byte[50];
25.                  String data = null;
26.                  while (true) {
27.                      Console.WriteLine("TCP服务器已经启动...");
28.                      TcpClient myClient = myServer.AcceptTcpClient();
29.                      Console.WriteLine("接收到新客户端连接.");
30.                      //创建一个数据流对象
31.                      NetworkStream myStream = myClient.GetStream();
32.                      int i;
33.                      while ((i = myStream.Read(rcvData, 0, rcvData.Length)) != 0)
34.                      {
35.                          //将字节数组转换成字符串
36.                          data = System.Text.Encoding.ASCII.GetString(rcvData, 0, i);
37.                          Console.WriteLine("接收数据: {0}", data);
38.                          // 对接收的数据进行处理，这里将其转换成大写
39.                          data = data.ToUpper();
40.                          byte[] msg = System.Text.Encoding.ASCII.GetBytes(data);
41.                          //将数据发送回去
42.                          myStream.Write(msg, 0, msg.Length);
43.                          Console.WriteLine("发送数据: {0}", data);
44.                      }
45.                      // 关闭连接
46.                      myClient.Close();
47.                  }
```

```
48.        }
49.        catch(SocketException e) {
50.            Console.WriteLine("SocketException: {0}", e);
51.        }
52.        finally
53.        {
54.            // Stop listening for new clients.
55.            myServer.Stop();
56.        }
57.
58.        Console.WriteLine("\nHit enter to continue...");
59.        Console.Read();
60.        }
61.    }
62. }
```

图15-3 myTCPServer控制台程序代码

15.3 使用myTCPServer与函数块FB5005_ ComTCP通信

本节使用 S7-1200 的 CPU 1214FC 与个人计算机进行 TCP 通信。PLC 作为 TCP 通信的客户端，其通信模块采用 14.3.3.3 节创建的函数块 FB5005_ComTCP 通信。计算机作为 TCP 通信的服务器，其通信程序采用上一节 C# 写的控制台程序 myTCPServer。函数块 FB5005_ComTCP 的 active 参数设置为 true，使其主动与服务器建立连接，两者的通信参数如表 15-1 所示。具体通信教程及演示请扫描二维码（编号 1501）观看。

1501–
myTCPServer与
函数块 FB5005_
ComTCP 通信

表15-1 PLC与PC通信的参数

项目	协议	IP 地址	端口号
PLC CPU 1214FC	TCP	192.168.2.10	2020
PC	TCP	192.168.2.88	2020

15.4 使用C#创建一个UDP通信程序 myUDPTalker

本节使用 C# 创建一个 UDP 通信程序 myUDPTalker，需要用到 UdpClient 类，位于 System.Net.Sockets 命名空间。

UdpClient 类是用于 UDP 协议通信的类，其内部对 Socket 进行封装。它提供了一种非常简单的方法，可以在阻止同步模式下发送和接收 UDP 数据。UdpClient 类有多种构造函数，这里介绍其中的一种：

```
UdpClient(IPEndPoint)
```

该函数使用 IPEndPoint 对象初始化 UdpClient。

IPEndPoint 类包含应用程序连接到主机所需的信息，通过将主机的 IP 地址和端口号组合在一起，形成服务的连接点。其构造函数为：

```
IPEndPoint(IPAddress, Int32)
```

其中：IPAddress 为 IP 地址类（15.2 节介绍过）；Int32 为端口号。举个例子，构造一个名称为 ipAddressLocal、IP 地址为"192.168.2.88"的 IPAddress 对象，代码如下：

```
IPAddress ipAddressLocal = IPAddress.Parse("192.168.2.88");
```

使用 ipAddressLocal 和端口号 2030 构造一个名称为 ipLocalEndPoint 的 IPEndPoint 对象，代码如下：

```
IPEndPoint ipLocalEndPoint = new IPEndPoint(ipAddressLocal, 2030);
```

使用 ipLocalEndPoint 构造 UdpClient 变量 myUdpClient，代码如下：

```
UdpClient myUdpClient = new UdpClient(ipLocalEndPoint);
```

到目前为止，已经构造了一个 UdpClient 类的变量（对象）——myUdpClient，接下来调用其 Connect 方法。Connect 方法也有多种重载方式，这里以 Connect（IPEndPoint）为例进行介绍。

Connect 方法使用参数中指定的连接点值（IPEndPoint）建立默认远程主机。一旦建立，就不必在每次调用 Send 方法时都指定远程主机。

建立默认远程主机是可选的，指定默认远程主机会导致所有的数据发送和接收都限制在该主机。如果要将数据报发送到其他远程主机，则必须对 Connect 方法进行另一次调用，或者创建另外的、没有默认远程主机的 UdpClient 对象。如果调用 Connect 方法，则从指定的默认主机以外的地址到达的任何数据报都将被丢弃。

假设希望默认远程主机的 IP 地址为 192.168.2.10，端口号为 2030。首先构造一个远程连接点，然后使用 myUdpClient 的 Connect 方法连接到默认主机，代码如图 15-4 所示。

```
01.   //构造默认远程主机连接点
02.   int myPort = 2030;
03.   IPAddress ipAddressRemote = IPAddress.Parse("192.168.2.10");
04.   IPEndPoint ipRemoteEndPoint = new IPEndPoint(ipAddressRemote, myPort);
05.   //连接默认主机
06.   myUdpClient.Connect(ipRemoteEndPoint);
```

图15-4　构造及连接默认主机代码示例

建立默认主机后，就可以使用 UdpClient 的 Send/Receive 方法发送和接收数据。Send 方法用多种重载方式，代码如下：

① Send(Byte[], Int32)
② Send(Byte[], Int32, IPEndPoint)
③ Send(Byte[], Int32, String, Int32)

方法①是将数据发送到默认的远程主机，第一个参数 Byte[] 是要发送的数组的名称，第二个参数 Int32 是发送的字节数。

方法②、③的不同支持在于，它们可以将数据发送到指定的远程主机连接点，而不是默认主机。

举个例子：假设有数组 Byte[]sendBytes，使用 myUdpClient 的 Send 方法发送其全部字节，代码如下：

```
myUdpClient.Send(sendBytes, sendBytes.Length);
```

打开 Visual Studio，创建一个名称为 myUDPTalker 的控制台程序，代码如图 15-5 所示。

```
01.  using System;
02.  using System.Net.Sockets;
03.  using System.Net;
04.  using System.Text;
05.
06.  namespace myUDPTalker
07.  {
08.      class Program
09.      {
10.          static void Main(string[] args)
11.          {
12.              int myPort = 2030;
13.              //创建IPAddress的实例
14.              IPAddress ipAddressLocal = IPAddress.Parse("192.168.2.88");
15.              IPAddress ipAddressRemote = IPAddress.Parse("192.168.2.10");
16.              IPEndPoint ipLocalEndPoint = new IPEndPoint(ipAddressLocal, myPort);
17.              IPEndPoint ipRemoteEndPoint = new IPEndPoint(ipAddressRemote, myPort);
18.              //创建UDPClient的实例
19.              UdpClient myUdpClient = new UdpClient(ipLocalEndPoint);
20.              try
21.              {
22.                  //连接默认远程主机
23.                  myUdpClient.Connect(ipRemoteEndPoint);
24.                  //问候信息
25.                  Byte[] sendBytes = Encoding.ASCII.GetBytes("Hello,this is Jack ,is anybody there?");
26.                  myUdpClient.Send(sendBytes, sendBytes.Length);
27.                  //问候信息已经发送
28.                  Console.WriteLine("问候信息已经发送到默认主机...");
29.                  //创建远程IPEndPoint实例
30.                  IPEndPoint RemoteIpEndPoint = new IPEndPoint(IPAddress.Any, 0);
31.                  Console.WriteLine("等待远程消息...");
32.                  while (true)
33.                  {
34.                      //阻塞进程等待远程消息
35.                      Byte[] receiveBytes = myUdpClient.Receive(ref RemoteIpEndPoint);
36.                      string returnData = Encoding.ASCII.GetString(receiveBytes);
37.                      // Uses the IPEndPoint object to determine which of these two hosts responded.
38.                      Console.WriteLine("接收到消息: " +
39.                                          returnData.ToString());
40.                      Console.WriteLine("消息来源的IP地址为: " +
41.                                          RemoteIpEndPoint.Address.ToString() +
42.                                          "，消息来源的端口号为: " +
43.                                          RemoteIpEndPoint.Port.ToString());
44.                  }
45.
46.              }
47.              catch (Exception e)
48.              {
49.                  myUdpClient.Close();
50.                  Console.WriteLine(e.ToString());
51.
52.              }
53.          }
54.      }
55.  }
```

图15-5　myUDPTalker控制台程序

15.5　使用myUDPTalker与函数块FB5006_ComUDP通信

　　本节使用 S7-1200 的 CPU 1214FC 与个人计算机进行 UDP 通信。PLC 的通信模块采用 14.3.5.3 节创建的函数块 FB5006_ComUDP。个人计算机的 UDP 通信程序采用上一节 C# 写的控制台程序 myUDPTalker，两者的通信参数如表 15-2 所示。具体通信教程及演示请扫描二维码 1502 观看。

表 15-2　PLC 与 PC 通信的参数

项目	协议	IP 地址	端口号
PLC CPU 1214FC	UDP	192.168.2.10	2030
PC	UDP	192.168.2.88	2030

ASCII码表

十进制	十六进制	字符	十进制	十六进制	字符	十进制	十六进制	字符	十进制	十六进制	字符
0	0	[NULL]	32	20	[SPACE]	64	40	@	96	60	`
1	1	[START OF HEADING]	33	21	!	65	41	A	97	61	a
2	2	[START OF TEXT]	34	22	"	66	42	B	98	62	b
3	3	[END OF TEXT]	35	23	#	67	43	C	99	63	c
4	4	[END OF TRANSMISSION]	36	24	$	68	44	D	100	64	d
5	5	[ENQUIRY]	37	25	%	69	45	E	101	65	e
6	6	[ACKNOWLEDGE]	38	26	&	70	46	F	102	66	f
7	7	[BELL]	39	27	'	71	47	G	103	67	g
8	8	[BACKSPACE]	40	28	(	72	48	H	104	68	h
9	9	[HORIZONTAL TAB]	41	29	)	73	49	I	105	69	i
10	A	[LINE FEED]	42	2A	*	74	4A	J	106	6A	j
11	B	[VERTICAL TAB]	43	2B	+	75	4B	K	107	6B	k
12	C	[FORM FEED]	44	2C	,	76	4C	L	108	6C	l
13	D	[CARRIAGE RETURN]	45	2D	-	77	4D	M	109	6D	m
14	E	[SHIFT OUT]	46	2E	.	78	4E	N	110	6E	n
15	F	[SHIFT IN]	47	2F	/	79	4F	O	111	6F	o
16	10	[DATA LINK ESCAPE]	48	30	0	80	50	P	112	70	p
17	11	[DEVICE CONTROL 1]	49	31	1	81	51	Q	113	71	q
18	12	[DEVICE CONTROL 2]	50	32	2	82	52	R	114	72	r
19	13	[DEVICE CONTROL 3]	51	33	3	83	53	S	115	73	s
20	14	[DEVICE CONTROL 4]	52	34	4	84	54	T	116	74	t
21	15	[NEGATIVE ACKNOWLEDGE]	53	35	5	85	55	U	117	75	u
22	16	[SYNCHRONOUS IDLE]	54	36	6	86	56	V	118	76	v
23	17	[ENG OF TRANS. BLOCK]	55	37	7	87	57	W	119	77	w
24	18	[CANCEL]	56	38	8	88	58	X	120	78	x
25	19	[END OF MEDIUM]	57	39	9	89	59	Y	121	79	y
26	1A	[SUBSTITUTE]	58	3A	:	90	5A	Z	122	7A	z
27	1B	[ESCAPE]	59	3B	;	91	5B	[	123	7B	{
28	1C	[FILE SEPARATOR]	60	3C	<	92	5C	\	124	7C		
29	1D	[GROUP SEPARATOR]	61	3D	=	93	5D	]	125	7D	}
30	1E	[RECORD SEPARATOR]	62	3E	>	94	5E	^	126	7E	~
31	1F	[UNIT SEPARATOR]	63	3F	?	95	5F	_	127	7F	[DEL]